2013 Summer No.123

パソコンで性能をチューンして試作で確かめる

実験&シミュレーション！
電子回路の作り方入門

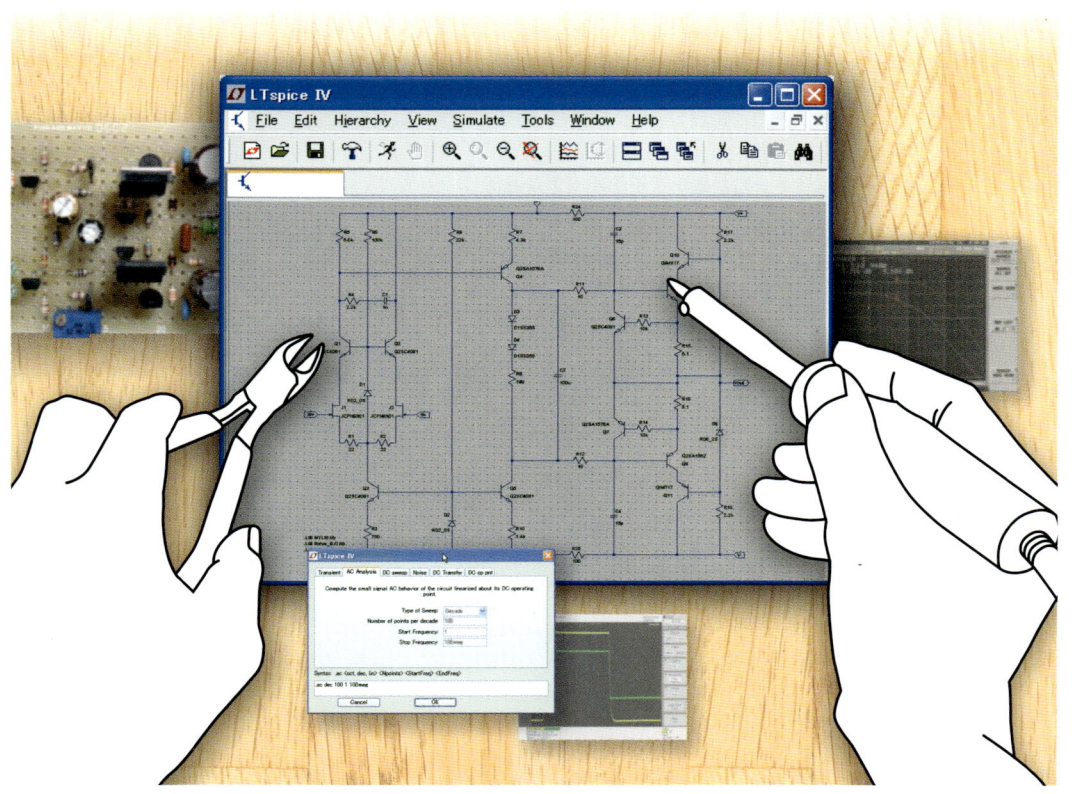

CQ出版社

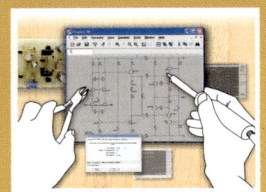

CONTENTS
トランジスタ技術 SPECIAL

特集　実験&シミュレーション！電子回路の作り方入門

Introduction	LTspiceではんだごて不要な電子回路実験をしよう　川田 章弘 …… 4

第1部　超入門！電子回路シミュレーション

第1章　LEDを点滅させたりモータを回したり止めたり
入門I　トランジスタのスイッチング駆動技術　登地 功 ……………… 7
- **STEP 1** 基礎知識
  - ■トランジスタとは　■スイッチングか増幅のどちらかで動かす
- **STEP 2** シミュレーションの準備
  - ■電子回路シミュレータをインストールしましょう　■まっさらな回路図を用意します　■回路図を描きます　**コラム** LTspiceの便利機能　**コラム** ダウンロードして最新版をインストールする
- **STEP 3** シミュレーションを使って波形観測
  - ■LTspiceに備わっている特性評価機能のいろいろ　■波形を調べてみましょう
- **STEP 4** 実験！スイッチング速度を上げる
  - ■コンデンサを1個追加するだけでスイッチングは速くなります　■部品のばらつきによる特性の変化を調べてみましょう　■実際に回路を組み立てて確認してみましょう

第2章　弱弱しい信号の電圧や電流を大きく力強く
入門II　トランジスタを使った信号増幅技術　登地 功 ………………… 28
- **STEP 1** トランジスタ1個で信号を増幅する方法
  - ■つなぎ方と信号の出入口が異なる3種類のトランジスタ増幅回路　■トランジスタは二つのことをしてあげないと増幅動作してくれません　■エミッタ接地増幅回路のバイアス電圧はどうやって決めるのでしょうか？　**コラム** シミュレーション・モデルの精度について
- **STEP 2** エミッタ接地増幅回路の回路図を描く

第1部の参考・引用文献 …………………………………………………………… 34

- **STEP 3** シミュレーションを使った回路の評価
  - ■無信号時の各部の直流電位を調べましょう　■どのくらい増幅されたか見てみましょう　■波形のゆがみ具合「ひずみ」を調べます　■電源電圧の変動が動作点に与える影響を調べます　■出力信号の振幅の周波数特性を調べます　■出力電圧と入力電圧の比「ゲイン」の周波数特性を調べます　■バイパス・コンデンサと周波数特性の関係を調べます　■負帰還をかけてみましょう　**コラム** LTspiceが表示する交流電圧の振幅の意味と単位
- **STEP 4** 半導体メーカが提供する部品モデルを使う
  - ■回路図と部品モデルを準備します　■トランジスタのモデルを差し替えます　**コラム** モデルを組み込むもう一つの方法
- **STEP 5** 実際に組み立てて答え合わせ
  - **コラム** 簡単な回路でもSPICEが使えない場合がある
- **STEP 6** コレクタ接地増幅回路のシミュレーションと実験
  - ■どんな回路？　■ひずみと周波数特性を調べます　■試作して実験します

第3章　確実に動く増幅技術をマスタする
実践I　オーディオ・アンプ回路の設計　川田 章弘 ………………… 56
- **STEP 1** 手計算とシミュレーションで特性をチューニング
  - ■こんな回路　■手計算で回路各部の無信号時の電位「直流動作点」をチューニングします　■いろんなヘッドホンがつながれても発振しない安定な増幅特性にします
- **STEP 2** シミュレーションで仕上がり特性をチェック
  - ■設計したヘッドホン・アンプをサブサーキット化します　■20 Hz～20 kHzでゲインが確保されているかどうか調べます　■発振しないように回路を追加して定数を最適化します　■電源の変動が出力から漏れ出てしまう量 PSRR を調べます　■パルス応答を調べます　■アンプが飽和したときの挙動を調べます
- **STEP 3** 実際に組み立てて特性を測る
  - ■こんな回路を手作りしました　■特性を調べます　**コラム** 同相の入力信号を除去する能力 CMRR

第4章　D-Aコンバータの周辺回路を例に
実践II　電流-電圧変換とフィルタリングの技術　川田 章弘 ………… 73
- **STEP 1** D-Aコンバータ用の電流-電圧変換回路の設計
- **STEP 2** オーディオD-Aコンバータ用ロー・パス・フィルタの設計

Appendix I　評価版でできることから入手先まで
SPICE系電子回路シミュレータ一覧　森下 勇 …………………… 75

Appendix II　LTspice Q&A その1
複数の部品でできたネットリストを一つのシンボルに関連付ける方法　登地 功 …………… 82
- **コラム** 当たり前！デバイスのモデル定義はサブサーキット・ファイルに書いておく

CONTENTS

表紙・扉デザイン　シバタ ユキオ（アイドマ・スタジオ）
本文イラスト　神崎 真理子

2013 Summer
No.123

Appendix Ⅲ	LTspice Q & A その2 シミュレーションの進行が遅いときの対応　登地 功 …………… 84
Appendix Ⅳ	LTspice Q & A その3 トランスのモデルを作る方法　登地 功 …………………………… 85

第2部　OPアンプ回路超入門

第5章　汎用OPアンプでシミュレーションの基本を学ぼう
OPアンプから始める　登地 功 ……………………………… 86
■ 今すぐ誰でもパソコンで試せる　■ アナログICといえば「OPアンプ」　■ 反転アンプから始める　■ 反転アンプをシミュレーションしてみる

第6章　反転アンプを使ってさまざまな特性を調べよう
OPアンプ回路を動かしてみる　登地 功 ………………… 91
■ いろんな信号を入れて出てくる信号の波形を見てみる　■ 入力する正弦波の周波数を上げたり下げたりする　■ 反転アンプのことをもっと知ろう　コラム 存在しない理想OPアンプの使い道

第7章　定番から高速OPアンプまで自由にシミュレーションしてみよう
各社のOPアンプを動かしてみる　登地 功 ……………… 99
■ 新日本無線のOPアンプでシミュレーション　■ テキサス・インスツルメンツのOPアンプでシミュレーション

第8章　広帯域アンプを作って実験！
高速アンプを試作してシミュレーションと比べる　登地 功 … 103
■ 高周波ならではのこと三つ　■ 試作して性能を測ってみた

第9章　非反転アンプの特徴をシミュレーションで理解しよう
非反転アンプのシミュレーション　登地 功 …………… 106
■ 非反転アンプの特徴　■ シミュレーション

第10章　実験＆シミュレーション！単電源非反転アンプの特性を調べる
単電源アンプの過渡応答と周波数特性　登地 功 ……… 110
■ 正弦波を入力して出力信号の波形を調べる　■ ゲインの周波数特性を調べる　■ 実験で確かめる

第3部　やってみよう！電子回路シミュレーション

第11章　無難な周波数特性で一番よく使う
バターワース型ロー・パス・フィルタ　川田 章弘 ……… 115

第12章　素直なパルス応答が得られてディジタル信号伝送に最適
ベッセル型ロー・パス・フィルタの設計　川田 章弘 …… 118
コラム 通過特性や反射特性がわかるSパラメータのシミュレーション

第13章　高速パルス信号の立ち上がりを思いのままに
トランジション・タイム・コンバータの設計　川田 章弘 … 122
■ どんなメリットがあるの？　■ 立ち上がり時間はRC時定数で決まる　■ 周波数特性と過渡応答特性　■ ディジタル信号を通したときの出力波形　コラム 送電線用の鉄塔もトランジション・コンバータも定抵抗回路

Appendix Ⅴ　RC回路を基本に考えよう
トランジション・タイム・コンバータの補正係数の求め方　川田 章弘 …… 127

第14章　不要な雑音を除去して信号の取り出しを可能にする
76M～108MHz帯域通過フィルタの設計　川田 章弘 …… 129
■ 例題　■ 設計の方法　■ 通過特性や反射特性をシミュレーションで調べます　■ 試作して実験しました

第15章　雑音源「抵抗」を使わないアクティブ・バイアス方式を試作
帯域100k～100MHzの低雑音プリアンプ　川田 章弘 …… 133
■ 低雑音と広帯域のトレードオフ　■ 雑音の原因となる抵抗を省きつつ動作を安定化する　■ 広い帯域で入力インピーダンスを50Ω一定にする　■ 完成したアンプの雑音特性をシミュレーション　■ 試作して実験！

CD-ROMの内容と使い方…140，索引…142，執筆担当一覧…144

▶ 本書は，トランジスタ技術2011年6月号特集「超入門！電子回路シミュレーション」を中心に加筆・修正を行い，同誌の過去の関連記事から好評だったものを選び，また書き下ろし記事を追加して再構成したものです．流用元は各記事の稿末に記載してあります．

Introduction
LTspiceではんだごて不要な電子回路実験をしよう

川田 章弘

■1 本書の内容と構成

　本書は，次の内容で構成されています．オーディオ周波数帯からVHF帯までの回路設計を，LTspiceを使って効率よく行う方法をマスタします．LTspiceの使い方を覚えれば，本書では取り扱っていない高精度直流回路の設計検証を効率的に行うことも可能です．

▶「第1部　超入門！電子回路シミュレーション」

　バイポーラ接合トランジスタを使ったスイッチング回路のシミュレーションを例に，LTspiceの使い方の基本をマスタします．電子回路の教科書に出てくる少数キャリア蓄積効果の影響を軽減させる「スピードアップ・コンデンサ」の効果もシミュレーションと実験により検証します．バイポーラ接合トランジスタを使った信号増幅やOPアンプ回路を使ったI-V変換回路などについても解説します．

▶「第2部　OPアンプ回路超入門」

　各社から提供されているOPアンプのマクロ・モデル（ビヘイビア・モデル）を使って回路シミュレーションする方法を解説します．各種OPアンプ回路の動作についても，ここで復習することができます．教科書を読んだだけでは理解できなかったOPアンプの使い方を本書を片手にシミュレーションしながら再学習することができます．OPアンプ回路の動作に対する理解をより深めることができるでしょう．

▶「第3部　やってみよう！電子回路シミュレーション」

　具体的な応用回路を例に，実設計にLTspiceを積極的に活用する方法を紹介します．実際の回路設計にどのようにLTspiceを活用すれば良いかのヒントになるでしょう．

　LTspiceを活用することで，単純な設計ミス（計算間違い）の有無を試作前に確認できるほか，部品定数の最適化も効率よく行えます．回路に含まれる特定の部品定数を増減させたとき，全体の特性がどのように変化するかを定性的に把握することが容易です．

LTspiceを活用することで試作実験によるカット&トライを大幅に減らすことができます．

　1GHz帯を超えた高周波回路（分布定数回路）設計には，高周波回路／電磁界シミュレータが必要になります．しかし，高周波回路であっても，数百MHz程度の集中定数回路ならばLTspiceを用いて十分に検証できます．LTspiceは無償で回路規模制限なしです．はんだごてと同様，電子回路エンジニア必携の道具として活用しましょう．

● 初心者向け電子工作キットの回路動作確認

　プロの電子回路技術者だけではなく，アマチュア（趣味人）や学生にとっても，回路規模制限のないLTspiceは役立ちます．例えば，雑誌や電子工作キットに掲載されている回路の動作を調べたいときにもLTspiceが使えるからです．

　図Aに文献(1)に掲載されているノイズ・インジェクタ（コムジェネレータ）回路を示します．図Aの回路のトランジスタ（BJT）は，キットの組立説明書とは異なり，現在入手の容易な表面実装タイプのものに変更しています．キットの説明書によると，この発振回路は，基本波が250Hz程度でその高調波が櫛（Comb）状に発生する回路です．

　LTspiceにより周波数スペクトラムを確認した結果

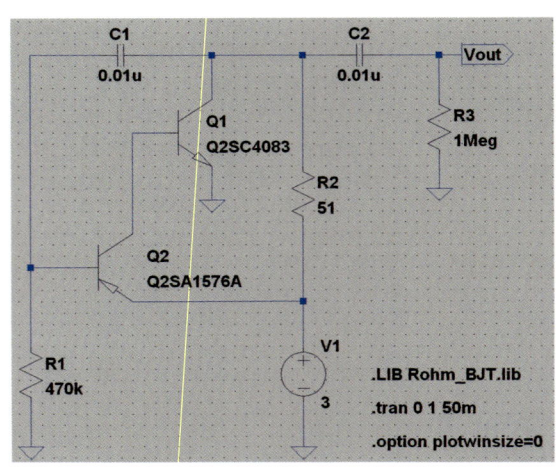

図A[(1)]　ノイズ・インジェクタ回路
ラジオの調整などに使用する．

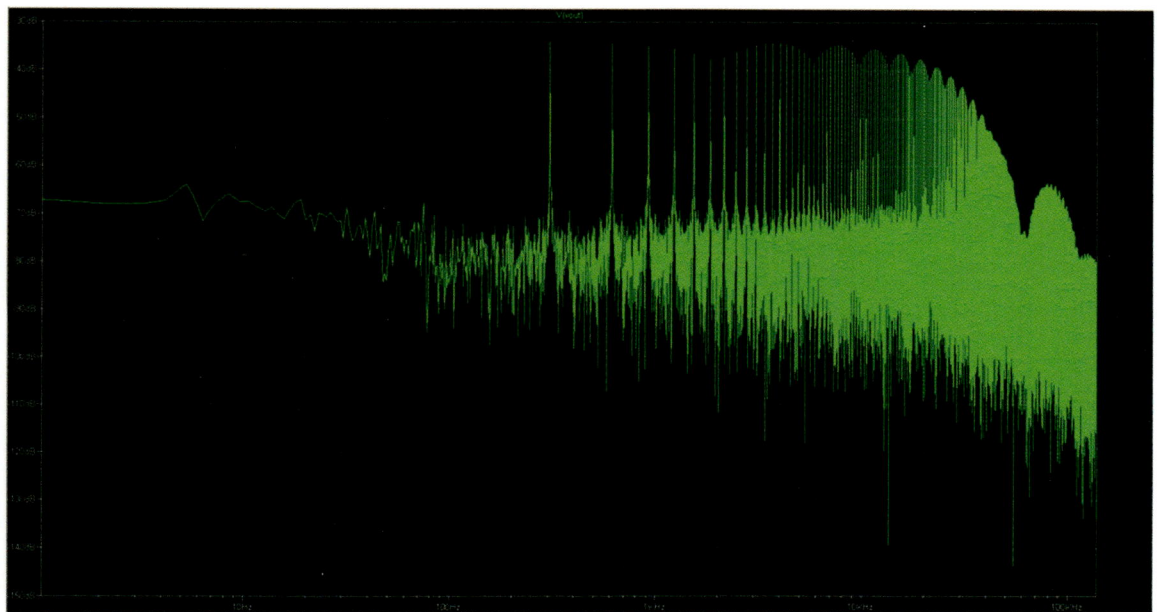

図B　ノイズ・インジェクタの出力周波数スペクトラム

を図Bに示します．キットの説明通りに，300 Hzの基本波から広帯域に高調波が発生していることがわかります．

　回路の各定数を変更したら回路動作はどうなるのだろう？　バイポーラ接合トランジスタの種類を変えても発振するのだろうか？　といったことが，LTspiceを使うことで，はんだごてや部品を準備することなく確認できます．

　興味のおもむくままに，気軽に自分のアイデアを試したいときに苦労するのが「部品の入手」ではないでしょうか？　ちょっとしたアイデアを試したいのに，手元に部品がないと部品を入手するまでの間とてもじれったい気持ちになります．会社ならふんだんに実験用の部品が使えても，自宅には必要最低限の部品しか常備していなかったりしますから，なおさらです．

　LTspiceを活用することで，アイデアの検証を制限されることが減ります．LTspiceで存分に回路の特性を追い込み，見込みのある（素性の良さそうな）方法を2〜3回路実験するだけで目的の性能を達成できるようになるでしょう．

2　シミュレータははんだごてと同じ道具

　LTspiceのような電子回路シミュレータは，はんだごてと同じ道具です．はんだごてを与えずに，「プリント基板に，このICをはんだ付けをしなさい」と部下に命じる上司はいないと思います．翻って，温度調節機能付きの高価なはんだごてを部下に与えても，綺麗なはんだ付けができるかどうかはわかりません．

　現代において，電子回路設計をするために「回路シミュレータは不要」という人は稀でしょう．手計算と電卓と表計算ソフトだけでも，集中定数で構成されたアナログ回路設計はできます．しかし，温度変化による影響を調べたり，予想していなかった寄生素子による影響が特性にどのように現れるか，あるいは，新規の回路構成の特性予測などを行うなら話は違います．手計算による方法と回路シミュレーションによる方法を比較すると，解が得られる時間は回路シミュレータを用いたほうが圧倒的に短いです．

　「アナログ回路は経験がモノを言うから，シミュレータなんて役に立たない」という方が近くにいる場合，若い技術者の皆さんは気にする必要はありません．そのような発言をする方々の時代と，皆さんのような現代のエンジニアが置かれている社会状況は異なるからです．

　すべての事務仕事が紙ベースであり，ちょっとした事務書類の作成でも半日〜一日仕事であった30〜40年前と現代は異なります．

　現代のエンジニアは，短時間で複数の仕事をこなさなければなりません．毎日，新規の回路を検討したり，実験したり，定数計算しているわけではありません．

　たった8〜12時間の勤務時間の間に，専門外の技術分野の検討をすることもあれば，工場とのやり取りをしたり，購買への発注書類を作成，経費の事務処理，会議への参加，そして報告書の作成もあれば，仕様書も作成するなど，右脳と左脳をフル回転させているはずです．

　道具を使って生産性が上がるのであれば，それを使わないのはおかしな話です．我々エンジニアはマゾで

はありません．人間を肉体的・精神的に過負荷な状況下におくと心身に問題を生じがちです．心身への負荷を分散させるためにも回路シミュレータはエンジニアにとって大切な道具です．

3 効率の良い開発を目指す

● 闇雲なカット＆トライでは経験値は上がらない

　無駄なカット＆トライ（必要なカット＆トライもあります）や眉唾の経験談を信じるのではなく，理論計算を忠実に行う回路シミュレータを設計に活用しましょう．技術的な経験は，回路シミュレータによる理論計算のあとで試作実験を行いながら積み上げていくのが理想です．

　一方，実験を行わずに回路シミュレータに頼りすぎると，現実の部品の特性が頭から抜け落ちてしまうことがあります．回路シミュレータは，「SPICEモデル・パラメータ」に基づいて理論計算をしているだけです．ましてやOPアンプなどの「マクロモデル」は，IC内部の個々のトランジスタの物理パラメータを計算しているのではなく，IC内部の回路をマクロな視点で見たときの挙動（ビヘイビア）を表現しているにすぎません．

　デバイスの寄生パラメータやモデルに含まれていない物理的な現象を忘れていると，試作実験で動かない回路を前に途方に暮れてしまいます．シミュレーションの限界（モデルの精度や，モデルがどこまで物理現象を表現できているか）や，実際の回路のどこに寄生パラメータが潜んでいるのか？を把握するには，残念ながら経験が大切です．

　回路シミュレータの結果を読み解くのは人間です．

残念ながら，回路シミュレータは私達に「回路をどう直せばよいか？」までは教えてくれません．シミュレーション結果を見て，どこをどう直せば良いかを判断するには，電子回路の知識と経験が必要になるでしょう．

　闇雲なカット＆トライの上に築かれた結論は，「神社の狛犬の目が赤くなったら島が海に沈む」と言った語り部の昔話程度の価値しかありません．そのような経験は，そのときには使えても，将来にわたって普遍的に使える技術ではないかもしれません．「狛犬の目が赤くなる」という現象と「地震」という現象を科学的に結び付けることができてこそ，後世に役立つ知識となります注．

　闇雲なカット＆トライを減らすのに役立つのが回路シミュレータです．LTspiceは，電子回路の設計における無駄なカット＆トライを減らすのに役立ちます．

　なお，シミュレーションを行う前に，p.140の「CD-ROMの内容と使い方」および，CD-ROM内の「READ ME1st.txt」をお読みください．

◆参考・引用＊文献◆
(1)＊ RF/AFノイズインジェクタ組立説明書，CalKit No.036，キャリブレーション（基本設計：JH1FCZ 大久保 忠）

注：自然科学は，対象を分解し詳細な観測と分析を行うというデカルトの哲学（方法序説）に基づいた研究手法を取るのが一般的です．経験の蓄積がまったく役に立たないと言っているわけではありません．経験を，後世へ応用の利く形で伝えるためにはどのように普遍的な形にすべきか？ということが大切だと思います．昔話による伝承は，教育が行き届いていなかった時代には有効な方法であったかもしれません．

第1部 超入門！電子回路シミュレーション　入門 I

第1章　LEDを点滅させたりモータを回したり止めたり
トランジスタのスイッチング駆動技術

登地 功

本章では，マイコンやFPGAの出力でLEDやフォトカプラ，小型のリレーなどを駆動できる回路を例にシミュレーションにTRYします．本章は次のSTEPで構成されています．STEP1　基礎知識，STEP2　シミュレーションの準備，STEP3　シミュレーションを使って波形観測，STEP4　実験！スイッチング速度を上げる．

STEP 1　トランジスタの用途とスイッチング回路への応用
基礎知識

トランジスタとは

バイポーラ・トランジスタは，増幅素子として使われていた真空管に代わるものとして，ベル研究所のショックレー（Shockley），バーディーン（Bardeen），ブラッテン（Brattain）の3人によって発明された，最初の半導体増幅素子です．

写真1に示すように，トランジスタには次の三つの端子があります．

- エミッタ(emitter)：電流を排出する端子
- ベース(base)：コントロール信号や小さなアナログ信号を入力する端子
- コレクタ(collector)：電流を収集する端子

トランジスタにはバイポーラ・トランジスタと，JFETやMOSFETなどのユニポーラ・トランジスタがありますが，ただトランジスタといった場合にはバイポーラ・トランジスタを意味することがほとんどです．

バイポーラ・トランジスタは，P型またはN型と呼ばれる2種類の半導体で構成されています．P型半導体の電気の運び屋(キャリア)は正孔で，N型半導体の場合は電子です．これがそのバイポーラ(bi-polar, 二つの極性)と呼ばれる理由です．

▶ダイオードが2個接続された部品と見ていい

図1に示すように，バイポーラ・トランジスタには，NPN型とPNP型があります．両者はPとNがサンドイッチされた構造になっており，PとNの接合部が2箇所あります．PN接合が二つあるので，等価回路としてダイオードを2個接続したように見えます．しかし二つのディスクリートのダイオードを単につなぎ合

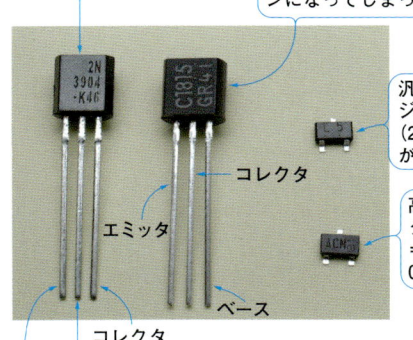

本書の実験で使用する定番バイポーラ・トランジスタ 2N3904

何十年間も超定番と呼ばれ続けていたバイポーラ・トランジスタ 2SC1815．2010年ディスコンになってしまった…

汎用小信号トランジスタ 2SC1623（2SC1815と特性が似ている）

高周波トランジスタ 2SC3837K（f_T=1.5GHz, C_{ob}=0.9pF）

写真1　3本足の増幅素子 バイポーラ・トランジスタ
第1章と第2章の実験で使う．

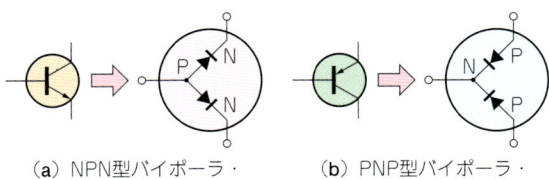

(a) NPN型バイポーラ・トランジスタ
(b) PNP型バイポーラ・トランジスタ

図1　バイポーラ・トランジスタにはNPNとPNPの2種類ある
ダイオードと同じPN接合を二つもっているので，等価的にダイオードが2個接続された部品として見ていい．

わせても増幅作用は起きません．なぜなら，増幅作用のかぎは二つの接合間の距離が極めて近いことだからです．

図2
スイッチングするトランジスタの状態はONかOFFのどちらか

　バイポーラ・トランジスタは，ベース電流を供給しなければならないことや，蓄積効果などスイッチング遅れの要因があることなど，MOSFETに比べると使いづらい面もあるのですが，コスト面でのメリットもあって小電流ではまだ多く使われています．

スイッチングか増幅のどちらかで動かす

　トランジスタは 1 または 2 のどちらかの状態で動かして使います．

1 スイッチング

● 高速にON/OFFできるリレー

　ONかOFFの両極端な二つの状態を積極的に利用します（図2）．

　図3に示すように，トランジスタに電源をつないで，ベースに小さな電流（ベース電流）を流し込むと，コレクタとエミッタの間の抵抗値が低くなって，その間を電流が流れやすくなります．これは，小さなコイル電流で大きな出力電流を制御できるリレーと同じような動作です．

▶リレーとは何が違うの？

　ランプを点滅させたり，リレーをON/OFF駆動したり，スイッチング電源やモータ・ドライバで電流をON/OFFするときは，トランジスタを使ってスイッチング回路を構成します（図4）．このような用途におけるトランジスタは，リレーなどの機械的な接点と同じように，両極端にONかOFFのどちらかの状態になるように動きます．

　リレーとトランジスタの最大の違いは動作速度でしょう．機械接点があるリレーの動作速度はせいぜい10 Hzといったところで，特殊な高速リレーでも数百Hzくらいです．これに対してトランジスタなら100 kHz以上，場合によっては100 MHz以上でスイッチングさせることもできます．

　入門Iでは，トランジスタのスイッチング速度を速くする回路上の工夫なども紹介します．というのは，リレーやモータなどを単にON/OFFするだけ，比較的動作が遅いデバイスを駆動する場合には，トランジスタのスイッチング速度は問題になりませんが，PWMによるモーターの速度制御や高速フォトカプラを使ったシリアル・データ送受信には高速スイッチングが重要になるからです．マイコンなどのディジタルIC内部にあるトランジスタも，ほとんどがスイッチング回路です．

● 高電圧，大電流も高速スイッチングできる

　マイコンやFPGA，ゲートICなどの出力電流は比較的大きなものでも20 mA程度です．しかしリレーやソレノイド，モータ，高輝度LED，電源回路のON/OFFなどを駆動するには，もっと大きな電流が必要です．そのような大きな電流を流すためには，図4のように，マイコンにトランジスタやMOSFETを追加接続します．

　また，半導体素子のスイッチング動作を利用したスイッチング電源やインバータなどは，電気エネルギー

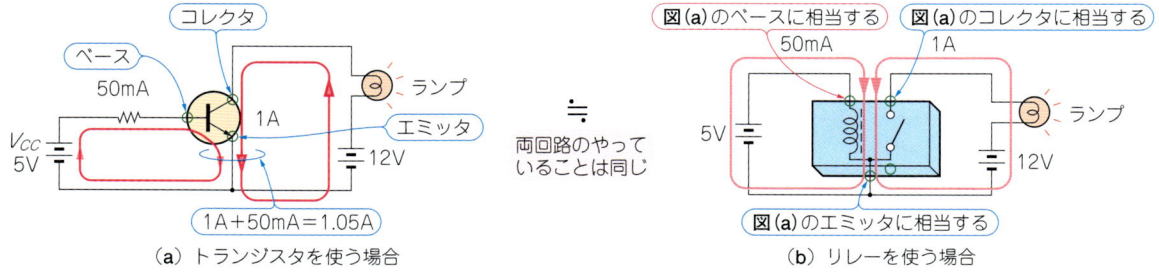

図3 スイッチングするトランジスタはリレーの動作に似ている
トランジスタは小さな電流で大きな電流をON/OFFできる．

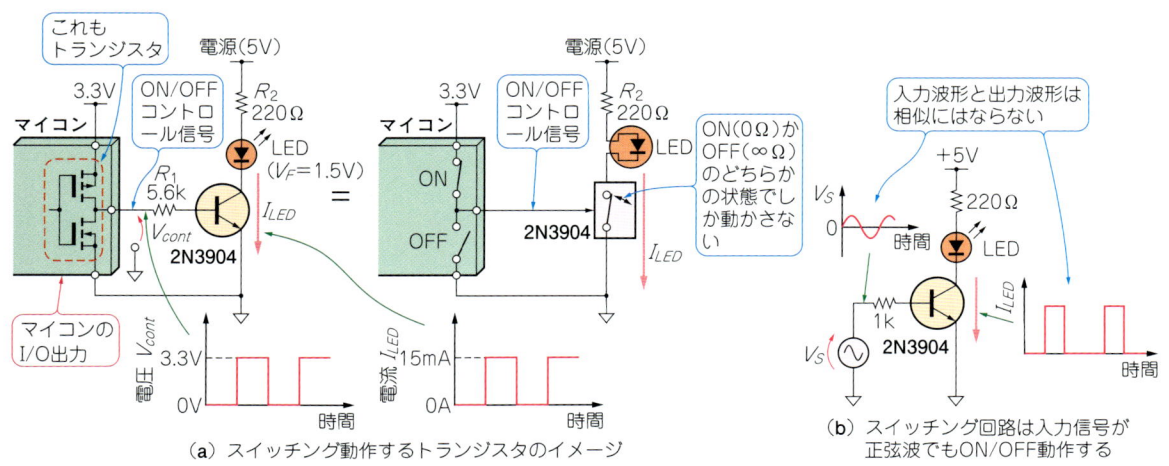

図4 マイコンにトランジスタをつなぐと大きな駆動電流が必要なLEDが点灯したりモータが動き出すしたりする

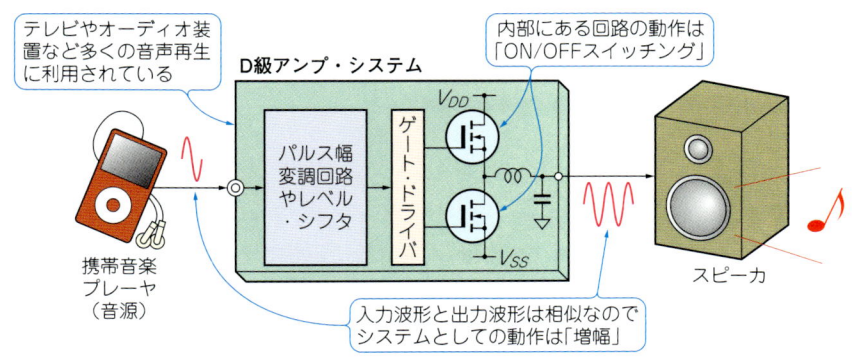

図5 最近の高効率なオーディオ・アンプの内部ではトランジスタがスイッチングしている
このようなアンプをD級アンプと呼ぶ．

を変換するパワー回路の基本中の基本です．最近よく使われるようになったD級アンプは，装置としての動作は増幅器ですが，出力トランジスタはスイッチング動作をしています（図5）．電源回路やインバータに利用されているスイッチング回路については，『トランジスタ技術SPECIAL No.117（2012年冬号）』に詳しく解説されています（図6）．

最近注目されている太陽光インバータや高効率電源には，数百Vの高電圧や数十〜数百Aの大電流をスイッチングできるパワー・トランジスタが使われてい

ます．これらのスイッチング用のパワー・トランジスタには発熱が小さいことが求められています．

このような用途に最適なのがMOSFET（Metal-Oxide-Semiconductor Field-Effect Transistor）と呼ばれるパワー・トランジスタです（図7）．ON時の電圧降下（等価的なオン抵抗）が小さく，電圧ロスやトランジスタの発熱が小さいという特徴があり，パワー・トランジスタの定番です．

最新のMOSFETのオン抵抗は数mΩと超高性能で，メカニカルな接点を凌ぐほど小さくなっています．自

図6 トランジスタ技術SPECIAL No.117 2012 Winter 号でトランジスタをスイッチングして効率良く電力を制御する回路の作り方を解説している

(a) 外観

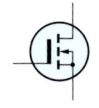

(b) 記号その1…
Nチャネル MOSFET

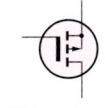

(c) 記号その2…
Pチャネル MOSFET

図7[(1)] 今や高効率な電力変換に欠かせないパワー MOSFET

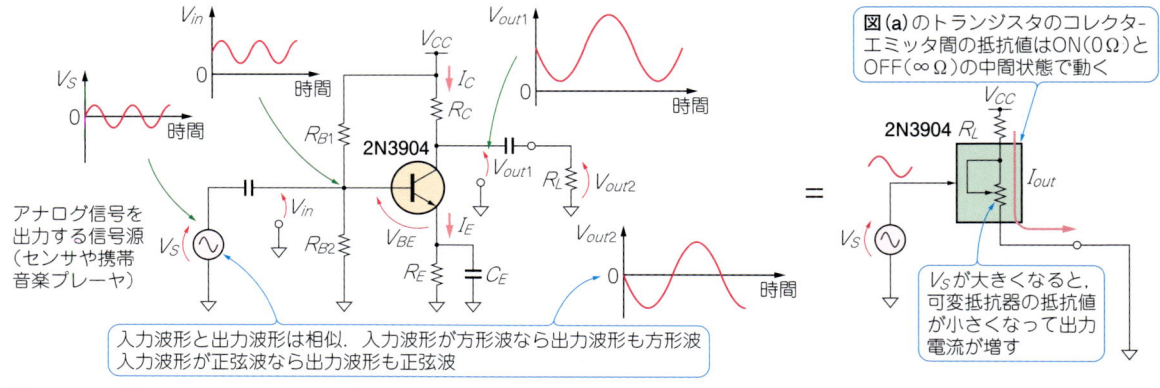

図8 トランジスタを ON と OFF の間の中間状態で動作させると増幅できる
レベルの小さな信号を形を保ったまま大きくできる．

動車のワイパやヘッドライトのON/OFFなど，これまでメカニカル・スイッチやリレーが使われていた用途にも取って替わりつつあります．

2 増幅

　トランジスタを ON と OFF の間の中間状態で動作させて，大きい相似信号を出力させる操作を増幅と言います（図8）．トランジスタは，レベルの小さな信号をそのままの形が壊れないように大きくするのが二つ目の使い方です．これを増幅と呼びます．第2章で詳しく説明しますが，トランジスタを増幅動作させるにはちょっとした工夫が必要です．

◆引用文献◆
(1) 菅原 久男；進化するパワー MOSFET，トランジスタ技術 SPECIAL，Appendix，2012年Winter号，CQ出版社．

STEP 2 | ツールをインストールして回路図を描く
シミュレーションの準備

電子回路シミュレータをインストールしましょう

早速，電子回路シミュレータを使って，トランジスタを1個（1石と呼ぶ）だけ使ったスイッチング回路をシミュレーションしてみましょう．

これから使用するLTspiceは本書付属のCD-ROMに収録されています（CD-ROMの内容はp.140を参照）．

また，最新版はリニアテクノロジー社のホームページからダウンロードすることもできます（p.18のColumn参照）．

■ **LTspiceをインストールしましょう**

● 実用にも問題なく使える無償のシミュレータ

LTspiceは，リニアテクノロジーというアナログICのメーカが，自社の半導体の販促を目的に開発した電子回路シミュレータです．

販促用とはいえ，その計算エンジンは，デファクト・スタンダードとなっているPSpiceをはじめとする多くの電子回路シミュレータが採用しているSPICE (Simulation Program with Integrated Circuit Emphasis)です．

市販のシミュレータは製品版と評価版があり，評価版には使用期間に上限があったり，解析できる回路サイズが，実用には使えない規模に制限されています（製品版が売れなくなってしまいますから，当然ですね）．製品版は数万〜数十万円しますが，回路規模にも使用期間にも制限はありませんし，手厚いサポートも受けることができます．

LTspiceは，半導体を売ることが目的の販促ツールですから，使用期限にも解析可能な回路サイズにも制限はありません．サポートはありませんから自力で使いこなす必要があります．本書を通して一緒にマスタしていきましょう．

まっさらの回路図を用意します

まずまっさらの回路図を開いて，そのファイルに名前を付けて保存します．

LTspiceを立ち上げて（**図1**），タスク・バーからアイコンをクリックします．または［メニュー］-［File］-［New Schematic］を選びます．すると，画面にグリッドのあるまっさらの回路図入力ウィンドウが表示されます（**図2**）．グリッドが表示されないときは［View］-［Show Grid］にチェックを入れます．

回路図を描き始める前に，ファイル名を決めて保存しておきましょう．［File］-［Save As］でファイルに名前を付けて保存します．このとき，同じフォルダに多数のファイルを置くとごちゃごちゃになるので，同種のシミュレーションごとに別のフォルダを作ったほうがよいでしょう．

ここでは，保存先として先ほど作成した［マイドキュメント］-［LTspice_work］の下にTRSWというフォルダを作ります．ファイル名をTRSW01.ascとして保存します（**図3**）．

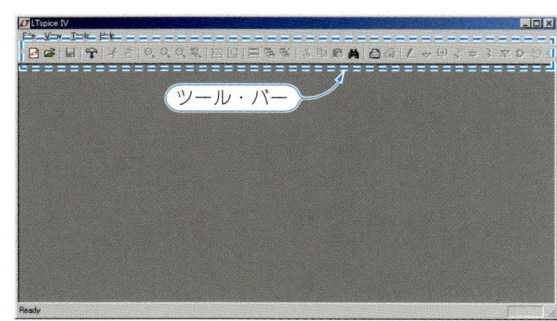

図1　電子回路シミュレータ（LTspice）の起動画面

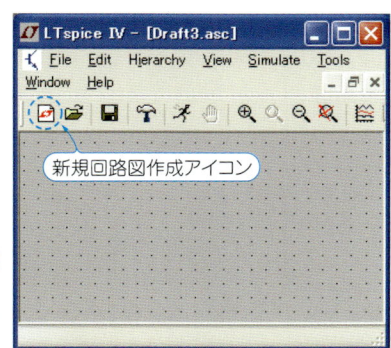

図2　まっさらの回路図を用意する
回路図入力ウィンドウを開く．

図3　開いた回路図（図2）に名前を付けて保存する

まっさらの回路図を用意します

これで，回路図作成の準備ができました．

回路図を描きます

トランジスタのスイッチング回路をシミュレーションしてみます．シミュレーション回路の完成予想図を図4に示します．

■ 手順1：部品を配置します

● トランジスタを置きましょう

図1のツール・バーの右寄りの位置にあるANDゲート型のcomponentアイコン（図5）をクリックするか，ショートカット・キー［F2］を押すと部品選択ダイアログが現れます．表示されている部品リストから［npn］を選んで［OK］を押すと，図6のような表示になります．［OK］を押すと現れるトランジスタの記号を回路図の適当な場所に置いてください（図7）．

● 抵抗を置きます

続いて抵抗を配置します．同じく，図1のツール・バーにある抵抗のアイコン（図8）をクリックして回路図に置きます（図9）．抵抗のシンボルを回転させたいときは，［ctrl］＋Rを押します．

● 電源，信号源，グラウンドを置きます

電源と信号源は，電圧源のシンボルを配置します．
電圧源は，内部抵抗0Ωの理想電圧源ですから，いくら電流を流しても電圧源の端子電圧は変わりません．もちろん必要なら内部抵抗を設定することもできます．

LTspiceでは，直流電源，正弦波信号源，パルス信号源などはすべて電圧源（voltage）のシンボルを使用して，電圧源の特性は，電圧源ごとに設定します．

図10に示すcomponentアイコンをクリック，またはショートカット・キー［F2］を押して，電圧源の

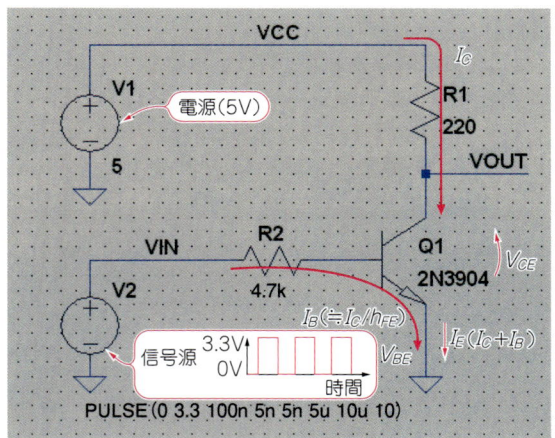

図4 シミュレーション回路の完成予想図（N1-2-9.asc）

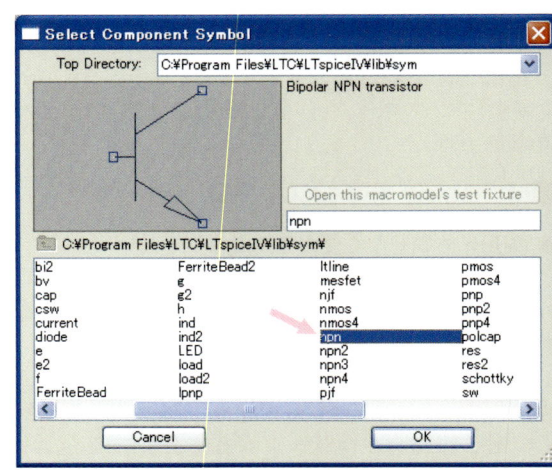

図6 トランジスタを回路図に配置する②
部品選択ダイアログで［npn］を選んで［OK］を押す．

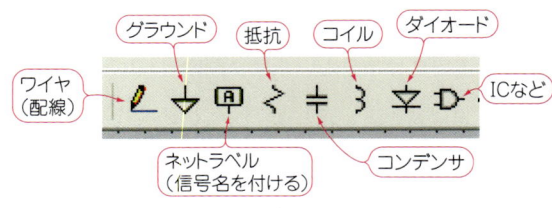

図8 抵抗を回路図に配置する①
抵抗のアイコンをクリックする．

図5 トランジスタを回路図に配置する①
componentアイコンをクリックして部品選択ダイアログを開く．

図10 電源，信号源，グラウンドを回路図に配置する①
componentアイコンをクリックする．

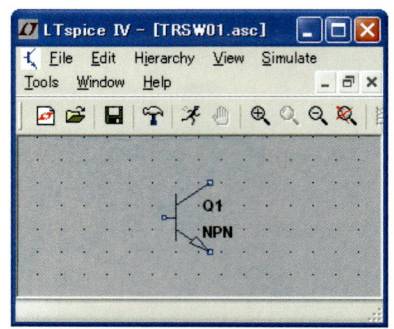

図7 トランジスタを回路図に配置する③
トランジスタの記号を回路図の適当な場所に置く．

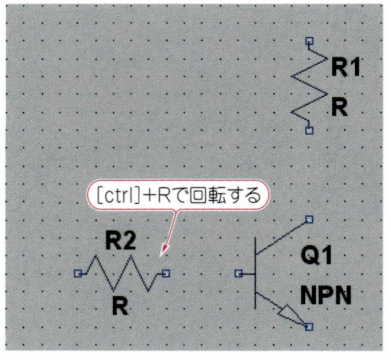

図9 抵抗を回路図に配置する②
抵抗の記号を回路図の適当な場所に置く．

部品voltageを選びます(図11)．続いてグラウンドのアイコンをクリックしてグラウンドのシンボルを配置します(図12)．

*

これでシンボルの配置は終わりです．部品番号は配置時に自動的にインクリメントしますから，そのままでかまいません．修正するときは，部品番号の上で右クリックします．

■ 手順2：部品同士を配線します

シンボルを配線(wire)で接続します．図13に示す鉛筆形のwireアイコンをクリックすると，カーソルの形が大きな十字形に変わります．ショートカット・キーは[F3]です．

図14に示すように，V1の端子の小さな四角形の上で左クリック，次に曲げたいところでまたクリックします．その後に，R1の端子で左クリックすると配線モードが終了します．シンボルの端子につながずに，途中で配線を止めたい場合には，左クリックに続いて右クリックします．残りのシンボルも配線してください．Q_1のコレクタからは短い配線を右側に出しておきます．

■ 手順3：部品の種類を選んで 値を指定します

● R_1の値を手計算します

図4に示す回路のトランジスタがONしているときに流れるコレクタ電流I_Cは，次式から22 mAです．

$$I_C = \frac{V_1 - V_{CE(\text{on})}}{R_1} = \frac{5 - 0.2}{220} ≒ 21.8 \text{ mA}$$

ただし，V_1：電源電圧(5)[V]，$V_{CE(\text{on})}$：トランジスタQ_1がONしたときのコレクタ-エミッタ間の電圧(0.2)[V]，R_1：負荷抵抗(220)[Ω]

一方，トランジスタのベース電流I_Bとコレクタ電流I_Cの間には次の関係があります．

$$I_C = h_{FE} I_B$$

このh_{FE}を<u>直流電流増幅率</u>と呼んでおり，トランジスタ固有の特性を表す極めて重要なパラメータです．

小信号を増幅するのに利用されているトランジスタは，比較的h_{FE}が大きく100～300ほどあります．したがってベース電流は，

$$I_B = 21.8/100 = 0.22 \text{ mA}$$

以上流す必要があります．ベース電流I_Bとベース抵抗R_2との間には次の関係が成り立っています．

$$V_2 = I_B R_2 + V_{BE}$$

ただし，V_2：信号源の出力電圧(振幅3.3 Vのパルス信号)，V_{BE}：ベース-エミッタ間電圧(0.6～0.7)[V]

パルス信号が3.3 Vのとき，コレクタ電流を22 mA以上流してトランジスタを完全にONさせるには，次式からR_2を11.8 kΩ以下にする必要があることがわかります．

$$R_2 ≤ \frac{V_2 - V_{BE}}{I_B} = \frac{3.3 - 0.7}{0.22 \times 10^{-3}} ≒ 11.8 \text{ kΩ}$$

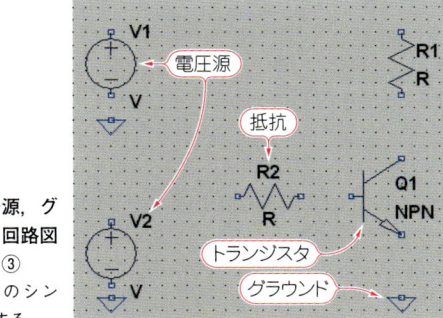

図12
電源，信号源，グラウンドを回路図に配置する③
グラウンドのシンボルを配置する．

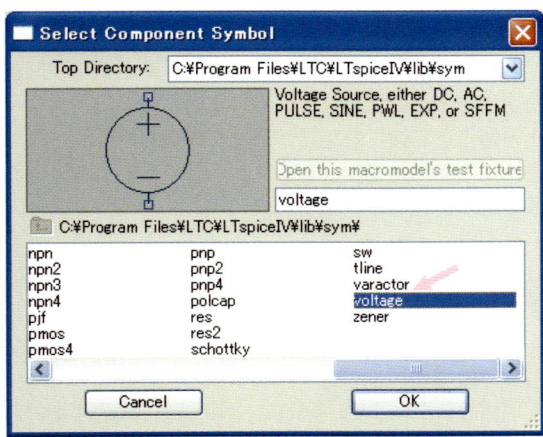

図11 電源，信号源，グラウンドを回路図に配置する②
電源(voltage)を選ぶ．

図13 部品同士を配線する①
鉛筆形のwireアイコンをクリックする．

図14
部品同士を配線する②
V1の端子の小さな四角形の上で左クリック，次に曲げたいところでまたクリックする．

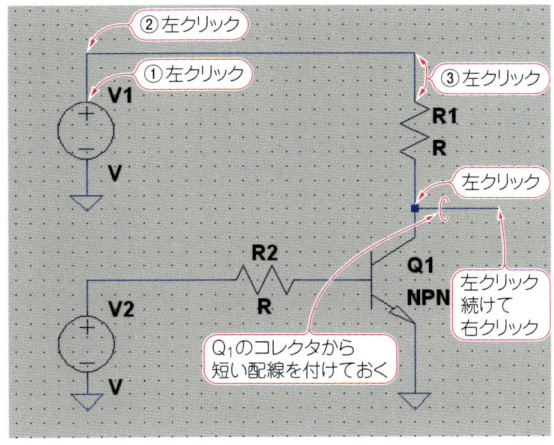

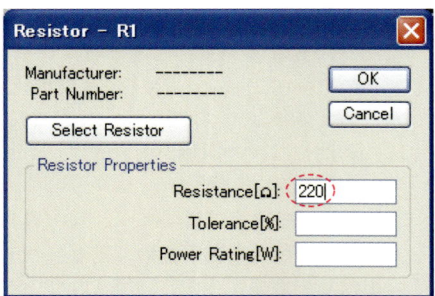

図15 部品の種類を選んで値を指定する①
抵抗値を入力するダイアログが開く．

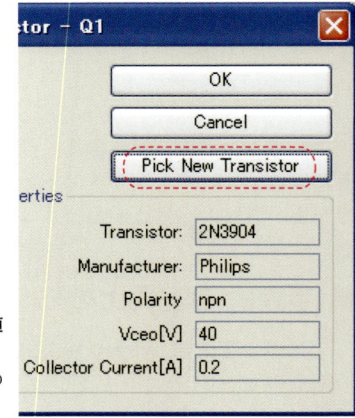

図16 部品の種類を選んで値を指定する②
トランジスタ・モデルのライブラリ一覧を開く．

図4では，より確実にトランジスタをONさせるために，h_{FE}を低めの約50と考えて，R_2を4.7 kΩに設定しています．大電流を流すことができるパワー・トランジスタはh_{FE}が小さい傾向があるので，もう少しベース電流を大きくしてコレクタ電流の1/10くらい流したほうがよいでしょう．

● シミュレータに抵抗の値を設定します

カーソルが大きな十字形になっていたら配線モードになっているので，［ESC］キーを押してこのモードから抜け出します．カーソルを抵抗のシンボルの上に持っていくと，手の形に変わるので，ここで右クリックすると，抵抗値を入力するダイアログが開きます（図15）．

Resistance［Ω］欄に抵抗値を入力します．R1を220，R2を10 kにしてください．

R1，R2…といった部品番号は，部品を配置したときに自動的に割り振られるのでそのままでかまいません．なお同じ部品番号が二つ以上重複していると，シミュレーション時にエラーになります．部品番号を変更するときは，部品番号の上で右クリックします．

● トランジスタを指定します

指定する型名のトランジスタのシミュレーション・モデルが用意されていなければなりません．

▶高速スイッチングが得意な定番トランジスタ2N3904を使う

今回は負荷電流が22 mAくらいですから，汎用小信号トランジスタを使うことにして，LTspiceの付属ライブラリに用意されている2N3904を使ってみましょう．

2N3904は汎用の小信号NPNトランジスタで，海外ではごく一般的なものです．オンセミコンダクターやフェアチャイルドなど複数のメーカが製造しています．

定格やパッケージの形状は，国内でよく使われている2SC1815と似ていますが，ピン配置は少し違って，真ん中の端子がベースです．

▶トランジスタのモデルとして2N3904を指定する

抵抗のときと同じように，トランジスタのシンボルの上で右クリックすると，図16のようにダイアログが現れますから［Pick New Transistor］というボタンをクリックします．

図17のようにシミュレーション・モデルが用意されているトランジスタのリストが現れますから，［Part No.］の欄から［2N3904］を選んでダブルクリックします．Q1の部品名が2N3904に変わったはずです．

残念ながら，最初から用意されているシミュレーション・モデルには，国産のトランジスタはないようです．

● 配線（信号）に名前を付けます

部品同士をつなぐ各配線上の信号に名前（ネットラベル）を付けます．ネットラベルが付いていない配線があるとエラーになりますが，実際には，シミュレータが適当な名前を勝手に付けてくれるためエラーにはなりません．ただ，これらはわかりやすい名前ではありませんから付け替えます．

図18のLabel Netアイコンをクリックするか，またはショートカット・キー［F4］を押します．図19のようにNet Name入力ダイアログに信号名を入力します．VCCと入力して［OK］を押すと表示される文字（VCC）を回路図の一番上の配線の上に置きます．ネットラベルを移動している最中，下側に小さな丸印が付い

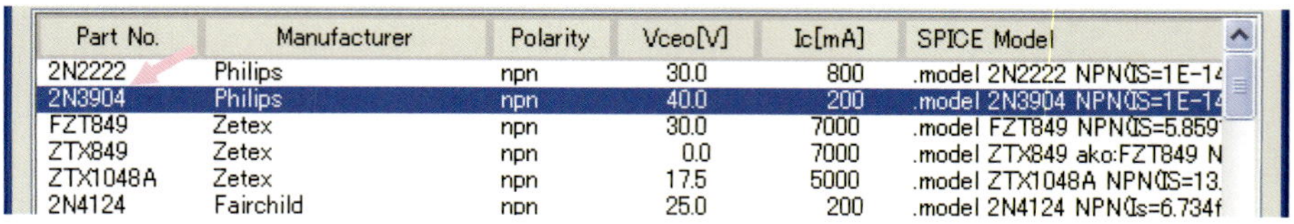

Part No.	Manufacturer	Polarity	Vceo[V]	Ic[mA]	SPICE Model
2N2222	Philips	npn	30.0	800	.model 2N2222 NPN(IS=1E-14
2N3904	Philips	npn	40.0	200	.model 2N3904 NPN(IS=1E-14
FZT849	Zetex	npn	30.0	7000	.model FZT849 NPN(IS=5.859
ZTX849	Zetex	npn	0.0	7000	.model ZTX849 ako:FZT849 N
ZTX1048A	Zetex	npn	17.5	5000	.model ZTX1048A NPN(IS=13.
2N4124	Fairchild	npn	25.0	200	.model 2N4124 NPN(IS=6.734f

図17 部品の種類を選んで値を指定する③
［Part No.］の欄から［2N3904］を選んでダブルクリック．

図18 配線に名前を付ける①
Label Netアイコンをクリック．

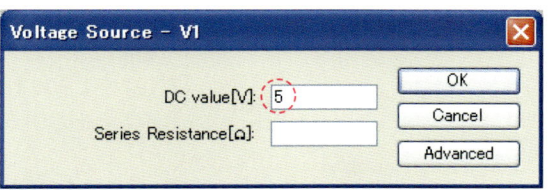
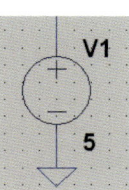

図21 電源を設定する
シンボルV1の上で右クリックする．
DC value [V] に5と入力する．

(a) 設定ダイアログ　　(b) 回路図記号

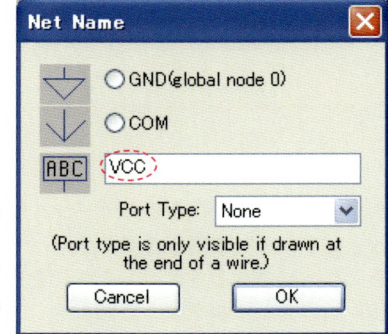

図19 配線に名前を付ける②
Net Name 入力ダイアログに信号名を入力する．

ています．ネット名はこの点に触れた配線に付きます．
　同様にVINとVOUTの二つのネットラベルを追加してください（図20）．ネットラベル名を変更するときはラベルの上で右クリックです．ラベルを削除するときはハサミ・アイコン，または［Del］キーを押します．
　回路図中に最低1個は「グラウンド」に接続されたネットが必要です．グラウンドがシミュレーション時の電位の基準になるので，グラウンドがないと電位が定まらずシミュレーション時にエラーになります．

● 電源を設定します
　図9の回路には，電源V1とスイッチング信号源V2

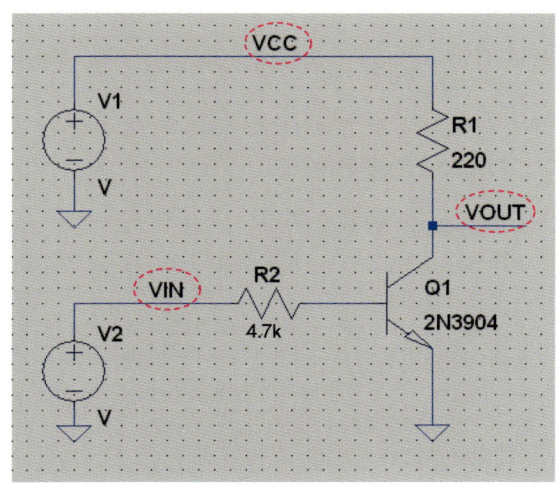

図20 配線に名前を付ける③
ネットラベルVINとVOUTを追加する．

の二つの電圧源があり，どちらもシンボルは同じ（voltage）です．
　電源電圧は，ロジック回路の電源でよく使われる5V（直流）にします．まず直流電源V1を直流5Vに設

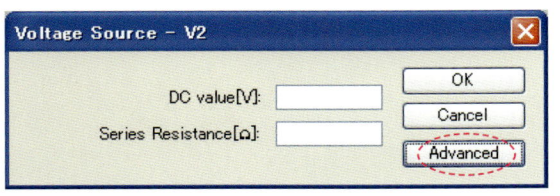

図22 信号源を設定する①
V2を右クリックして［Advanced］ボタンをクリックする．

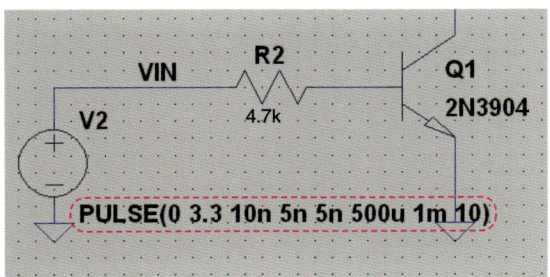

図24 信号源を設定する③
信号源の近くに設定値が表示される．

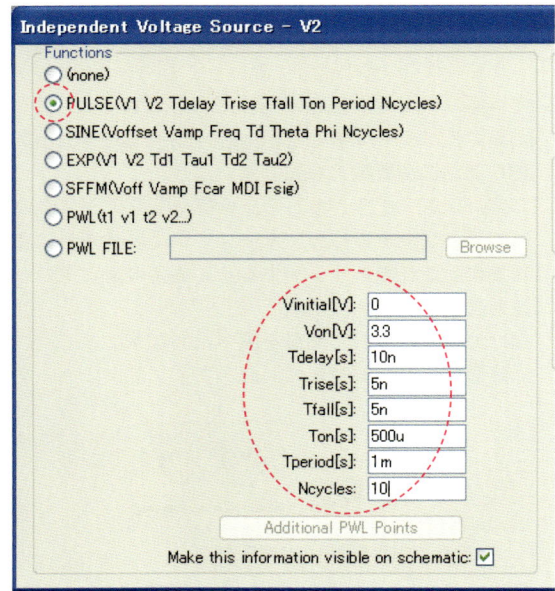

図23 信号源を設定する②
［PULSE］にチェックを入れて，パルス波の設定値を入力する．

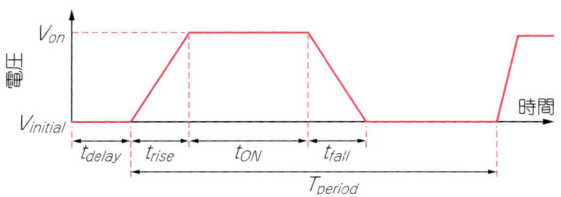

図25 パルス波の各パラメータの意味

定します．シンボルV1の上で右クリックすると，図21(a)に示す設定ダイアログが現れます．DC value［V］に5と入力します．［Series Resistance］は空欄のままにしておきます．［OK］をクリックすると，図21(b)のように回路図上の電圧源に直流5Vが出力されることを示す5という文字が表示されます．

● 信号源を設定します

次に，マイコンやFPGAから出力される信号を想定して，スイッチング信号源のV2を設定します．ロジック回路の電源は3.3Vなどが多いですから，今回

LTspiceの便利機能   Column

● 回路図の入力補助

図Aに示す虫メガネ形をしたアイコンの機能は，左から「拡大」「Pan」「縮小」「全体表示」です．ホイール・マウスの場合，ホイール操作でもズームできます．全体表示のショートカットは［Space］キーです．Panは，ウィンドウより回路図のほうが大きい状態で，位置を左右上下に変えたいときに利用します．

図Bの手のひら形のアイコンのうち，左は部品だけを移動するときに使い，右はワイヤの接続を保ったまま「ラバーバンド」で部品を移動するときに使います．ショートカット・キーは［F7］と［F8］です．

● 波形の表示機能

(1) 波形を消したいとき

表示波形を削したいときは，ハサミ型のアイコンか［Del］キーを押して，ハサミで波形ウィンドウの信号名をクリックします．

(2) 2点間の電圧を調べたいとき

プローブを一つの信号に置いたままドラッグすると二つ目のプローブ(黒色)が現れます．これを別の信号に置くと，2点間の電圧を調べることができます(図C)．

(3) 部品の消費電力を知りたいとき

［Alt］キーを押しながら，抵抗やトランジスタの上にカーソルを置くと，カーソルが温度計の形になります．これでクリックすると，部品の消費電力が波形表示されます．

(4) 波形を拡大して細部を調べたいとき

波形を拡大するときは，波形ウィンドウにカーソルを置き，十字形になったカーソルで拡大したい部分をドラッグして囲みます．カーソルが十字以外の形になっているときは［Esc］キーを押してください．

(5) 軸のスケールを変えたいとき

表示波形を繰り返し拡大すると，細部が見えるようにはなるのですが，縦軸のスケールが勝手に変わってしまいます．図Dに示すのは，波形を拡大しているうちに縦軸のフルスケールが0～5Vから−5～+9Vに広がってしまった例です．このような場合は，縦軸のスケールを変える必要があります．

縦軸(電圧軸)にカーソルを置くと，カーソルが物差し形になります(図E)．この状態でクリックすると現れる軸変更のダイアログ(図F)で，信号の振幅にあったスケールに変更します．出力信号の振幅は，0～5Vで変化しているので，スケールを0～6V

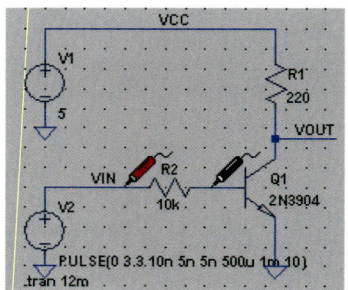

図C 2点間の電圧を調べる

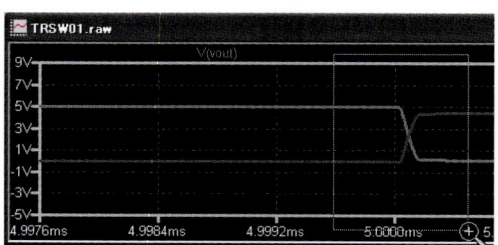

図D 拡大表示を繰り返していると，勝手に縦軸のスケールが粗くなってしまうことがある

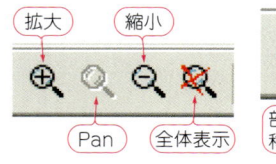

図A 表示の大きさを調整できる虫メガネ形アイコン   図B 部品を移動するときに使う手のひら形アイコン

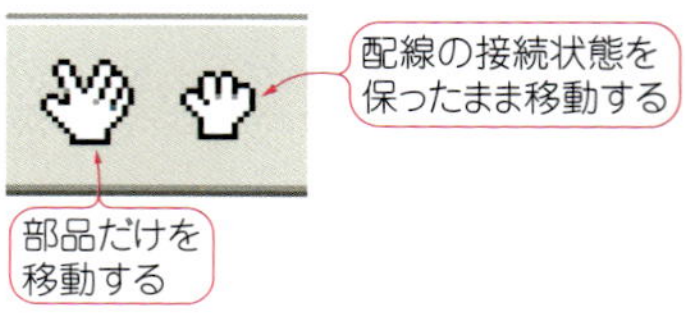

は，0Vと3.3Vの間でON/OFFする信号を出力させます．周波数は1 kHz，立ち上がり時間と立ち下がり時間は5 ns，サイクル数は10回にします．

先ほどと同様にV2を右クリックして［Advanced］ボタンをクリックすると（図22），図23のように，電圧源の詳細設定ダイアログが現れます．［PULSE］にチェックを入れて，パルス波の設定値を入力し［OK］をクリックすると，回路図の表示が図24のようになります．

パルス波の各パラメータの意味を図25に示します．波形左端は$t = 0$です．図23に示すNcyclesは10に設定します．これは10回繰り返してVinitialに戻るという意味です．

デューティ比を正確に50％にするには，次式が満たされるように設定します．

$t_{rise} + t_{on} = 1/2 \times T_{period}$

今回の波形は，デューティ比が50％より少しだけ大きくなっています．

に設定します．
　　Top = 6 V，Tick = 1 V，Bottom = 0 V
と入力すると，電圧軸が変わります．横軸（時間軸）も同様の方法で変更できます．

(6) 波形を縦軸いっぱいまで振れるように表示させたいとき

波形の縦軸方向を波形ウィンドウ全体に表示したいときは，物差しが表示されているところで右クリックして［Autorange Y-axis］を選びます（図G）．ショートカット・キーは［ctrl］＋Yです．図Hに示すのは波形が縦軸いっぱいに拡大されて表示されたところです．

(7) 波形全体の表示に戻りたいとき

波形ウィンドウをアクティブにして全体表示アイコン（図I）をクリックすると，波形全体が表示されます（図J）．

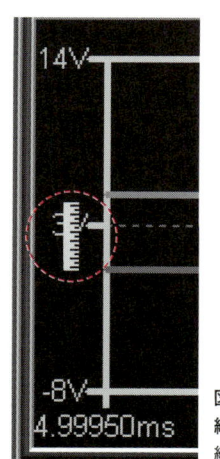

図E　縦軸のスケールを変える①
縦軸にカーソルを置くと物差し形になる．

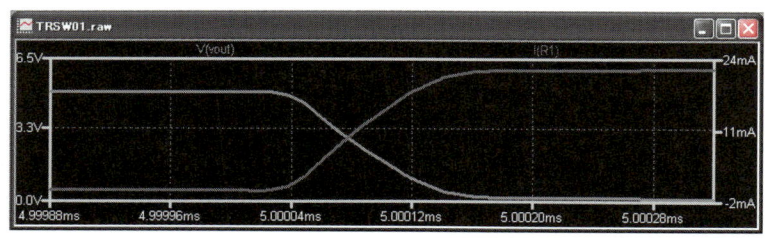

図H　波形を波形ウィンドウの縦軸いっぱいに表示する②
波形が縦軸いっぱいに拡大されて表示されたところ．

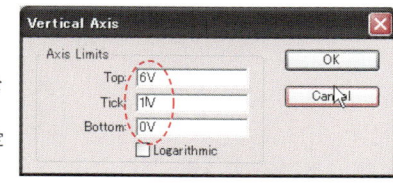

図F　縦軸のスケールを変える②
軸を変更する設定ダイアログを開く．

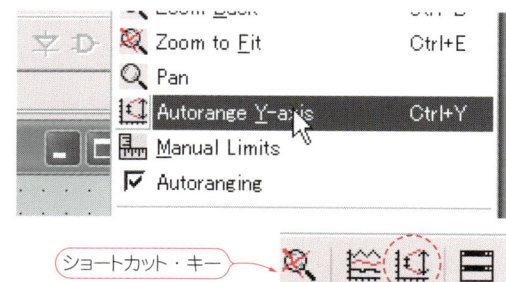

図G　波形の縦方向を波形ウィンドウ全体に表示する①
物差し表示中に右クリックして［Autorange Y-axis］を選択．

図I　波形全体の表示に戻る①
全体表示アイコンをクリック．

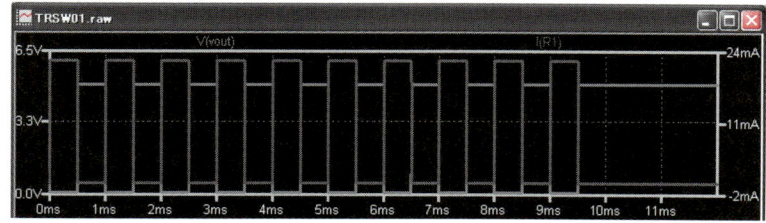

図J　波形全体の表示に戻る②
波形全体が表示されたところ．

ダウンロードして最新版をインストールする

Column

リニアテクノロジーのホームページ（http://www.linear-tech.co.jp/）にアクセスしてください（図A）．左下に見える［LTspice IV］というボタンをクリックすると，図Bのようなページが開きます．［ダウンロード！LTspice IV（Updated April 1, 2011)］をクリックすると，いきなりダウンロード可能な状態になります（図C）．会員登録など面倒な作業は必要ありません．ファイル・サイズは10 Mバイトほどです．インストールの途中に現れる図Dのダイアログでは［Accept］に続けて［Install Now］を押してください．

インストールの方法や使い方の細かいことは，図Eに示す書籍「電子回路シミュレータLTspice入門編」が参考になります．

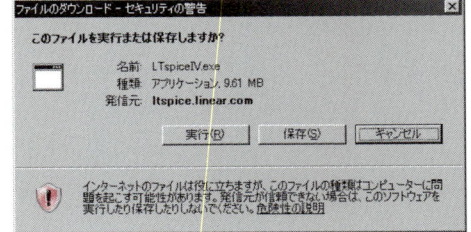

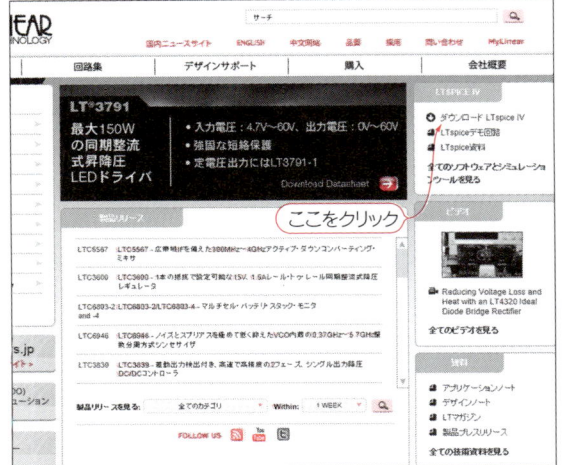

図A　電子回路シミュレータ（LTspice）をダウンロードする①
リニアテクノロジーのホームページの右上のダウンロードLTspice IVをクリックする．

図C　電子回路シミュレータ（LTspice）をダウンロードする③
会員登録も何もなしでいきなりダウンロードできるようになる［保存］を押す．WindowsのVersionによって表示が変わることがある．

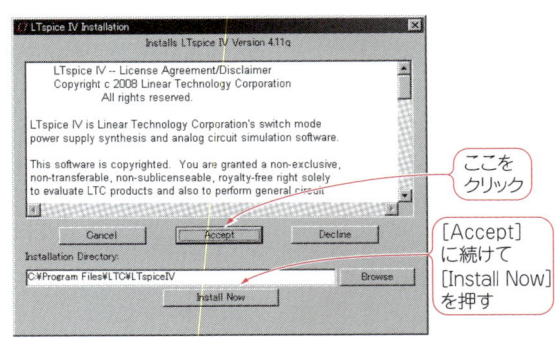

図D　電子回路シミュレータ（LTspice）をダウンロードする④
［Accept］に続けて［Install Now］を押す．

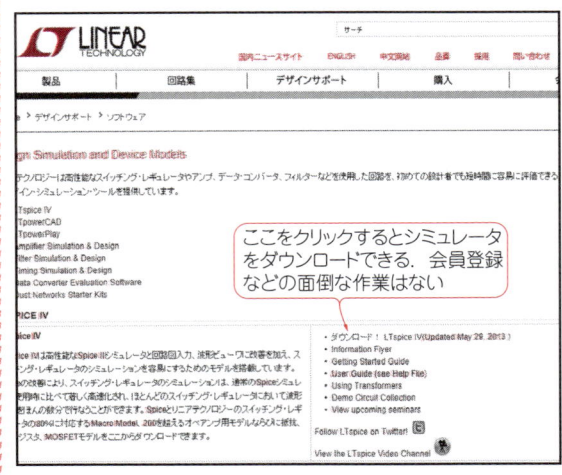

図B　電子回路シミュレータ（LTspice）をダウンロードする②
「ダウンロード！LTspice IV」をクリックする．

図E　インストールの方法や使い方は「電子回路シミュレータLTspice入門編（CQ出版社）」が詳しい

STEP 3 | オシロスコープと同じように使える シミュレーションを使って波形観測

LTspiceに備わっている特性評価機能のいろいろ

　回路図が完成して，シミュレーションを実行する準備が整いました．パソコンの上で，トランジスタがスイッチング動作をするかどうか，各部の電圧と電流を調べてみましょう．

　LTspiceに限らず，電子回路シミュレータの多くは，いくつかの解析モードをもっています．

(1) 波形を調べるモード

　オシロスコープを使うような感覚で，波形を調べることのできる解析モードです．横軸に時間，縦軸に電圧や電流のグラフが表示されます．トランジェント解析と呼びます．

(2) 周波数特性を調べるモード

　ネットワーク・アナライザを使うような感覚で，周波数特性を調べることのできる解析モードです．横軸に周波数，縦軸にレベルのグラフが表示されます．AC解析と呼びます．

(3) 静特性を調べるモード

　直流電圧源の出力電圧を少しずつ変えながら，ディジタル・マルチメータで，各部の直流電圧や直流電流の値をプロットしていくような解析モードです．DC解析またはDCスイープと呼びます．

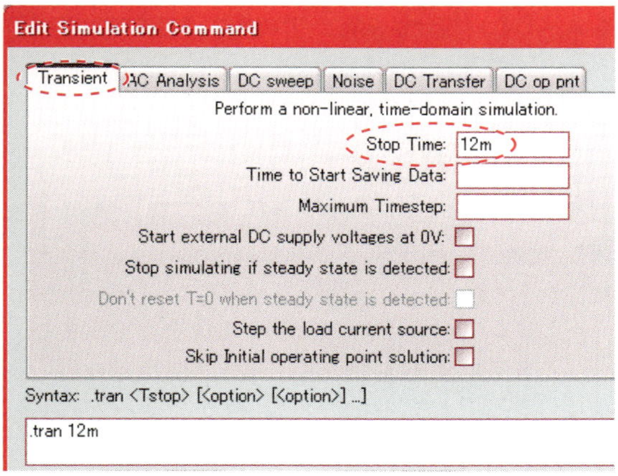

波形を調べてみましょう

● シミュレーション条件を設定しましょう

　回路図上の何もないところで右クリックすると現れるメニューで，［Edit Simulation Cmd.］を選びます．すると図1のようなシミュレーション条件設定ダイアログが表示されます．

　設定タブから［Transient］をクリックして，波形を調べるトランジェント解析モードを選択します．

　STEP2の図25に示したパルス波形（1 kHz，10サイクル）の長さは10 msですから，シミュレーション時間はそれより長くします．したがって［Stop Time］を12 msにします．後は空欄でかまいません．

　［OK］をクリックすると，回路図に.tran 12mという文字列が現れます．図2のように，回路図上の適当な場所で左クリックして配置します．文字列の配置を忘れるとエラーになります．

● シミュレーションを実行しましょう

　図3に示すランナ形のアイコンを押すとシミュレーションが実行されます．回路図や条件設定に間違いがなければ，波形表示ウィンドウが開きます（図4）．

　回路図ウィンドウが最大化されていて波形ウィンドウが隠されているときは，［Window］-［Tile Horizontally］を選んで，波形ウィンドウを表示してください．

　回路図に問題があると，エラー・メッセージが表示されます．図5は，「抵抗の部品番号が二つともR1になっている」といっています．エラー表示が出たら，内容を確認してエラー表示が出なくなるまで修正してください．

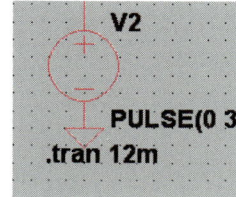

図2　波形を調べる②
.tran 12mという文字列を回路図上の適当な場所に左クリックで置く．

図1　波形を調べる①
［Edit Simulation Cmd.］を選ぶと現れるシミュレーション条件設定ダイアログ．

図3　波形を調べる③
シミュレーション実行ボタンを押す．

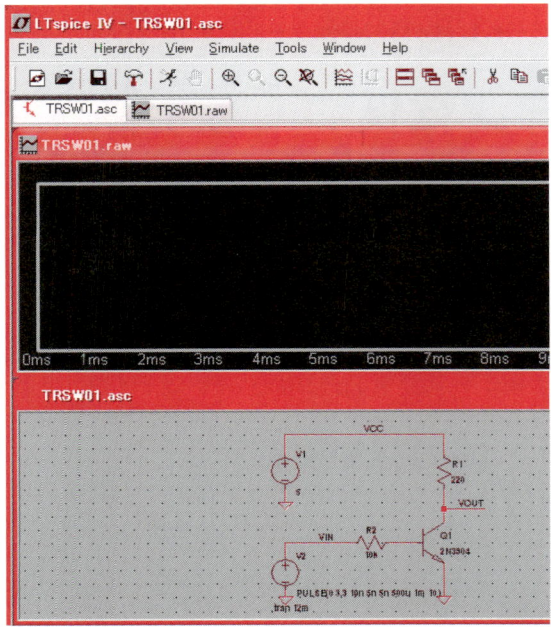

図4 波形を調べる④
波形表示ウィンドウが開く．

図5 波形を調べる⑤
回路図に問題があるときに出るエラー・メッセージ．

図6
波形を調べる⑥
カーソルを部品や配線の上に置くとカーソルがプローブに変わる．

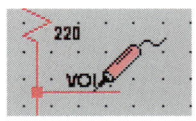 

（a）電圧プローブ　（b）電流プローブ

● 信号を選んで波形を表示させましょう

　LTspiceは，計算を終えても，何も波形を表示してくれません．実際の測定と同じように，観察したい箇所にプローブを当てていないからです．

　回路図入力ウィンドウをクリックして，アクティブ状態にしてください．カーソルを部品や配線の上に置いてみてください．カーソルがオシロスコープのプローブやクランプ型の電流プローブに変わります（図6）．波形を見たい配線の上に電圧プローブを置いてクリックすると，その配線（wire）の電圧が波形ウィンドウに表示されます．

　電流波形を見たいときには，部品シンボルのピンの上にカーソルを置きます．するとカーソルが電流プローブの形に変わります．そこでクリックすると電流波形が波形ウィンドウに表示されます．電流プローブの赤い矢印の向きに電流が流れているとき，波形の値はプラスです．

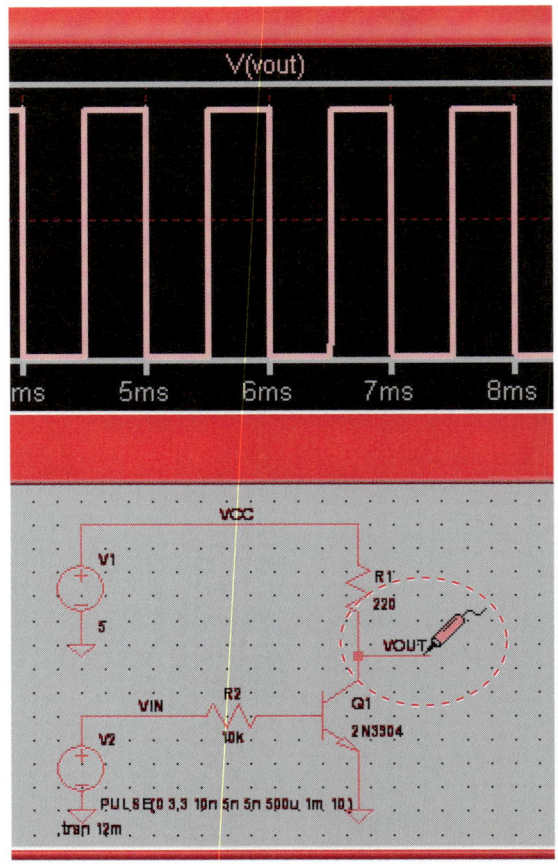

図7 波形を調べる⑦
VOUTラベルを付けた配線に電圧プローブをつなぐと波形が現れる．

▶出力電圧（コレクタ電圧）の波形

　ラベルVOUTを付けた配線に電圧プローブをつなぐと，波形ウィンドウに図7に示すような1 kHzの矩形波（10サイクル分）が表示されています．入力信号の"H"と"L"は反転して出力されています．入力信号も表示したい場合は，電圧プローブ・アイコンで回路図上のVINネットをクリックしてください．

　図7に示す波形ウィンドウに表示されているQ1のコレクタ電圧信号V(vout)のカッコ内が配線に付けたネットラベル，その前のVは電圧の意味です．電流波形の場合にはIになります．電圧軸（Y軸）は左側，時間軸（X軸）は下側に表示されています．

▶コレクタ電流の波形

　次にコレクタ抵抗R1に流れる電流を見てみましょう．カーソルをR1に乗せて，電流プローブの形になったところでクリックすると，波形ウィンドウにR1の電流 I(R1)が追加されます（図8）．電流軸が右側に追加されました．このように電圧，電流，電力，位相など次元の異なる波形を追加すると，Y軸に自動的に追加されます．

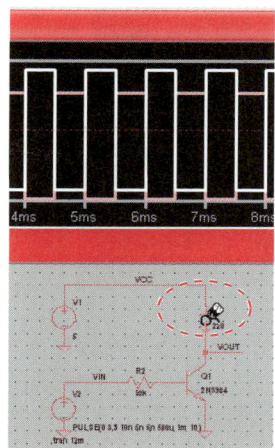

図8 電流波形を表示させる
カーソルをR1に乗せて電流プローブの形でクリックすると電流波形が追加される.

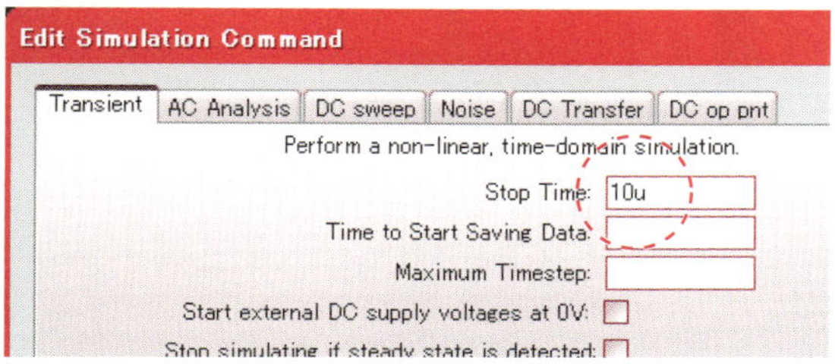

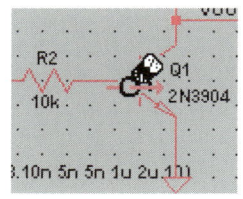

図10 スイッチング周波数を上げる②
[Edit Simulation Command] の [Stop Time] を 10 μs に設定する.

図12 スイッチング周波数を上げる④
Q1のベースにカーソルを置いてクランプ電流計の形になったところでクリック. ベースに流れ込む電流の波形を調べる.

■ スイッチング周波数を上げてみましょう

高速フォトカプラやパルス・トランスは，1kHzよりももっと高い周波数でスイッチング駆動しなければなりません．そこで，信号源の周波数を高くして回路の動作を確認してみましょう．

● 信号源のタイミング設定を変更しましょう

回路図の信号源V2を右クリックして，電圧源の設定ダイアログを表示させます（**図9**）．信号源パラメータを，Ton [s] = 1u, Tperiod [s] = 2u に変更して [OK] を押します．

シミュレーション終了時間も変更します．回路図上の何もない場所で右クリックして [Edit Simulation Command] の [Stop Time] を 10 μs にします（**図10**）．

● シミュレーションしてみましょう

[Run] アイコンをクリックしてシミュレーションを実行すると，**図11**のような波形になります．信号

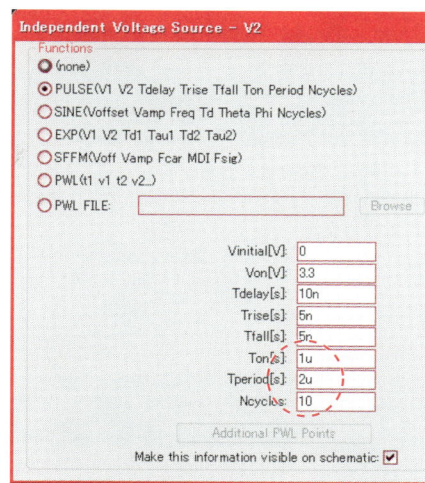

図9 スイッチング周波数を上げる①
電源V2を右クリックして信号源の設定ダイアログを開く.

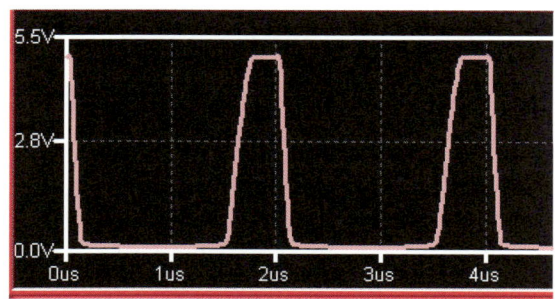

図11 スイッチング周波数を上げる③
[Run] アイコンをクリックしてシミュレーションを実行.

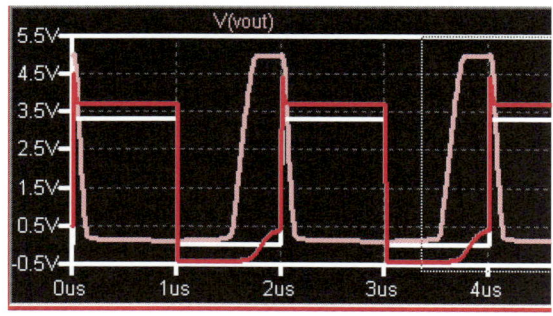

図13 スイッチング周波数を上げる⑤
Q1のベース電流の波形が追加される.

源の電圧 VIN と Q1 のベース電流も表示してみます．**図12**のように，Q1のベースにカーソルを置いて，クランプ電流計の形になったところでクリックすると，Q1のベース電流の波形が追加されて，**図13**のようになります．

波形をドラッグして少し拡大します．波形ウィンドウで右クリックして，[Autorange Y-axis] または [ctrl]-Y で縦軸を拡大します（**図14**）．

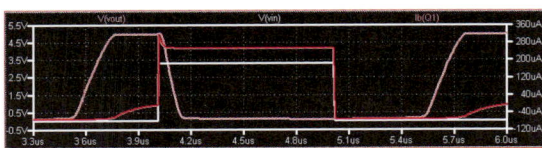

図14 スイッチング周波数を上げる⑥
波形ウィンドウで右クリックして［Autorange Y-axis］で縦軸を拡大．

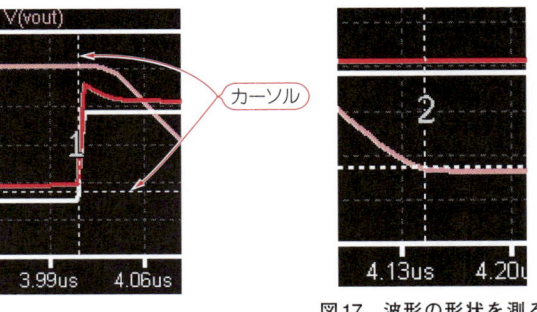

図16 波形の形状を測る②
VINの立ち上がりのところにカーソル1を移動．

図17 波形の形状を測る③
マウスのポインタを乗せると2と数字が現れてカーソル2を移動できるようになる．

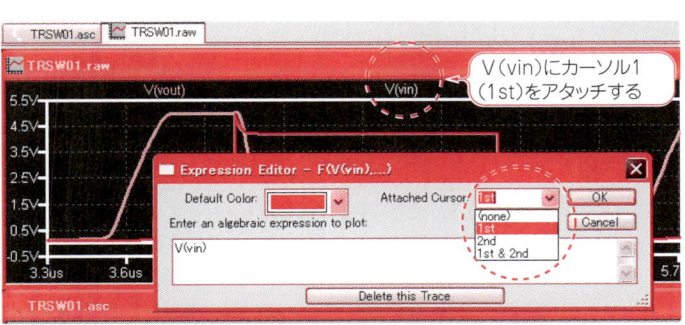

図15 波形の形状を測る①
波形ウィンドウ上側の信号名V(vin)を右クリックする．

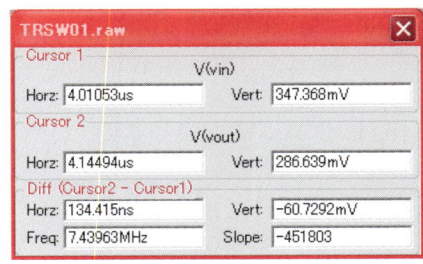

図18 波形の形状を測る④
カーソル位置のデータを示すダイアログも表示される．

● スイッチング速度を測ってみましょう

図14の画面の横にあるスケールを見れば，波形の電圧，電流，時間のおおよその値がわかりますが，より正確な値を知りたいときはカーソル機能を利用します．

LTspiceの波形画面では，2個のカーソルを使って波形の値を読み取ることができます．この機能を使ってトランジスタのスイッチング速度を測ってみましょう．

▶カーソルを表示させます

波形ウィンドウ上側の信号名V(vin)を右クリックすると，図15に示すダイアログが現れます．このダイアログで［Attached Cursor］で［1st］を選んで［OK］を押します．すると波形ウィンドウに白い破線のカーソルが現れます．マウスのポインタを破線の上に乗せると1と数字が現れて，ドラッグでカーソルを移動できるようになります．図16に示すように，VINの立ち上がりのところにカーソルを移動します．

同様に，信号名V(vout)を右クリックして，［Attached Cursor］で［2nd］を選ぶと，もう1本カーソルが現れます．マウスのポインタをカーソルに乗せると，今度は2と数字が現れて，カーソルが移動できるようになります（図17）．波形ウィンドウには，カーソル位置のデータを示すダイアログ（図18）も表示されます．

▶ターンオン時間を測定します

ターンオン時間とは，入力信号が最大振幅の50％に立ち上がったのち，出力信号が最大振幅から−90％下降するまでの時間です．

カーソルを使って，ターンオン時間を測定してみましょう．

まず波形が見やすくなるように波形ウィンドウを最大化します．カーソル1をV(vin)の立ち上がり50％のポイント（約1.5 V）に，カーソル2をV(vout)の90％下降したポイント（約0.5 V）にセットします．カーソル・データ読み取りダイアログの値を見ながら，図19のようにカーソルを移動してください．

カーソル読み取りダイアログの［Diff Cursor2-Cursor1］欄がカーソル1と2の差です．時間差と電圧差の両方が表示されています．時間差がトランジス

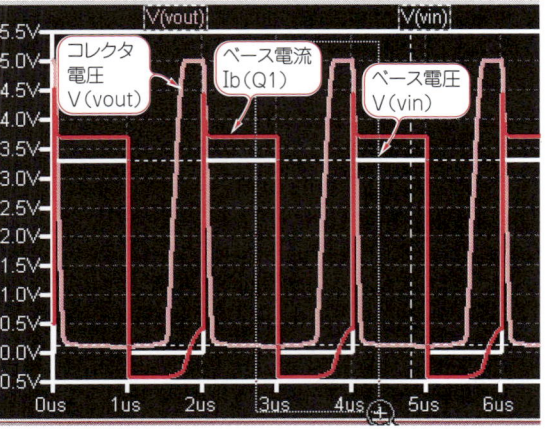

図20 ターンオフ時間を測る①
［ctrl］＋Yで縦軸を画面にフィットさせる．

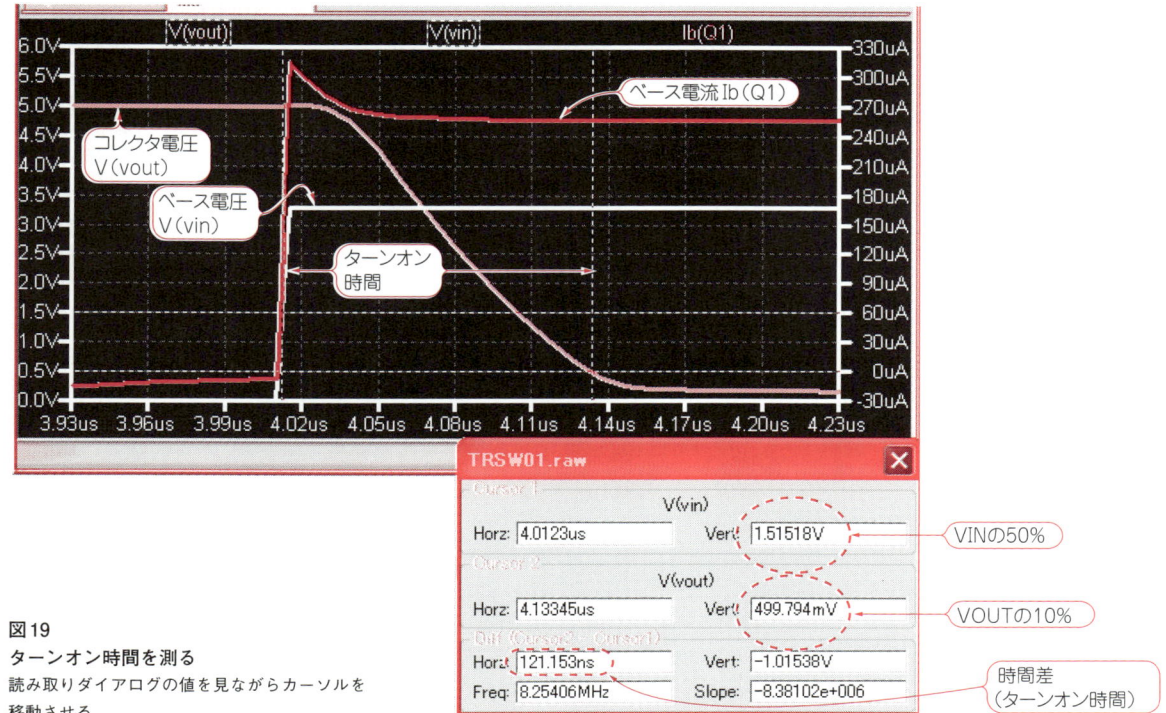

図19
ターンオン時間を測る
読み取りダイアログの値を見ながらカーソルを移動させる．

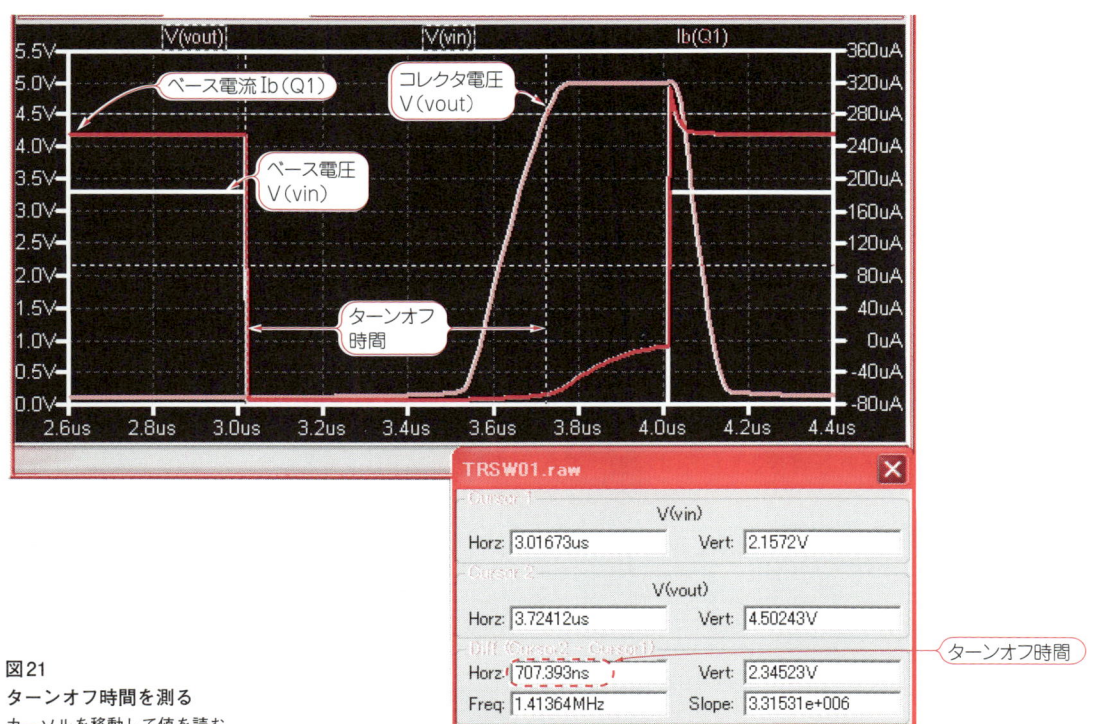

図21
ターンオフ時間を測る
カーソルを移動して値を読む．

タのターンオン時間で，約120 nsです．
▶ターンオフ時間を測定します
　ターンオフ時間とは，入力信号が最大振幅の50%に立ち下がったのち，出力信号が最大の振幅の90%に上昇するまでの時間です．

VINが立ち下がってから次に立ち上がるまでの間を拡大してください．縦軸は[ctrl]＋Yで画面にフィットさせましょう．先ほどと同じようにカーソルを移動して値を読みます（図20）．今度は約700 nsとターンオンより遅くなっています．

波形を調べてみましょう　23

STEP 4 コンデンサを1個追加するだけでグンと速くなる
実験！スイッチング速度を上げる

コンデンサを1個追加するだけでスイッチングは速くなります

● トランジスタは急に止まれません

STEP3 図21のIb(Q1)の波形を見ると，ベース信号源が0Vになってからしばらく電流が0Aにならずにマイナスの電流が流れています．ターンオン時のベース電流は入力電圧と同時に立ち上がっています．

ターンオフに時間がかかるのは，バイポーラ・トランジスタに特有の現象です．トランジスタのベース領域に注入された電荷(ON時に流れ込んだベース電流の一部)が，ベース電圧が0Vになっても残留していることが原因です．これを蓄積効果と呼びます．

● コンデンサでベースに溜まっている電荷を無理やり引っこ抜きます

スイッチング時間を速くするには，ベース抵抗と並列にコンデンサを入れて，入力信号が立ち下がるときに，大きな逆ベース電流を流してベース領域の電荷を引き抜きます．このコンデンサをスピードアップ・コンデンサといいます．

● スピードアップ・コンデンサの効果を見てみましょう

図1のように回路を変更します．

▶信号源を設定します

信号源の出力インピーダンスをセットします．これは，内部インピーダンスがゼロの電圧源は現実には存在しないからです．ディジタルICの出力抵抗に近い抵抗値(100Ω)にセットします．

DragアイコンまたはF8で，信号源V2のまわりをドラッグして，抵抗を入れられるくらい左に移動します．VINラベルもV2の近くへ移動します．[ctrl]＋Rで，抵抗のシンボルを横に回して，V2とR2の間の配線に乗せます．自動的に配線が分割されて抵抗が間に入ります．

▶スピードアップ・コンデンサを追加します

コンデンサのシンボルも入れて，とりあえず値を50pFにします．これがスピードアップ・コンデンサです．

▶ターンオフ時間を調べます

[Run]アイコンをクリックしてシミュレーションを実行します．エラーがなければ，図2のような波形が表示されます．出力電圧V(vout)のスイッチングするタイミングが，入力電圧とほぼ同じになりました．Q1のベース電流 Ib(Q1) が細いパルス状になっていて，電流の値も大きくなっています．

ターンオフ時間を調べてみましょう．波形ウィンドウを最大化します．出力電圧 V(vout)の立ち上がりを拡大してみます．立ち上がり部分をドラッグして囲みます．カーソルを移動して，先ほどと同様に値を読んでみましょう(図3)．破線の上にマウス・カーソルを置いて，1，2という数字が現れたところでドラッグして移動します．

ターンオフ時のスイッチングの遅延時間は120nsくらいになりました．スピードアップ・コンデンサを入れる前は700nsくらいでしたから，かなり速くなりました．

部品のばらつきによる特性の変化を調べてみましょう

● 値の最適値を探すせるパラメトリック・スイープ機能

スピードアップ・コンデンサの値はどのくらいがちょうどよいのでしょうか？

こんなときは，電圧や部品の値などを任意の範囲で変化させてみることができるパラメトリック・スイープ機能を利用します．抵抗やコンデンサの値の最適値

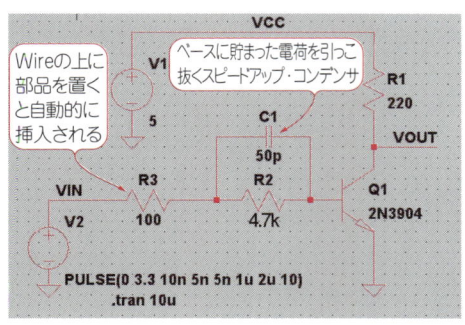

図1 スピードアップ・コンデンサの効果を見る①
(N1-4-1.asc)
このように回路図を変更する．

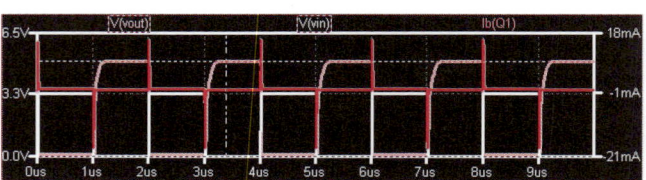

図2 スピードアップ・コンデンサの効果を見る②
シミュレーションが実行されたところ．

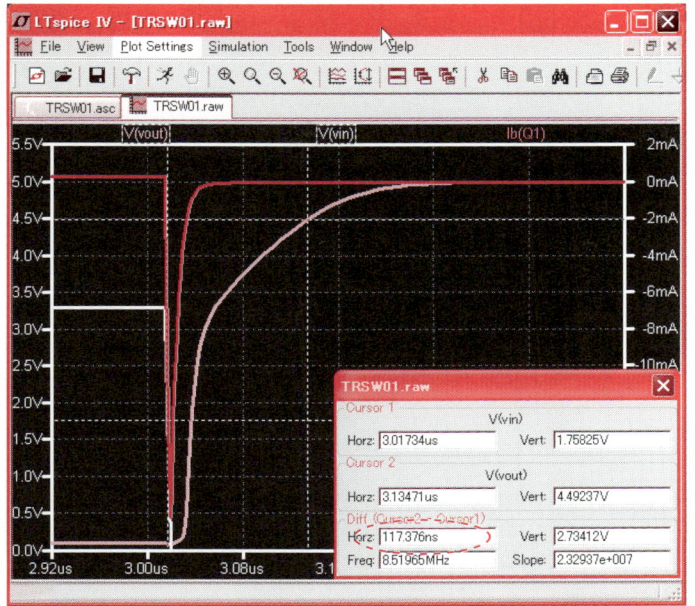

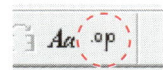

図4 スピードアップ・コンデンサの容量変化に対する波形の変化を調べる①
[.op]をクリックして値を変化させる設定をする.

図3 スピードアップ・コンデンサの効果を見る③
図2の波形を拡大してターンオフ時間を調べる.

を探したり，部品定数のばらつきや電源電圧変化の影響などを確認できます.

● **スピードアップ・コンデンサの値を変化させます**

スピードアップ・コンデンサの値 50 pF を右クリックして {Csu} にします．SPICE Directive [.op] ア

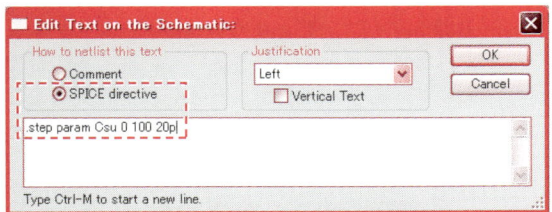

図5 スピードアップ・コンデンサの容量変化に対する波形の変化を調べる②
現れたダイアログに.step param Csu 0 100p 20pと入力する．

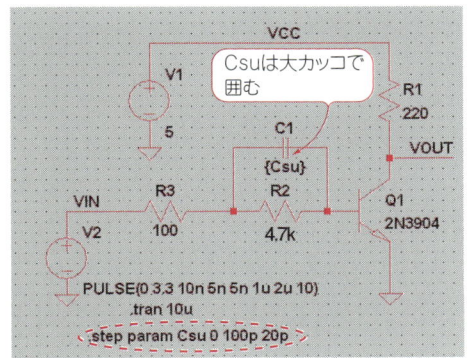

図6 スピードアップ・コンデンサの容量変化に対する波形の変化を調べる③(N1-4-6.asc)
文字列 .step param Csu 0 100p 20p を回路図上の適当な場所に置く.

イコン(図4)をクリックするか，またはショートカット・キー[S]を押します．現れたダイアログに，

.step param Csu 0 100p 20p

と入力します(図5)．これは，Csuの値を，0 pFから100 pFまで20 pFステップで変化させるという意味です．文字列を回路図上の適当な場所に置きます(図6)．

● **シミュレーションを実行します**

図7のように，V(vout)の波形が複数表示されます．波形画面を最大化して，V(vin)とIb(Q1)の波形は消し

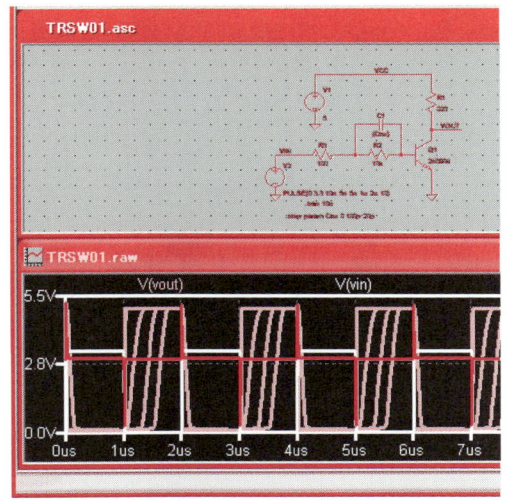

図7 スピードアップ・コンデンサのばらつきによる波形の変化を調べる④
[RUN]でスピードアップ・コンデンサ0～100 pFを20 pF刻みで接続したときのV(vout)の波形が表示される．

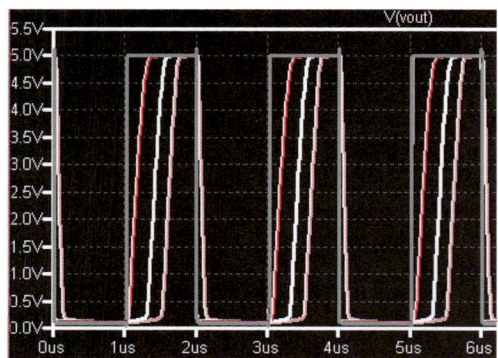

図8 スピードアップ・コンデンサのばらつきによる波形の変化を調べる⑤
波形画面を最大化してV(vin)とIb(Q1)を消してすっきりさせる.

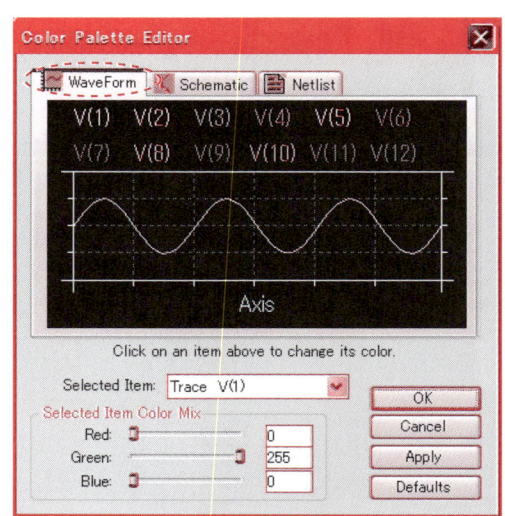

図9 スピードアップ・コンデンサのばらつきによる波形の変化を調べる⑥
表示波形の色を設定するダイアログ.

図9のV(1), V(2)の括弧内の数字と1対1対応している

図10 スピードアップ・コンデンサのばらつきによる波形の変化を調べる⑦
[Plot Settings]−[Select Steps]で選んだ波形のstepが表示される.

ましょう.信号名を右クリックで[Delete this Trace]で消すか,ハサミ・アイコンまたは[Del]キーを押して,ハサミで信号名をクリックします(**図8**).

V(vout)波形は色分けて表示されます.[Tools]−[Color Preference]のカラー・パレットで指定した色順になっています(**図9**).

メニューの[Plot Settings]−[Select Steps],または波形ウィンドウで右クリックして[Select Steps]

を選ぶと,**図10**に示すように選んだ波形のStepが表示されます.

例えばStep2の2e-011は2×10^{-11}F,つまり20 pFです.

Stepの1〜3(0〜40pF)は容量が大きくなるほどスイッチングが速くなっていますが,それ以上では飽和してスイッチング速度は変化しません.したがって,スピードアップ・コンデンサの値は60 pF以上が良さそうです.あまり大きくしすぎるのも駆動する回路の負荷になってかえって速度が下がったり発熱が増えるなど弊害がありますから,60 p〜100 pFといったところでしょうか.

実際に回路を組み立てて確認してみましょう

実験はブレッドボード(**写真1**)を使いました.ブレッドボードは,部品の足やリード線を差し込むだけで接続できるので,はんだ付けの必要がなくて試作や実験が簡単です.電子ブロックのちょっと複雑なものといった感じでしょうか.電極間の静電容量がやや大き

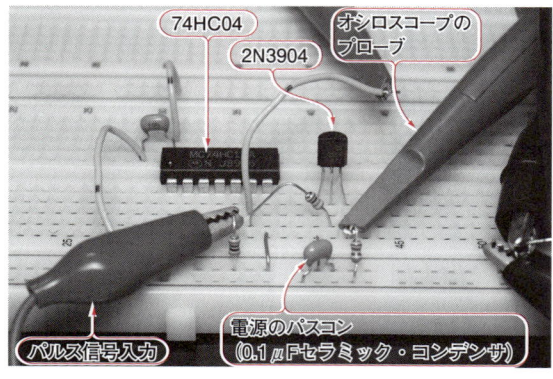

写真1 スピードアップ・コンデンサの効果を調べる実験回路
(ブレッドボード上に組んだ)

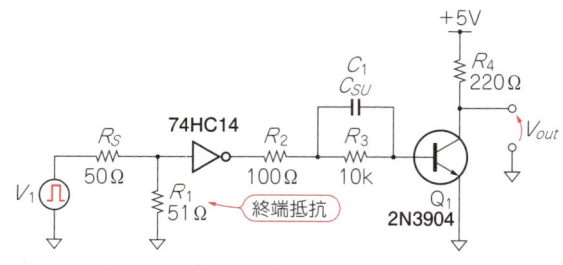

図11 スピードアップ・コンデンサの効果を調べる実験回路

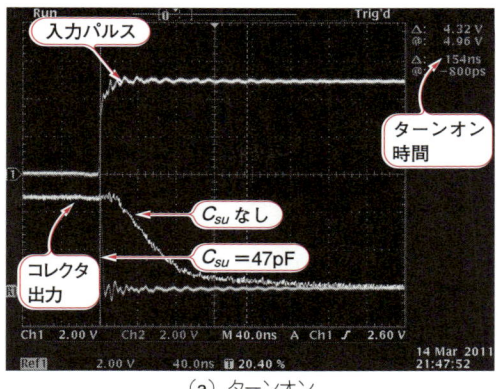
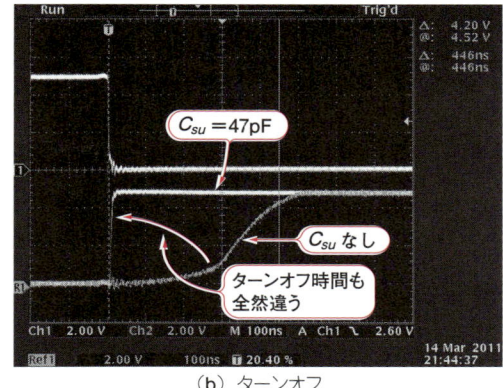

（a）ターンオン　　　　　　　　　　　　　　　（b）ターンオフ

写真2　スピードアップ・コンデンサの有無と波形の変化（2 V/div., 40 ns/div）

いので，高速スイッチング回路には向きませんが，今回の実験回路程度なら十分でしょう．

● 回路を組み立てます

図11に実験回路を示します．図6と同じですが，信号源のファンクション・ジェネレータが出力するパルス信号の立ち上がりが約30 nsと遅いので，CMOSゲートの74HC14で波形を整えています．

ファンクション・ジェネレータの出力インピーダンスが50 Ωなので，74HC14の入力で51 Ωの抵抗で終端しています．終端抵抗がないと，ケーブルが長い場合に反射の影響で波形が乱れることがあります．トランジスタは2N3904（メーカ不明）です．

● スピードアップ・コンデンサの効果

▶ ターンオン時間はどうなる？

写真2(a)に示すのは，スピードアップ・コンデンサC_{su}（47 pF）があるときとないときのターンオン時の波形です．ターンオン時間は154 nsで，シミュレーション結果の120 nsよりやや遅くなっています．C_{su}（47 pF）があるときは約3 nsです．たいへん速くなることがわかります．

▶ ターンオフ時間は？

写真2(b)に示すのはターンオフ時の波形です．ターンオフ時間は446 nsでシミュレーション結果の700 nsより短くなりました．C_{su} = 47 pFでは約10 nsで，シミュレーションの120 nsとかけ離れています．原因はよくわかりませんが，シミュレーション・モデルの精度によるものと思います．

● トランジスタを替えてみます

写真3は，国内の定番小信号トランジスタ 2SC1815

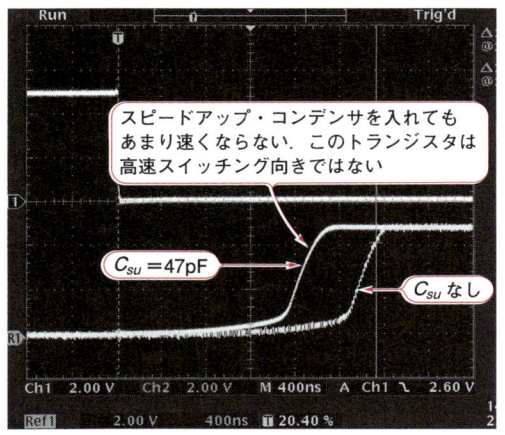

写真3　2N3904を定番トランジスタ2SC1815に替えてみた（2 V/div., 400 ns/div）
ターンオフ時間が2N3904より長く，スピードアップ・コンデンサを追加してもあまり速くならない．

（東芝）のターンオフ波形です．C_{su}なしのターンオフ時間は2.3 μsと，2N3904よりかなり遅いだけでなく，C_{su}（47 pF）を追加してもあまり速くなりません．

これは，スイッチングがおもな用途である2N3904と，小信号増幅時の特性を重視した2SC1815の特性の違いと思われます．パルス回路などに使われているトランジスタを，電圧，電流などの定格が似ているからといって安易に置き換えると，動作しないことがあります．一般に，スイッチングが速いスイッチング用トランジスタは，ノイズなどの特性があまり良くありません．トランジスタを選択するときには，こういった点にも注意する必要があるでしょう．

（初出：「トランジスタ技術」 2011年6月号　特集）

入門 II

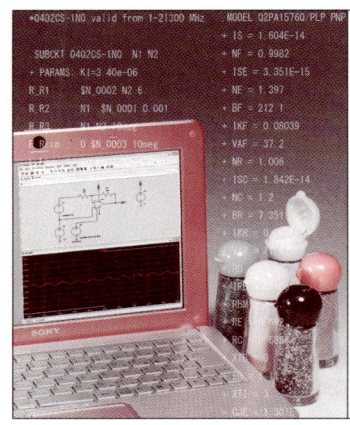

第2章 弱弱しい信号の電圧や電流を大きく力強く
トランジスタを使った信号増幅技術

登地 功

本章では，トランジスタにアナログ信号を入力し，その形ができるだけ壊れないようにしたまま振幅を大きくする「増幅」の技術をマスタします．本章は次のSTEPで構成されています．STEP1 トランジスタ1個で信号を増幅する方法，STEP2 シミュレーションの準備，STEP3 シミュレーションを使った回路の評価，STEP4 半導体メーカが提供する部品モデルを使う，STEP5 実際に組み立てて答え合わせ，STEP6 コレクタ接地増幅回路のシミュレーションと実験．

STEP 1 増幅動作させる方法とそのメカニズム
トランジスタ1個で信号を増幅する方法

● 増幅とは…入力信号の電力を大きくすること

増幅とは，簡単に言うと小さな信号を大きくすることです（イラスト）．

電子回路では，電圧が大きくなって電流が小さくなったのでは，増幅されたとは言いません．入力電力より出力から得られる電力のほうが大きくなっていなければなりません．

例えば，1次巻き線より2次巻き線の巻き数が多いトランスの1次側に電圧を入力すれば，2次側に大きな電圧の信号が出力されますが，これは増幅とはいいません．というのは，2次側から出力される電流は1次側に入力する電流よりも小さくなっているからです．

イラスト 小さなものを大きくするのが増幅

つなぎ方と信号の出入口が異なる3種類のトランジスタ増幅回路

図1～図3にトランジスタ1個の増幅回路を3種類示します．

(1) エミッタ接地接続（図1）

多くの教科書に最初に書いてある接続です．図1からわかるように，エミッタがグラウンドに接続されています．ベースに信号を入力してコレクタから出力を取り出します．電圧と電流の両方がそこそこ大きくなって出力されます．入力信号の電力と出力信号の電力の比（電力ゲイン）は，三つの増幅回路の中で一番大きく取ることができます．

入力インピーダンスが比較的低く，出力インピーダンスが高いので，負帰還をかけたり，コレクタ接地増幅回路（エミッタ・フォロワ）と組み合わせて特性を改善して利用することが多い回路です．

(2) コレクタ接地接続（図2）

ベースに信号を入力して，エミッタから出力を取り出します．コレクタは，グラウンドではなく，電源に接続されていますが，交流の信号から見れば，電源もグラウンドも電位が変動しないので同じです．つまり図2のコレクタは接地されていると考えることができます．

この回路は，電流を大きくして出力することができます．電圧ゲインはほぼ1倍です．

入力インピーダンスが高く，出力インピーダンスが低いだけでなく，小さな入力電流で大きな電流を出力

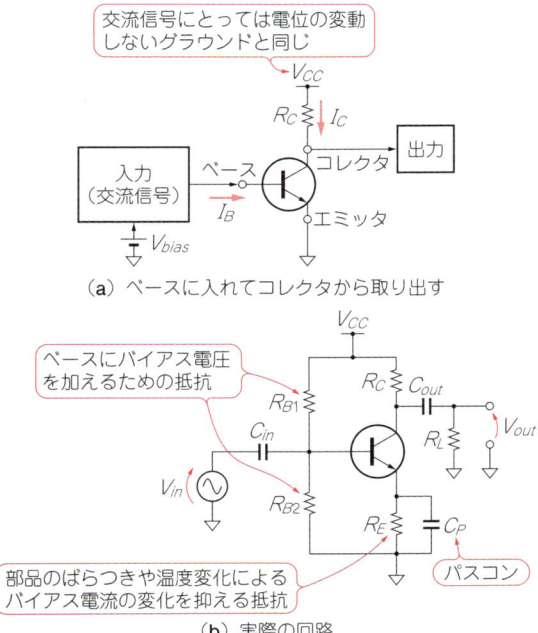

(a) ベースに入れてコレクタから取り出す

(b) 実際の回路

図1 トランジスタ1個の増幅回路その1(エミッタ接地増幅回路)
ベースに信号を入力してコレクタから出力を取り出す．

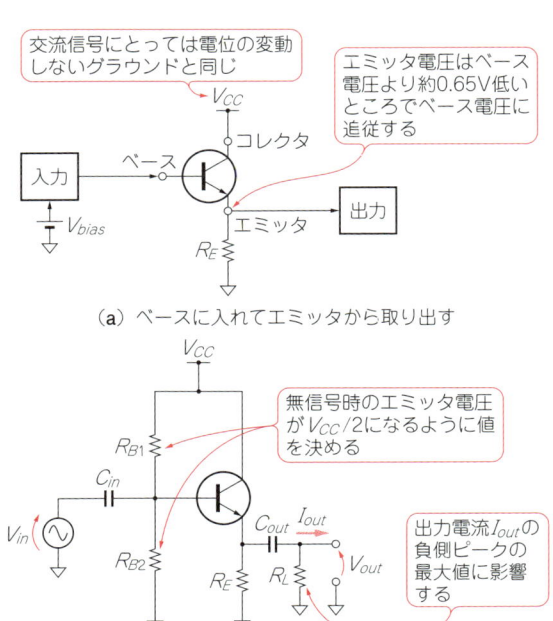

(a) ベースに入れてエミッタから取り出す

(b) 実際の回路

図2 トランジスタ1個の増幅回路その2(コレクタ接地増幅回路)
ベースに信号を入力して，エミッタから出力を取り出す．エミッタ・フォロワとも呼ぶ．

できます．インピーダンスの低い負荷を駆動したいときに利用します．

電圧ゲインは約1倍で，入力信号と出力信号の振幅(電圧)はほぼ同じです．出力を取り出すエミッタの電圧が，信号を入力するベースの電圧に追従するように変化するので，エミッタ・フォロワ(emitter follower)とも呼ばれます．エミッタ・フォロワは，高周波特性が良く，数百MHzの信号も増幅できます．

(3) ベース接地接続(図3)

エミッタに信号を入力して，コレクタから出力を取り出します．ベースは電位の変動しない電圧源(バイアス電源 V_{bias})に接続されています．

電圧ゲインは大きいですが，電流ゲインは約1倍です．入力インピーダンスが低く，出力インピーダンスが高い回路です．

周波数特性が良好で，出力から入力への帰還量が少ないので，高周波増幅器で使われることがあります．一般の増幅回路では単独で使われることは少なく，エミッタ接地増幅回路などと組み合わせて，周波数帯域を広げたり，耐電圧を上げたり，安定性を高めたりします．高性能の増幅回路に欠かせない接続方法です．

トランジスタは二つのことをしてあげないと増幅動作してくれません

● 電源を加えます

電力＝エネルギーですから，どこかからエネルギー

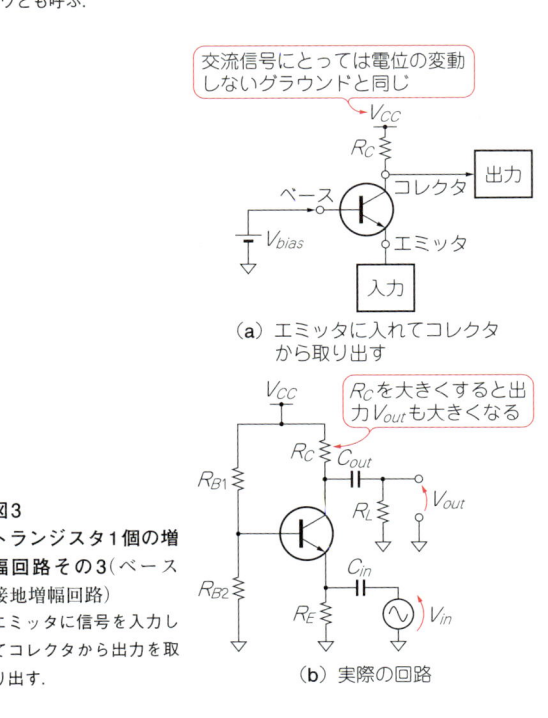

図3 トランジスタ1個の増幅回路その3(ベース接地増幅回路)
エミッタに信号を入力してコレクタから出力を取り出す．

(a) エミッタに入れてコレクタから取り出す

(b) 実際の回路

を供給しなければ，エネルギー保存則から入力電力より出力電力の方が大きいといったことは起こりえません．

このエネルギーは「電源」から供給されますから，増幅器には必ず電源が必要です．「トランスで電圧を上げるのは，増幅ではなくて拡大だ」などと言うこと

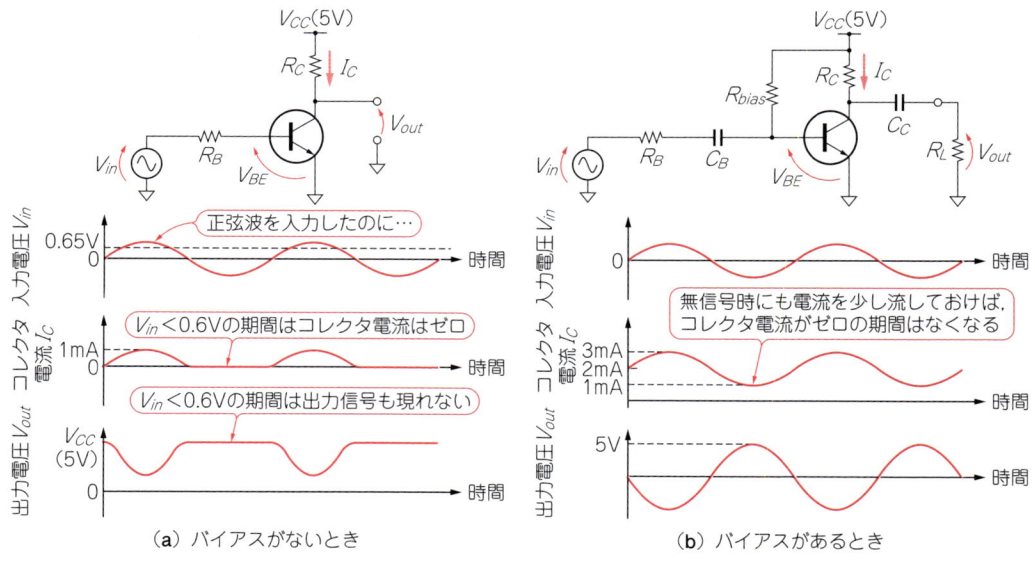

図4 トランジスタを増幅動作させるにはベースにバイアス電圧を加える必要がある
ベースの電位が常にエミッタより0.6V高い状態に保たれていなければならない．

もあります．

● 常にコレクタ電流を流しておきます

トランジスタは，信号源を直結しただけでは，増幅動作をしてくれません．

図4(a)を見るとわかるように，入力信号の電圧が0V以下（マイナス側）の期間は，ベース電流がトランジスタに流れ込まないので，トランジスタがOFFしたままになっています．

信号電圧が0Vより大きくなっても，ベース-エミッタ間のPN接合に電流が流れ始める電圧(0.6Vくらい)までは，ベースに電流は流れ込みません．実際，図4(a)の出力電圧を見るとわかるように，入力信号のプラス側のしかも大きな期間だけしかトランジスタに電流が流れていません．出力信号は入力信号と異なる波形になっています．

トランジスタに増幅動作をさせるには，トランジスタをONとOFFの微妙な中間状態に保つことが必要です．無信号時も少しだけ電流を流して使うわけです．

このように入力信号がない間にもトランジスタに少しだけ流し続けて活性化しておくことを「バイアスをかける」と言います．

● トランジスタはどうして信号を大きくすることができるのでしょうか？

図5に示すのは，NPN型のバイポーラ・トランジスタの増幅のメカニズムです．このトランジスタ増幅回路の接続タイプはエミッタ接地です．前述のように，

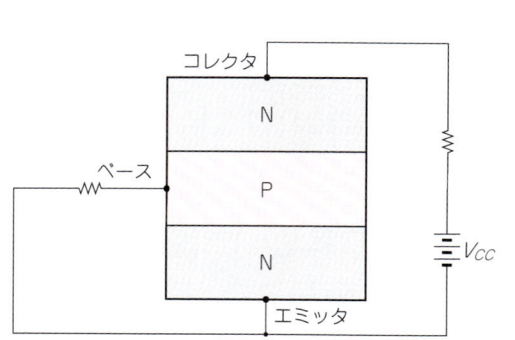

(a) ベース-エミッタ間の接合が，順バイアスになっていないと，エミッタからキャリアが放出されず，コレクタ電流も流れない

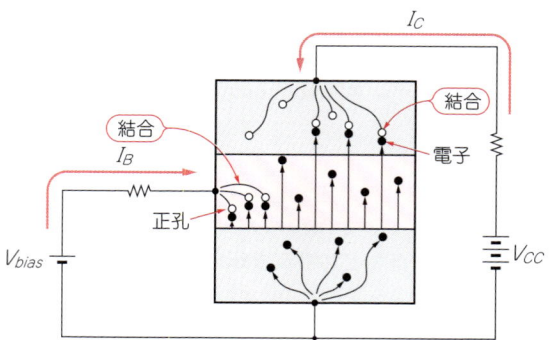

(b) ベース-エミッタ間の接合が順バイアスになると，エミッタからベース領域に電子が放出される．電子の一部はベースから注入された正孔と結合してベース電流になるが，大部分はコレクタ側の正電圧に引かれてコレクタに到達し正孔と結合してコレクタ電流になる

図5 バイポーラ・トランジスタ内部の電子の動きと増幅のしくみ

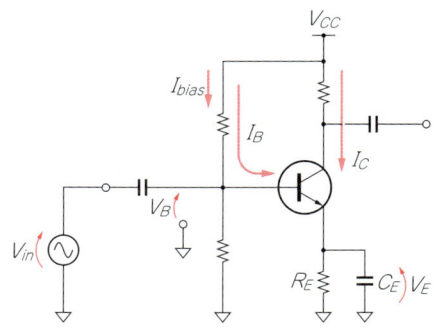

I_Cが増えようとすると，V_Eが大きくなりI_Bが減るため，I_Cは一定に保たれる．
I_{bias}はI_Cの1/10くらい流しておく．I_Bは小さいのでV_Bはほぼ一定の電圧になる．I_Cが増えるとV_Eが上がりI_Bが減るので，結果的にI_Cの変化は小さくなる．C_Eはエミッタを交流的に接地するためのバイパス・コンデンサ

I_Bはほぼ一定なので温度などでトランジスタの特性が変化するとI_Cが変化してしまう．その結果，無信号時のコレクタ電位が安定しない．たとえば，トランジスタの温度が上昇してh_{FE}が大きくなると，I_Cが増えて無信号時のコレクタ電圧V_Cが低下する

（a）電流帰還タイプのバイアス回路　　　　　　　（b）抵抗1本の単純なバイアス回路

図6　トランジスタにバイアスをかける方法
ポピュラなのは(a)の方法．温度などが変動しても直流動作点が安定している．

トランジスタに増幅動作をさせるために，コレクタに正電圧（電源）を加えています．基準電位（0Vの基準）はエミッタです．

図5(a)に示すように，ベースの電位がエミッタの電位より高くない（順バイアスがかかっていない）と，ベース-エミッタ接合部にキャリアがない空乏層が存在して，エミッタからはキャリア（電子）が放出されません．キャリアの移動がないと，電荷の移動も起こらず，どの電極にも電流も流れません．順バイアスとは，PN接合のPが正，Nが負に電圧が加えられることです．ダイオードなら電流が流れる向きです．

図5(b)に示すように，ベースに正の電圧を加えると，ベース-エミッタ間が順バイアスになり，空乏層がなくなってエミッタからベース領域にキャリア（電子）が注入されます．この電子の一部はベースから注入された正孔と結合してベース電流になりますが，ベース層は非常に薄いので，ほとんどの電子はコレクタ側の正電圧に引かれてコレクタ-ベース接合部の空乏層を通り抜け，コレクタ層に到達してコレクタ電流になります．

ベース領域で結合する電子に比べて，コレクタに到達する電子のほうがずっと多いので，ベース電流に比べてコレクタ電流は大きくなります．このベース電流I_Bとコレクタ電流I_Cの比を直流電流増幅率h_{FE}と呼び，次式が成立します．

$$h_{FE} = I_C / I_B$$

PNPトランジスタは，電圧と電流の向きが全部逆です．また，キャリアの電子と正孔も入れ替わります．
ベース層は薄いほうが，ベース層で結合するキャリアが少ないために，ベース電流も少なくなってh_{FE}が大きくなり，トランジスタとしては特性が良くなりますが，反面，耐電圧が低くなります．高耐圧トランジスタのh_{FE}は，一般的にあまり大きくありません．逆にOPアンプの初段などに使われている，非常にh_{FE}が大きいトランジスタ（Super βトランジスタなど）の耐圧は数V程度しかありません．

エミッタ接地増幅回路のバイアス電圧はどうやって決めるのでしょうか？

● エミッタに抵抗を入れると無信号時の各部の直流電位が安定する

エミッタ接地増幅回路のバイアスの一番ポピュラなかけ方は，図6(a)に示す電流帰還バイアスです．ミソはエミッタにある抵抗です．温度が上がってトランジスタのV_{BE}が小さくなるとコレクタ電流が増えますが，R_Eに生じる電圧が増えてV_{BE}が小さくなるためコレクタ電流の増加が抑えられます．このようなR_Eによる直流的な負帰還効果によって，トランジスタの特性のばらつきや，温度によって特性が変化したときのバイアス電流の変化が小さく抑えられます．

図6(b)に示す電源から高抵抗を通してベースに電流を流す単純なバイアス回路では，トランジスタのh_{FE}のばらつきや温度による変化で，コレクタ電流が簡単に変動します．

● 値を決める方法は？

図7に示すエミッタ接地増幅回路のバイアス電流を決める手順は次のとおりです．
(1) 回路の仕様から，トランジスタのコレクタ電流I_Cを決めます．

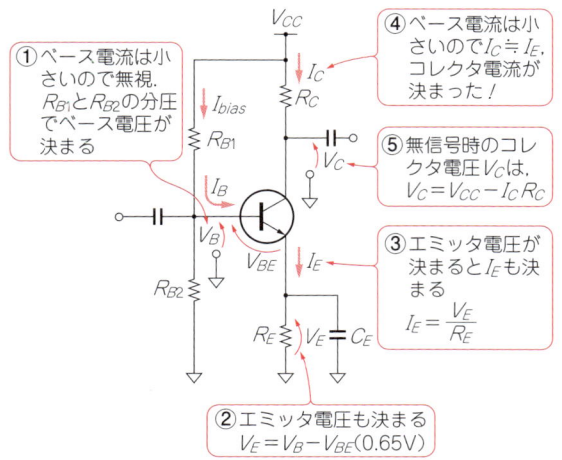

図7 バイアス電流や直流動作点の決め方

(2) エミッタ電圧(V_E)を決めます．目安は0.5～2Vです．V_Eは大きいほうが温度変化やばらつきによるバイアス電流の変化が小さくなりますが，出力できる電圧の最大値が小さくなります．

(3) $I_C \fallingdotseq I_E$なのでエミッタ抵抗は次式で求まります．
$$R_E = V_E / I_E$$

(4) ベース電圧V_BはV_EよりV_{BE}分（約0.65 V）高いので，
$$V_B = V_E + 0.65 \text{ V}$$
とします．ベース電流は小さいので，とりあえず無視して$R_{B1} : R_{B2}$の比を決めます．

(5) ベース・バイアス抵抗に流れる電流I_{bias}は，ベース電流に影響を受けないようにベース電流I_Bの10倍程度にします．普通のトランジスタのh_{FE}は100～300なので，コレクタ電流の1/10～1/30とします．

従来，バイアス回路の設計は，周囲温度の変化や部品のばらつきなども考慮して，バイアス電流の変化を算出するといった面倒なものでした．今は，トランジスタのデータシートから常温の標準値で所定のコレクタ電流が流れるように定数を計算しておき，電源電圧や温度，部品のばらつきの影響などはシミュレーションで確認するのが現実的です．実際，いくつものパラメータが変化した場合の影響を手計算で求めるのは不可能に近く，苦労して計算しても，実測値と合わないということもあります．

入手できる抵抗などの値は限られていますから，計算値どおりの値にすることはできません．このあたりも，何度も手計算を繰り返すよりシミュレータを使う方が早くて間違いもないと思います．

エミッタとグラウンドの間に抵抗だけを挿入すると，直流だけでなく増幅したい交流信号にも帰還がかかって電圧ゲインが低下してしまいますから，抵抗と並列にコンデンサ(C_E)を入れて，交流的にエミッタとグラウンドが直結されているようにします．このコンデンサをバイパス・コンデンサ（パスコン）といいます．シミュレーションで検証しますが，バイパス・コンデンサの容量は意外と大きな値になります．

シミュレーション・モデルの精度について   Column

Spiceに限らず，シミュレータの精度は，そこで使われているシミュレーション・モデルの精度にかかっています．

シミュレーション・モデルを実際のデバイス動作に近づけようとすれば，モデルはより複雑になってシミュレーションに時間がかかるようになり，また，収束の問題も起きやすくなってきます．

シミュレーション・モデルを提供するメーカは，そのデバイスが使われる一般的な条件を想定して，その条件で最も精度が良く扱いやすいモデルを作成します．ですから，モデルの作成者が想定していなかったような動作条件では，シミュレーション結果が実際の回路動作とは大きくかけ離れてしまうことがあります．

第1章のSTEP4で試したように，一般的にはバイポーラ・トランジスタのシミュレーション・モデルは，スイッチング時間，とりわけ蓄積時間に関する精度があまり良くないようです．

特に第1章のように増幅用のトランジスタをスイッチング動作でシミュレーションした場合，実際の動作とはかなり異なる結果になってしまうこともあるので注意が必要です．

まして，トランジスタ本来の使い方とはかけ離れた使い方，たとえば，ベース-エミッタ間を逆バイアスしてツェナー・ダイオードとして使う，などという場合は，まともなシミュレーション結果は期待しない方がよいでしょう．

MOSFETの場合は，ほとんどスイッチング用途で使われますから，シミュレーション・モデルもスイッチング動作を正確にシミュレーションできるように作られています．

STEP 2 | シミュレーションの準備 エミッタ接地増幅回路の回路図を描く

　STEP2では，STEP1で説明したトランジスタ1個の基本増幅回路「エミッタ接地増幅回路」をパソコンで動作させてみます．ゼロから回路図を描くのではなく，第1章 STEP2 図4のスイッチング回路を流用して，図1のような回路に変更します．過去に作成したデータを蓄えたり流用したりできるのは，CADツールの一つである電子回路シミュレータのメリットです．

● 回路図ファイルをコピーします

　現在の回路図のファイル名(TRSW01.asc)を変更してセーブします．[File] - [Save as]でファイル名を指定して保存します．フォルダ LTspice_work の下に新規フォルダを作成してフォルダ名を TRAMP にします(図2)．ファイル名を TRAMP01.asc として [保存] を押します(図3)．

● 回路図を修正します

　第1章 STEP2(図4)のベースとコンデンサの間の配線(wire)を削除します(ハサミまたは [Del])．抵抗を1本削除してコンデンサを移動します([F7])．コレクタにつながっている抵抗を4個コピーして([F6])，図のように配置します．GNDシンボルも適当な位置に移動して，3個コピーします．コンデンサも2個追加します．もちろん，コピーする代わりに新規にシンボルを置いてもかまいません．

　部品定数は図1に合わせて設定してください．電源電圧は12Vに変更します．R1，R2などの部品番号も図1に合わせてください．

　現実の信号源の出力インピーダンスは有限なので，R3を入れて100Ωにしました．高周波回路では50Ωや75Ω，オーディオ関係では600Ωが使われることが多いです．R3は信号源に含まれるので，このアンプの入力はR3とC1の接続点です．

　図1に示すように，トランジスタの各電極の信号を識別しやすくするために，信号に名前(ネットラベル)を付けます．VOUTを移動して，新しいネットラベル VC(コレクタ電圧)，VB(ベース電圧)，VE(エミッタ電圧)を追加します．

　信号源の設定を変更します．電圧源シンボルを右クリックして，図4に示すようにパラメータを設定します．正弦波信号ですから，[Function] の [SINE] にチェックを入れます．[DC offset] は0，[Amplitude] (信号振幅)は10 mV，[Freq] (周波数)は1 kHzにします．

● 直流動作点を確認しておきます

　コレクタ電流は1 mAを狙いました．R2とR4で電源の12 Vを分圧してベースの電位を約2.15 Vにすれば，エミッタ電圧が1.5 Vになり，結果的にコレクタ電流(≒エミッタ電流)は1 mAになります．

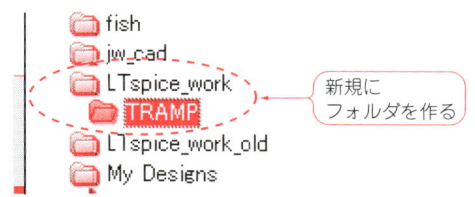

図2　フォルダ LTspice_work の下に TRAMP というフォルダを作る

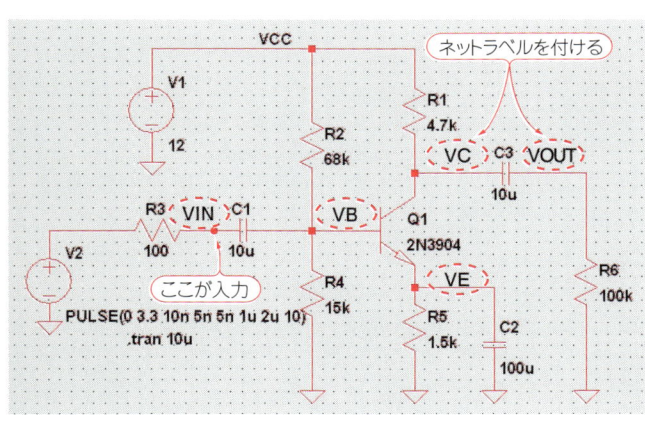

図1　エミッタ接地増幅回路の回路図を描く(N2-2-1.asc)

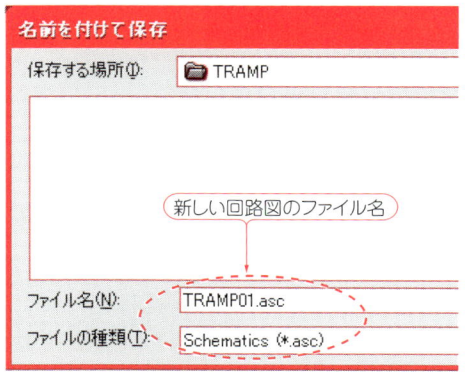

図3　ファイル名を TRAMP01.asc として保存する

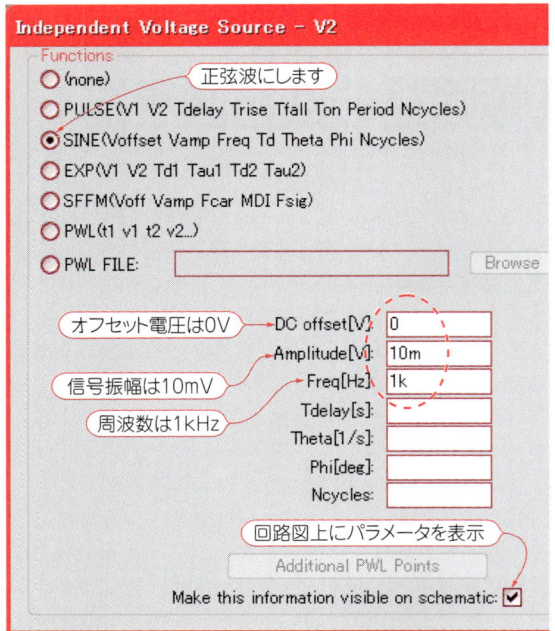

図4 信号源を設定する
オフセットは0V，信号レベルは10mV，周波数は1kHz．

R2に流れる電流は約145μAとやや多めです．R2とR4の抵抗値を大きくすれば，この電流が小さくなり，入力インピーダンスも上がりそうですが，エミッタ接地増幅回路の入力インピーダンスはあまり高くないので，これ以上大きくしても変化は少ないです．

エミッタ接地増幅回路の入力インピーダンスは，ベース電流に依存します．入力インピーダンスを上げたいときは，コレクタ電流を減らすか，直流電流増幅率の大きなトランジスタを使用します．この場合ベース電流も少なくなりますから，R2とR4も大きくできます．

◆第1部の参考・引用*文献◆

● 第1章，第2章（入門Ⅰ，入門Ⅱ）
(1) 神崎 康宏；電子回路シミュレータ LTspice 入門，CQ出版社．
(2) LTspice Users Guide, LTspice Getting Started Guide, リニアテクノロジー．
(3)* IRGP50B60PD1のSPICEモデル，インターナショナル・レクティファイアー．
http://www.irf.com/product-info/models/spice/irgp50b60pd1.spi

● 第3章（実践Ⅰ）
(1) Njord Noatun；Vintage Audio Components: A Selection of Photos. Resources.
(http://sportsbil.com/stereo/)，Yamaha Resources:
STEREO AMPLIFIER A-S2000
サービスマニュアル(http://sportsbil.com/yamaha/A-S2000.pdf)．
(2) 川田 章弘；OPアンプ活用 成功のかぎ（第2版），CQ出版社，2009．
(3) 馬場 清太郎；トランジスタ技術SPECIAL 増刊「OPアンプによる実用回路設計」，CQ出版社，2005．
(4) 神崎 康宏；電子回路シミュレータLTspice 入門，CQ出版社，2009．

(5) LTspice/SwitcherCADⅢ を使ってみる
▶ http://picmicom.web.fc2.com/ltspice/

● 第4章（実践Ⅱ）
(1) 神崎 康宏；電子回路シミュレータLTspice 入門編，CQ出版社，2009．
(2) 木下 淳（木下電機）；LTspice活用のおぼえがき
▶ http://www.kdenki.com/divelop/LTSPICE.html
(3)* 中村 利男；LTspiceによるシミュレーション例
▶ http://homepage1.nifty.com/ntoshio/rakuen/spice/index.htm
(4) ベルが鳴っています
▶ http://www7b.biglobe.ne.jp/~river_r/bell/
(5) LTspice/SwitcherCADⅢ を使ってみる
▶ http://picmicom.web.fc2.com/ltspice
(6) PCM1795 Datasheet, SLES248, MAY 2009, Texas Instruments.
(7)* 関谷 守，工藤 洋一，山口 里見；低域通過フィルタ，特許第3616878号．
(8)* TX-SR803サービスマニュアル
▶ http://www.electro-tech-online.com/attachments/repairing-electronics/47760d1288651484-onkyo-tx-sr803-onkyo_tx-sr803-e_sm_-et-.pdf

STEP 3 周波数特性やひずみを調べる
シミュレーションを使った回路の評価

無信号時の各部の直流電位を調べましょう

● 直流動作点は大切な回路の基準電位です

信号(交流)が入力されていないエミッタ接地増幅回路(STEP1,図1)には,定常的にある大きさの直流電流が流れており,各部はこの直流電流で決まる電位(**基準電位**または**直流動作点**)で安定しています.この状態で交流信号を入力すると,各部の電位は,直流動作点を基準に正負に増減します.

直流動作点は回路の大切な基準ですから,しっかり安定していてほしいものです.**部品自体の動作による発熱や室温によって,直流動作点が簡単に変動してしまう増幅回路は使いものになりません**.

シミュレーション回路が思ったとおりに動いてくれないときも,**バイアス・ポイント**を調べると原因がわかることが多いです.

● DCバイアス・ポイント・シミュレーションを実行します

LTspiceで直流動作点を調べるときは,**DCバイアス・ポイント・シミュレーション**を実行します.回路図ウィンドウで右クリックして現れるダイアログで,[Edit Simulation Cmd.] - [DC op pnt]をクリックします(図1).[OK]を押すと現れる .op という文字列を回路図の適当なところに置きます(図2).

直流動作点を求めるシミュレーションは,AC解析やDC解析などのシミュレーションをする前に実行されます.交流動作のシミュレーションは,直流動作点を求めてから実行されます.

● シミュレーションを実行します

[Run]を押すと,図3に示すリストが表示されます.表示されているのは,信号名とその場所の電圧または電流の値です.V(vc)の最初のVは電圧を意味します.(vc)は回路に付けたネットラベル名で小文字です.I(c3)のIは電流です.DCバイアス計算では,コンデンサに流れる直流電流ですから,理論上は0Aのはずですが,シミュレータの計算精度上,0Aにはならずに非常に小さな値になっています.

今回の回路では,電源電圧12V,コレクタ抵抗4.7kΩ,コレクタ電流1mAでした.シミュレーション結果では,コレクタ電流IC(Q1)は981μAですから,ほぼ計算どおりです.コレクタ電圧V(vc)が7.3V(=12－4.7)程度になっていれば,回路に間違いはないでしょう.

どのくらい増幅されたか見てみましょう

● シミュレーションを実行します

エミッタ接地増幅回路に正弦波を入力すると,その振幅が大きくなって出力されます.いったいどのくらい出力電圧が大きくなるのか,シミュレーションで調べてみましょう.

回路図上で右クリックして[Edit Simulation Cmd]を選び,[Transient]タブをクリックします.シミュレーション終了時間を10ms(1kHzを10サイクル分)として(図4),[Run]でシミュレーションを実行します.

第1章で利用したシミュレーション設定が残っていて,いくつか波形が表示されるかもしれません.見つ

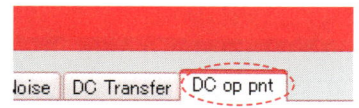

図1 無信号時の各部の直流電位を調べる①
LTspiceに直流動作点を計算させる.[Edit Simulation Cmd.] - [DC op pnt]をクリック.

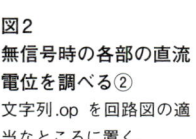

図2 無信号時の各部の直流電位を調べる②
文字列 .op を回路図の適当なところに置く.

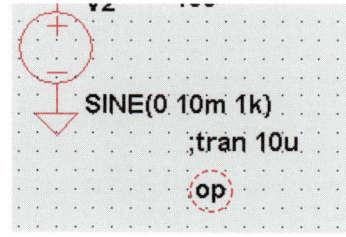

図3 無信号時の各部の直流電位を調べる③
[Run]を押す.信号名とその場所の電圧または電流が表示される.

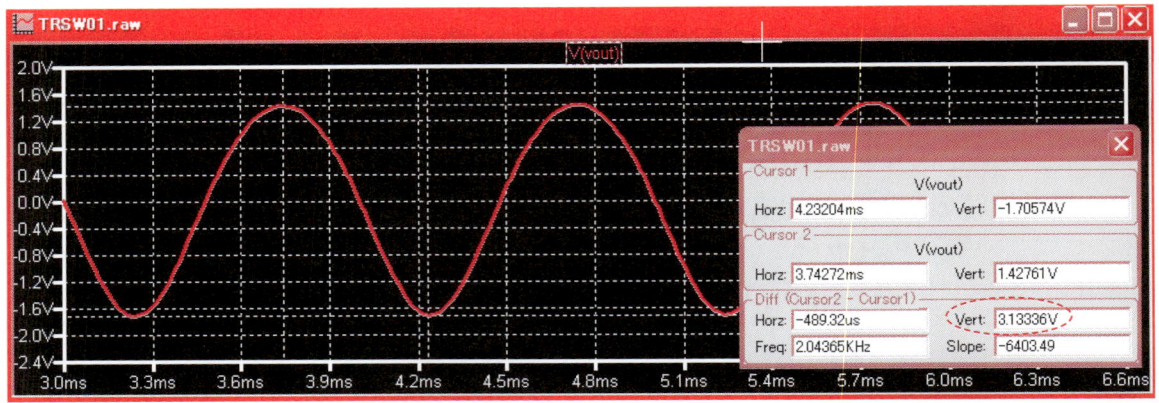

図5 どのくらい増幅されたか調べる②
[Run] でシミュレーションを実行.

図4 どのくらい増幅されたか調べる①
[Edit Simulation Cmd] - [Transient]. シミュレーション終了時間を 10 ms に設定.

らいときは，VOUTだけ表示して不要な波形は削除してください．図5のような波形になりましたか？少し波形を拡大して表示させました．

● **ゲインは155倍！**

波形ウィンドウの信号名V(vout)を右クリックして，[Attached Cursor]の[1st & 2nd]を選びます．カーソル2を一番電圧が高いところ，カーソル1を一番低いところに移動して値を読み取ると，出力信号の振幅は約3.1 Vとわかります．

入力は10 mVで，ピーク・ツー・ピーク値は2倍の20 mVですから，電圧ゲインは155倍（= 3.1 ÷ 0.02）つまり約43.8 dBです．

波形のゆがみ具合「ひずみ」を調べます

● **ひずみとはなんでしょう？**

ゆがみのまったくない，きれいな正弦波はひずんでいません．しかし，そんなひずみのない信号も，増幅回路を通過すると，少なからずひずんでしまいます．きれいな正弦波の周波数成分は一つですが，アンプで増幅された正弦波には余計な信号成分が加わっています．

ここでいうところの余計な成分は，次の二つです．
(1) ひずみ　(2) 雑音

ひずみの成分は，入力信号周波数の整数倍の成分だけです．雑音は一般的には入力信号とまったく関係ない信号です．

● **入力と出力レベルの関係が直線的でない増幅回路は信号をひずませます**

現実の増幅回路の入出力関係は完全な直線（リニア）ではなく曲がっています．このような増幅回路に正弦波を入力すると，ひずんだ正弦波になって出力されます．

増幅回路の入出力の関係が直線的であれば（リニアリティが良ければ），入力信号を何倍に増幅しても，複数の信号を足したり引いたりしても，元の周波数成分以外は出力に現れることはありません．回路の入出力関係が直線でないと，図6に示すように，正弦波がくずれたような波形が出力されます．

● **ひずみ具合は周波数成分とそのレベルで表せます**

図6に示す出力信号は，同じ形のものが繰り返されています．このような信号を周期信号といいます．

周期信号はどのような波形であってもすべて，基本波（この場合は正弦波）とその整数倍の正弦波を適当な大きさと位相で加え合わせることで表現することができます．逆にいえば，基本波以外の正弦波成分（高調波といいます）が，どのくらい信号に含まれているかがわかれば，純粋な正弦波とどのくらい違っているかを評価できます（図7）．

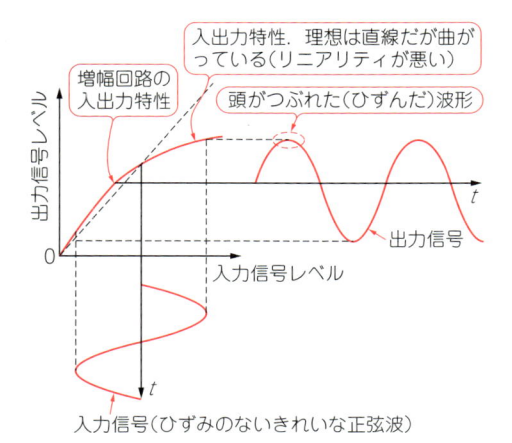

図6 増幅回路の入出力関係が直線的でないと正弦波がくずれたような波形が出てくる

(a) ひずみのないきれいな正弦波は周波数成分でばらばらにしても，現れる周波数成分は一つだけ

▶図7 ひずみ具合いは周波数成分とそのレベルで表せる

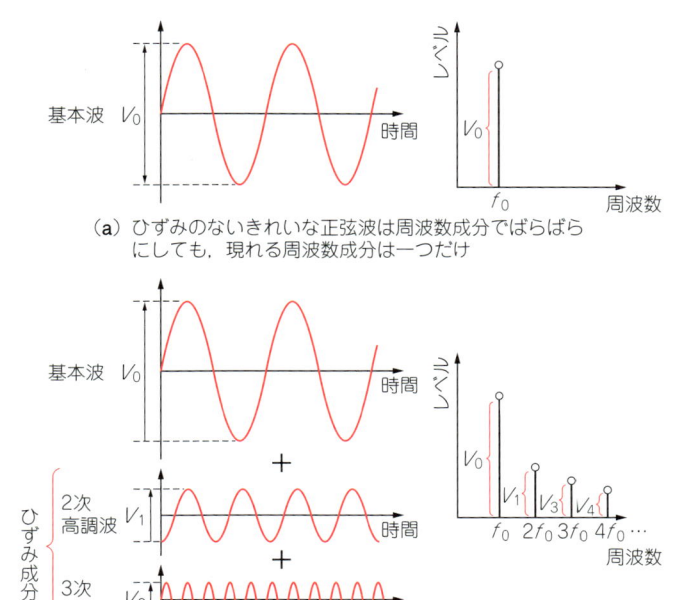

(b) ひずんだ波形を周波数成分でばらばらにすると，たくさん周波数成分が現れる

● LTspiceはスペアナのような機能をもっています

ひずみの大きさを評価するだけなら，必要なのは高調波の振幅情報だけで，位相情報はとりあえずなくてもかまいません．これならスペクトラム・アナライザの画面に表示される周波数成分の情報と同じです．

数学的には，オシロスコープの画面のような時間軸信号をフーリエ級数展開すればよいわけです．学校の授業でフーリエ級数展開をやったことがある人はわかると思いますが，この計算はかなり面倒で手間がかかります．さすがのコンピュータといえども，従来は時間がかかる処理でした．しかし，FFT(高速フーリエ変換)というアルゴリズムが発見されて，コンピュータによるフーリエ級数展開が画期的に高速化されました．

LTspiceは，スペクトラム・アナライザのように信号を構成する周波数成分を捉えて表示する機能をもっています．トランジェント解析(第1章 STEP3参照)した波形にFFT処理を施して，スペクトラム・アナライザのように横軸を周波数にして表示してくれます．

● エミッタ接地増幅回路の出力波形の周波数成分を調べます

[Edit simulation Cmd] - [Transient]タブを開き，[Stop Time]を100mにします(図8)．[Run]でシミュレーションを実行すると，100サイクルの波形が表示されます．波形ウィンドウをクリックしてアクテ

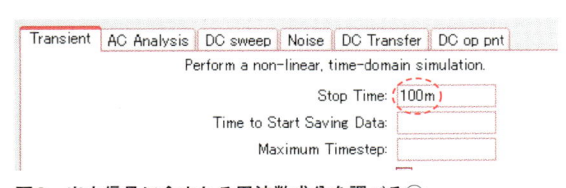

図8 出力信号に含まれる周波数成分を調べる①
[Edit simulation Cmd] - [Transient]．シミュレーション終了時間を100 msに設定．

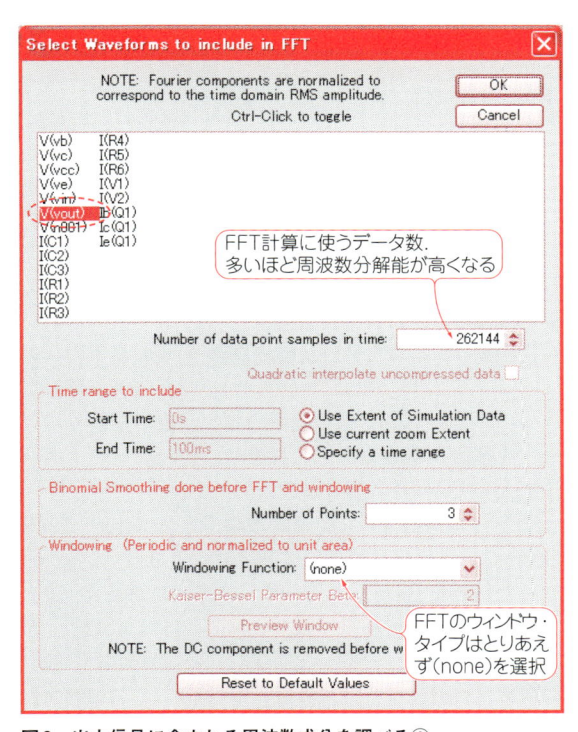

図9 出力信号に含まれる周波数成分を調べる②
[View] - [FFT]．信号名リストからV(vout)を選んで[OK]．

波形のゆがみ具合い「ひずみ」を調べます

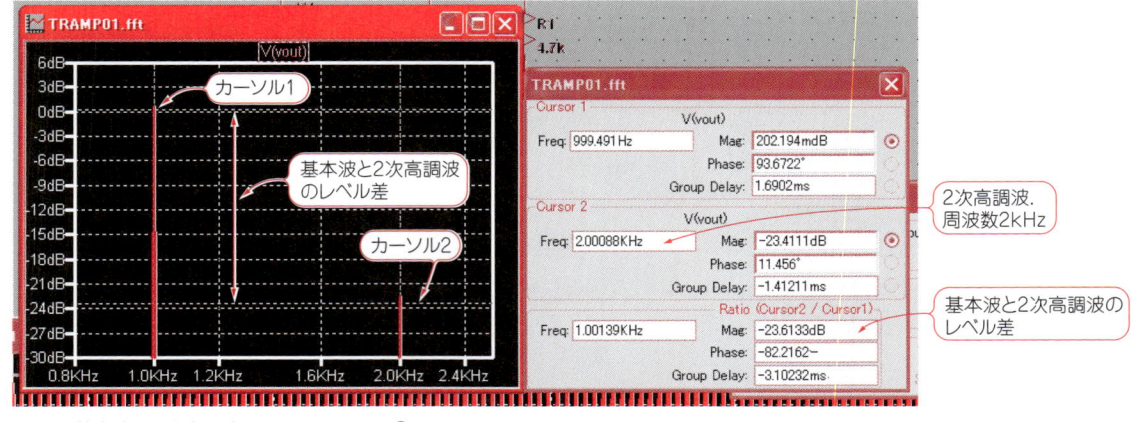

図11 基本波と2次高調波のレベルを比べる①
1kHzの基本波と2kHzの高調波を拡大する.

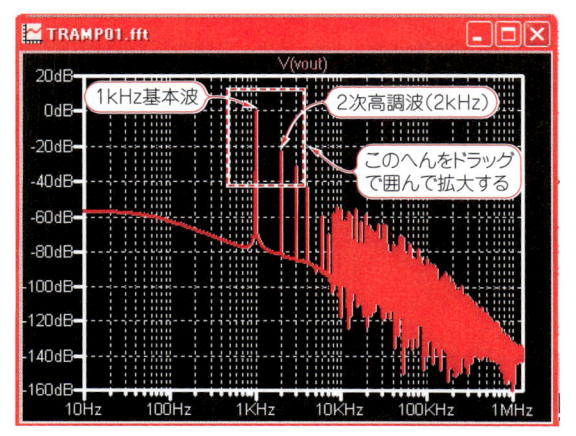

図10 出力信号に含まれる周波数成分を調べる③
FFT解析された結果.

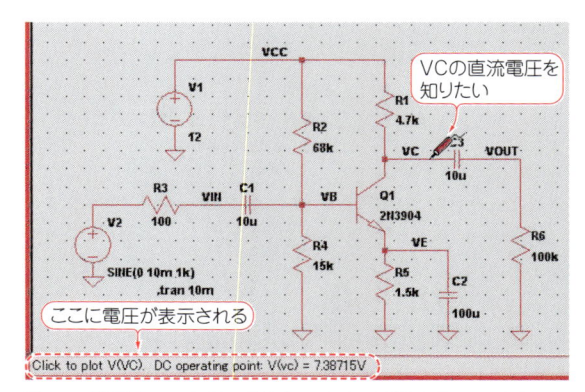

図12 電源電圧の変動が動作点に与える影響を調べる①(N2-3-12.asc)
シミュレーション終了後,回路図上でカーソルを移動すると現れるプローブを見たい個所に当てる.

ィブにして,メニューから［View］-［FFT］を選びます.信号名リストから,V(vout)を選んで［OK］を押す(図9)とFFT解析された結果が現れます(図10).

▶ 基本波と2次高調波のレベルを比べてみましょう

1kHzの基本波と2kHzの高調波を選んでマウスのドラッグで拡大します.カーソル1と2をアタッチして,二つの信号のレベル差を測定します.波形が細くてカーソル移動が難しいかもしれませんが,なるべく大きく拡大してみましょう(図11).

基本波に対して,2次高調波のレベルは約 – 23 dB(約7％)です.これは低ひずみとはいえません.

入力信号を1mVにしてみると,2次高調波より3次高調波のほうがレベルが高く,基本波に対して約 – 33 dBでした.上下が対称になっている波形には偶数次高調波が存在しませんから,2次高調波が大きいということは,波形の上下が非対称になっているということです.このように周波数成分と波形との間には密接

な関係があります.また,入力信号レベルを10 mVに上げると,出力波形の頭がつぶれる(飽和に近づく)ことがわかります.

電源電圧の変動が動作点に与える影響を調べます

● 回路図上で直流動作点を読み取りましょう

DCバイアス・ポイント・シミュレーションでは,シミュレーション結果がリスト表示されましたが(図3),回路図上でも電圧や電流がわかれば便利です.

シミュレーションが終わってから,回路図上でカーソルを移動して,電圧プローブや電流プローブの形になっているとき,回路図ウィンドウの左下にプローブを当てている場所の電圧や電流が表示されます(図12).

この機能を使って,各部のベース電圧やエミッタ電圧を観測してみてください.バイアス・ポイントが表示されているところでクリックすれば,波形ウィンドウに波形が追加されます.

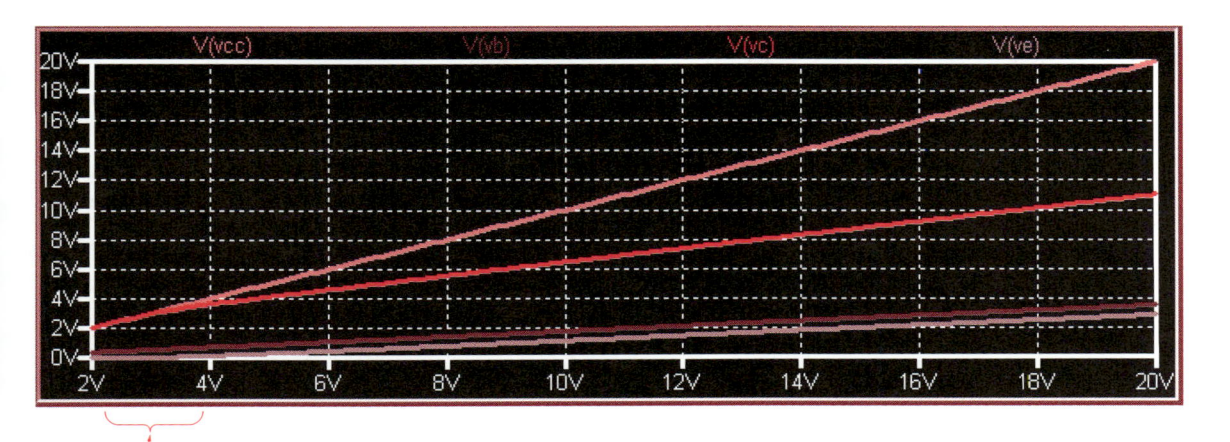

図14 電源電圧の変動が動作点に与える影響を調べる③
ネットラベルVCC, VB, VC, VEをクリックすると波形が出る.

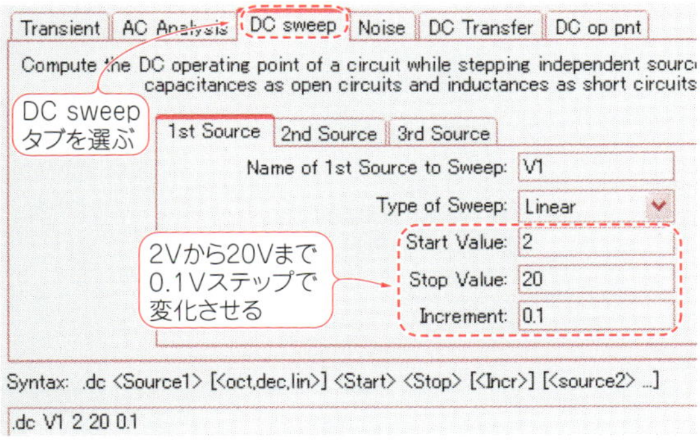

このへんはVCCとVCが同じ. つまりコレクタ電流がほとんど流れていないのでアンプとして動作しない

図13 電源電圧の変動が動作点に与える影響を調べる②
電圧源V1を2Vから20Vまで0.1V刻みで変化させる.

DC sweepタブを選ぶ
2Vから20Vまで0.1Vステップで変化させる

● DCスイープ機能(DC sweep)を使います

携帯機器では,バッテリの電圧が少し低下しただけで回路が動作しなくなったのでは困りものです.電源電圧が変化したときにバイアス・ポイントはどの程度の影響を受けるのでしょうか?

DC sweepシミュレーションで電源電圧を変化させてバイアス・ポイントの変化を見てみましょう.[Simulate]-[Edit simulation Cmd.]または回路図右クリックして[Edit simulation Cmd.]でシミュレーション設定パネルを開き,[DC sweep]タブをクリックします.

図13のように電圧源V1を2Vから20Vまで0.1V刻みで変化させます."$.dc\ V1\ 2\ 20\ 0.1$"という文字列が現れますから回路図上に置きます.

ネットラベルのVCC, VB, VC, VEをクリックして波形を表示します.余計な波形が残っていたら削除しましょう.**図14**のような波形が表示されましたか?だいたい,6Vくらいからアンプとして動作するようです.

出力信号の振幅の周波数特性を調べます

● どうして周波数特性を調べるの?

増幅回路の特性を表現する方法の中でも,次の二つはとても重要です.
(1) 電圧ゲインや最大出力電圧といった信号の振幅方向の特性
(2) 入力信号の周波数を変化させたときの電圧ゲインや入出力の位相差という周波数方向の特性

周波数特性は,オーディオ用のアンプでは音質に大きく影響しますし,ビデオ・アンプでは画面の解像度に関係します.オシロスコープの信号増幅器は,非常に広い帯域が必要で,装置のスペックそのものに関わる重要なパラメータです.

OPアンプに負帰還をかけるときには,回路の安定度(発振やオーバーシュートの起こりにくさの程度)を

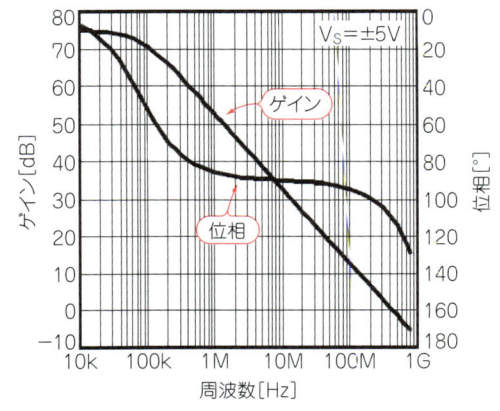

図15 実際のOPアンプのデータシートに記載されている周波数特性グラフ

出力信号の振幅の周波数特性を調べます

評価する上で，周波数-振幅特性のほかに，周波数-位相特性もたいへん重要な意味をもってきます．

周波数特性のシミュレーション（AC解析）では，回路の応答を周波数を横軸にとったグラフで表します．図15に示すのは，実際のOPアンプのデータシートに記載されている周波数特性のグラフです．横軸が周波数，縦軸が信号振幅と位相です．ボード（ボーデ）線図とも呼ばれています．

● AC解析を実行してみましょう

信号源をAC解析用に設定します．電圧源V2を右クリックして，設定パネルの［Small signal AC analysis(AC)］-［AC amplitude］の欄に10 mと入力します．信号振幅は20 mV$_{P-P}$です．

［Functions］の(none)にチェックを入れて（図16），［OK］をクリックします．［Simulate］-［Edit Simulation Cmd］，または回路図上で右クリックして［Edit Simulation Cmd］を選び，シミュレーション設定パネルを開きます．

［AC Analisis］タブをクリックして，図17のように入力してください．シミュレーションする周波数範囲は，1 Hzから100 MHzまで．1デケード（10倍の周波数）あたり100ポイント計算する設定です．10^6（メガ）は，MではなくてMEGです．Mだと10^{-3}（ミリ）の意味になってしまいます．大文字と小文字の区別はありません．

［OK］を押すと".ac dec 100 1 100meg"という文字列が回路図ウィンドウに現れます（図18）から，回路図上の適当なところに置いてください．

● シミュレーションを実行します

エラーがなければ，波形ウィンドウが現れます．ネ

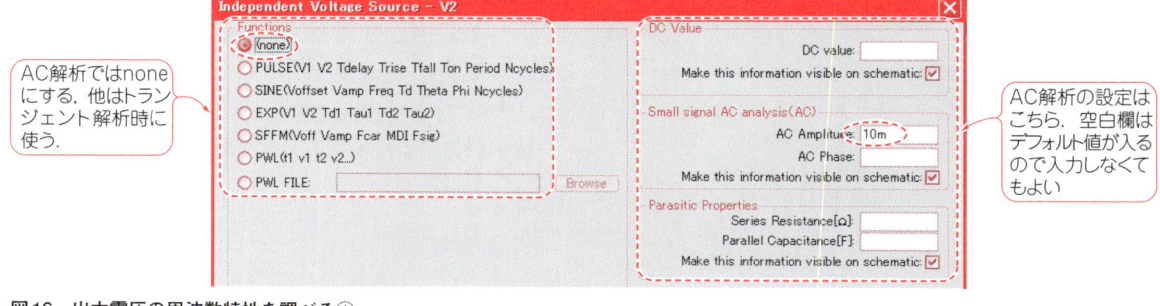

図16 出力電圧の周波数特性を調べる①
［Functions］-(none)-［OK］．

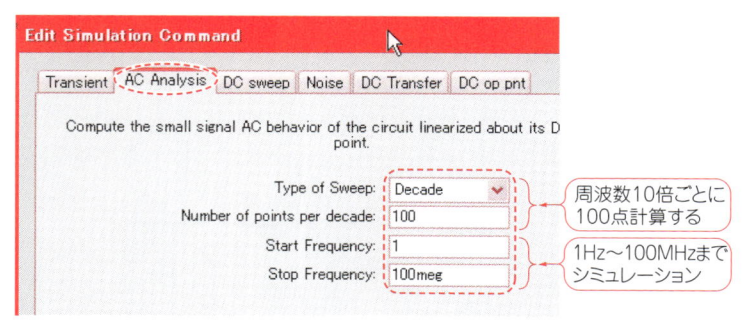

図17 出力電圧の周波数特性を調べる②
AC解析の条件を入力．

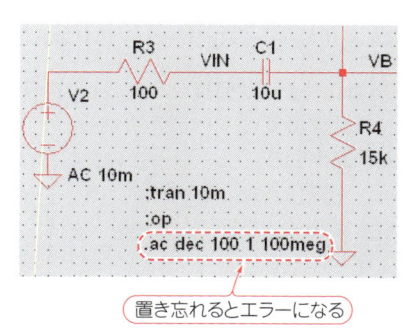

図18 出力電圧の周波数特性を調べる③（N2-3-18.asc）
文字列.ac dec 100 1 100megを回路図上に現れる．

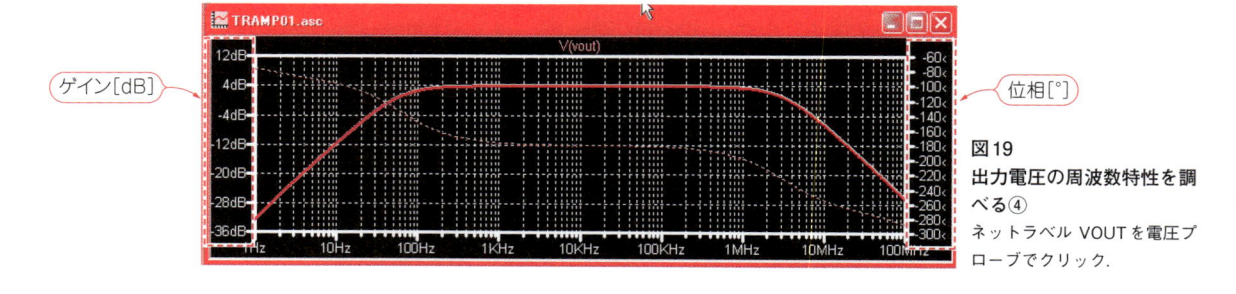

図19 出力電圧の周波数特性を調べる④
ネットラベルVOUTを電圧プローブでクリック．

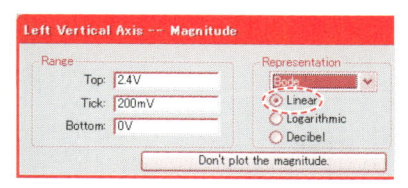

図20 出力電圧の周波数特性を調べる⑤
縦軸をダブルクリックして［Representation］-［Linear］．

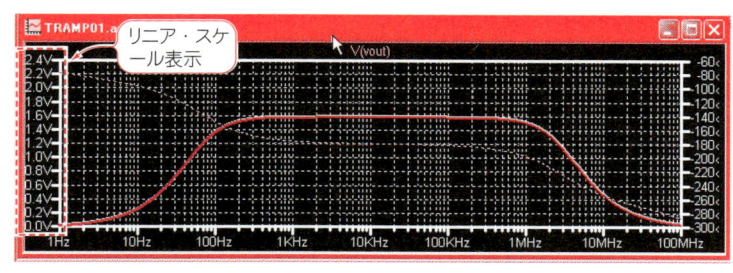

図21 出力電圧の周波数特性を調べる⑥
縦軸が電圧目盛りになる．

ットラベルVOUTを電圧プローブでクリックして波形を表示してください（図19）．余計な波形が表示されていたら，ハサミで消去します．実線が電圧振幅，破線が位相です．

左側の電圧軸は［dB］目盛りになっています．右側の目盛りは位相［°］です．縦軸をダブルクリックして，［Representation］の［Linear］にチェックを入れると（図20），縦軸が電圧目盛りになります（図21）．再度［Decibel］にチェックを入れ直して，dB目盛りに戻してください．

出力電圧と入力電圧の比「ゲイン」の周波数特性を調べます

● **出力電圧を入力電圧で割って表示します**

図21の縦軸は，中心が1Vの絶対値表示［dB］です．アンプのゲインは入力電圧に対する出力電圧の比（相対値）です．シミュレータの演算機能を使って計算してみましょう．まずハサミ・アイコンで波形ウィンドウの信号名をクリックして波形を全部消します．

次に波形ウィンドウで右クリックして，［Add Trace］または［ctrl］+Aを選ぶと（図22），表示する信号を選択するパネルが開きます（図23）．まず，［Available data］の信号リストからV(vout)を選びます．パネル下部の［Expressin(s) to add］の欄に選んだ信号名が入ります．／（スラッシュ）を入力して，続いてV(vin)を選びます．Expression欄はV(vout)/V(vin)になります．スラッシュは「割る」という演算記号なので，VOUT÷VINという意味で，割られた値がdBで表示されます．［OK］を押すと周波数特性が表示されます（図24）．

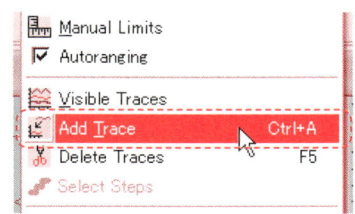

● **波形ウィンドウを最大化しましょう**

信号名を右クリックして，カーソル［1st & 2nd］を表示します．カーソル1を1kHzに置いて値を読むと約44dBですから，トランジェント解析で計算した値とだいたい同じです．カーソル2を動かして，-3dB周波数を調べてみます．縦軸はdBにしてください．

高域が約10MHz，低域が60.5Hz（図25）でした．かなり広帯域ですね．縦軸をダブルクリックして軸設定の［Linear］にチェックを入れれば，［dB］ではなく「何倍か」で電圧ゲインが読めます．

図22 出力と入力の比「ゲイン」の周波数特性を調べる①
波形ウィンドウで右クリックして［Add Trace］．

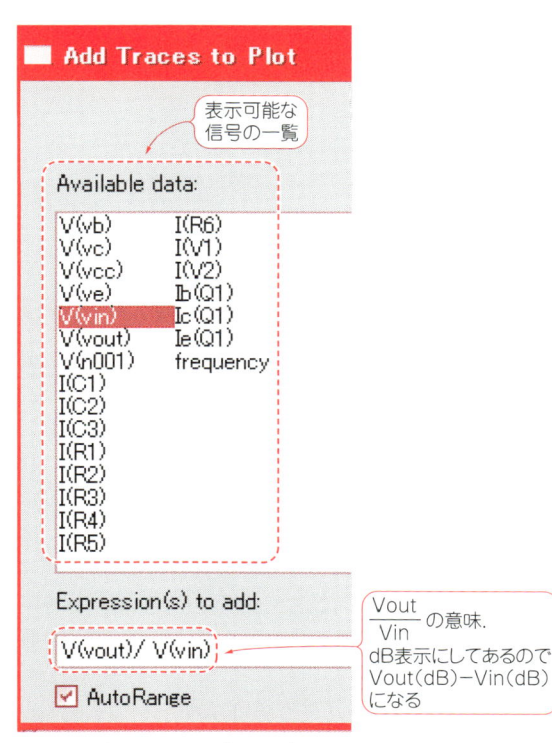

図23 出力と入力の比「ゲイン」の周波数特性を調べる②
表示する信号を選択するパネル．V(vout)を選んで，V(vout)/V(vin)と記入．

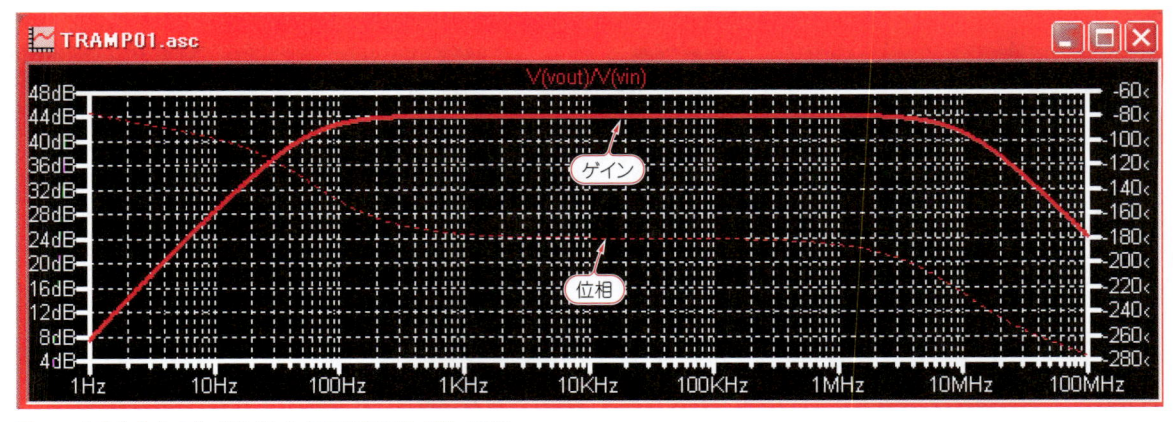

図24 出力と入力の比「ゲイン」の周波数特性を調べる③
周波数特性が表示される．

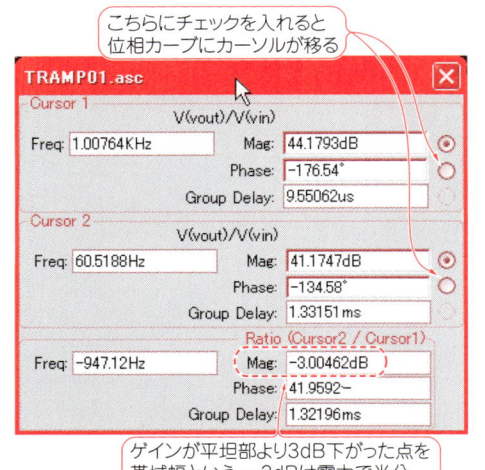

図25 出力と入力の比「ゲイン」の周波数特性を調べる③
カーソルで−3 dB周波数を調べたところ，高域が約10 MHz，低域が60.5 Hzであることがわかった．

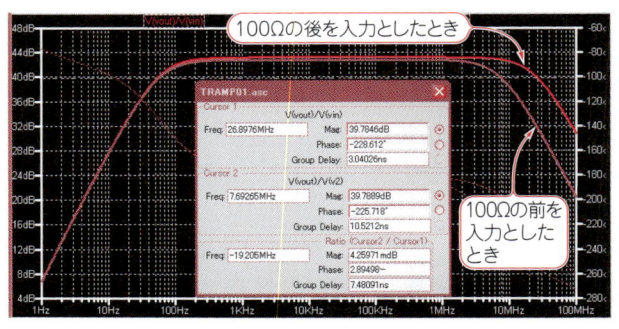

図26 信号源抵抗100 Ωがゲインの周波数特性に与える影響

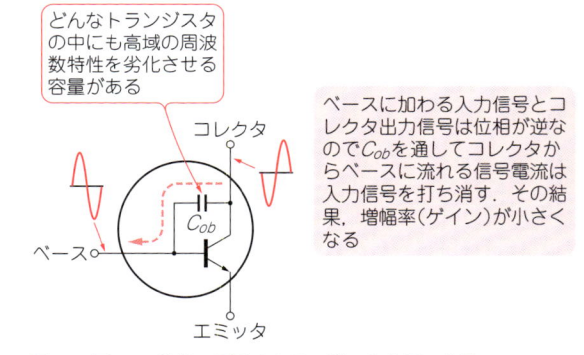

図27 図26の差分の原因はトランジスタ内部の容量
アンプの入力インピーダンスは高域で低くなる．

● 信号源の内部抵抗100 Ωが周波数特性に大きく影響します

　図12のエミッタ接地増幅回路の電圧ゲインについてもう少し突っ込んで考えてみましょう．

　図12の入力信号のレベルは，信号源抵抗R3（100 Ω）によって電圧が降下します．このとき，VINを電圧源そのものの電圧で定義するか，直列抵抗のR3を信号源の内部抵抗と考えて，R3とアンプの接続点の電圧として定義するかによって，ゲインや高域の周波数特性が変わります．

　ここでは，R3は信号源の抵抗と考えて，アンプの入力はトランジスタのベース側コンデンサと信号源の接続点としました．トランジスタ自体の入力インピーダンスは，周波数が高くなるにしたがって小さくなりますから，周波数が高くなるとR3による電圧降下が大きくなって，実質的な電圧ゲインが小さくなります．

▶入力信号を100 Ωの前とするか，後ろとするかで3倍も帯域が違います

　アンプの電圧ゲインを，常に一定である信号源（V2）の電圧を基準にした場合と，R3とC1の接続点（VIN）を基準にした場合でシミュレーションしてみました（図26）．

　−3 dBポイントは，入力信号をV2とすると約

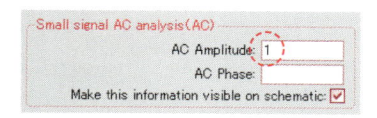

図28 周波数特性を調べた後は波形もチェックしておく①
AC解析時の入力信号レベルを10 mVから1 Vに大きくしてみる.

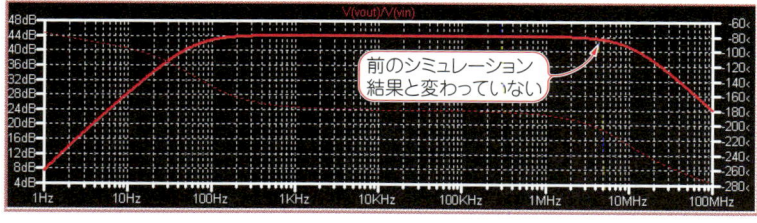

図29 周波数特性を調べた後は波形もチェックしておく②
ゲインの周波数特性に変化はない.

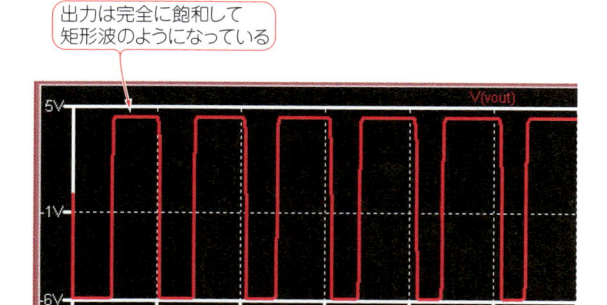

図30 周波数特性を調べた後は波形もチェックしておく③
トランジェント解析に切り替えて入力電圧振幅を1 Vにしてみたところ,図28の解析条件では回路が飽和していることが判明.

7.7 MHz,VINとすると約27 MHzと3倍以上違います.

周波数が高くなるにしたがって,アンプの入力インピーダンスが低くなってしまうのは,トランジスタの出力容量(C_{ob})を通して出力電圧の一部が入力側に帰還してくるのがおもな原因です(図27).この現象をミラー効果といいます.

出力信号が鏡に反射するように反転して入力に戻ってくるから…ではなくて,ミラーさんが発見した現象です.

● 周波数特性を調べるときは波形もチェックしておきましょう

信号源の電圧を10 mVでシミュレーションしてきました.この電圧を少し大きくしてみましょう.信号源を右クリックして,[Small Signal AC Analysis (AC)]の[AC Amplitude]を1 Vにします.他のシミュレーション条件は前のままにしておきます.シミュレーションを実行してみましょう(図29).周波数特性に特に変化はありません.

でも,ちょっと考えてみてください.電圧ゲインは150倍くらいです.入力電圧が1 Vなら出力は150 Vも出なければなりません.飽和しているのに電圧ゲインが同じというのは変です.

試しにトランジェント解析で入力電圧をSINEの1 Vに設定すると,図30のように完全に飽和した波形になっています.AC解析では飽和していることがわからない場合があるので注意しましょう.

バイパス・コンデンサと周波数特性の関係を調べます

● 容量をステップ状に変化させます

図12に示すエミッタ抵抗に並列に入っているコンデンサ(C2)の容量の大きさと,ゲインの周波数特性の関係をパラメトリック・スイープという解析機能を使って調べてみます.バイパス・コンデンサの容量が小さくなれば,低域のカットオフ周波数が高くなりそうですが,どの程度なのでしょうか.

C2の容量を20 μFから200 μFまで,20 μFステップで変化させてみます.図31のようにC2を100 μFから {Cbp} に変更して,図32の[.op]ボタンを押して,.step param Cbp 20u 200u 20u と置きます.

● 周波数特性の下限はC2で決まります

アンプのゲインが知りたいので,V(vout)/V(vin)を表示させます.図33のような周波数特性が表示されたでしょうか?

低域側のカットオフ周辺を少し拡大してみましょう.−3 dB周波数をグラフから読み取ると,バイパス・コンデンサが200 μFのとき約31 Hz,20 μFのとき約290 Hzになります.

エミッタ抵抗R5が1.5 kΩですから,エミッタ抵抗とバイパス・コンデンサの時定数から計算すると,20 μFのときのカットオフ周波数は次のようになります.

$$f = \frac{1}{2\pi RC}$$

これに $R = 1.5$ kΩ, $C = 20$ μFを入れると,5 Hzくらいになるはずですから解析結果は桁違いです.

実は,エミッタ接地増幅器のバイパス・コンデンサの値はR5ではなく,トランジスタのエミッタ側を見たインピーダンスを使って計算しなければならないのです.

バイポーラ・トランジスタのエミッタからベース方向に見たインピーダンス Z_i は,ベース接地の入力インピーダンスに近く,エミッタ電流を I_E [mA] とす

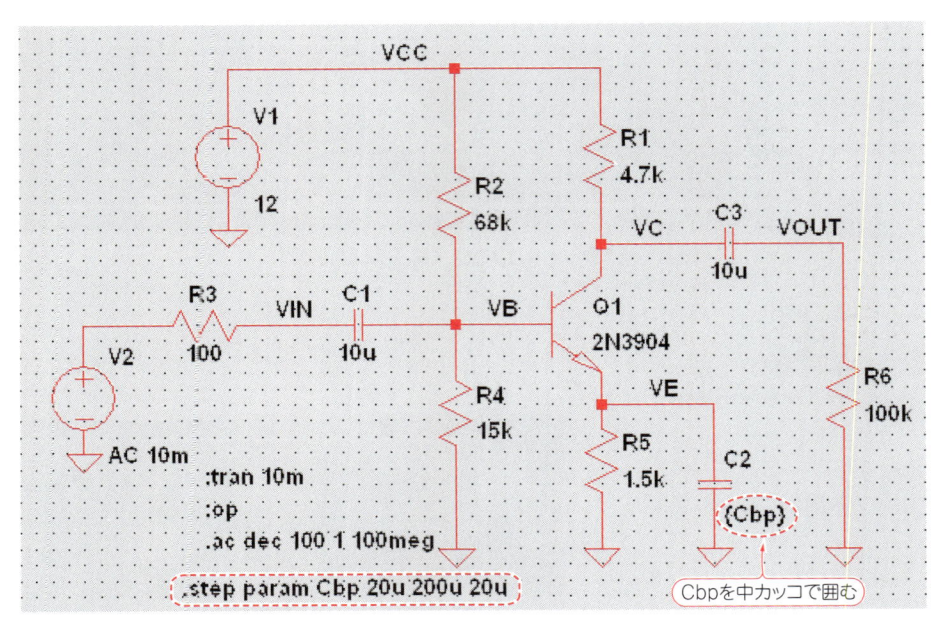

図31 エミッタ抵抗の並列容量を変化させて周波数特性を調べる①（N2-3-31.asc）
C2を100μFから{Cbp}に変更.

図32 エミッタ抵抗の並列容量を変化させて周波数特性を調べる②
[.op]ボタンを押して.step param Cbp 20u 200u 20uを置く.

図33 エミッタ抵抗の並列容量と周波数特性の関係を調べる③
アンプのゲインV(vout)/V(vin)を表示させる.

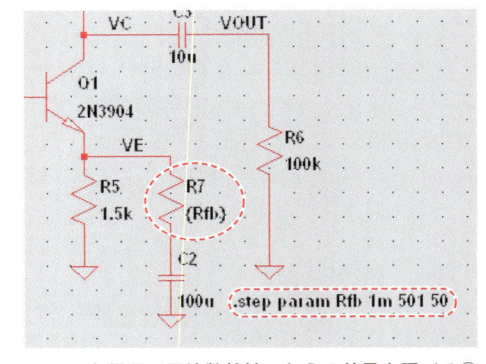

図34 負帰還が周波数特性に与える効果を調べる①（N2-3-34.asc）
エミッタのバイパス・コンデンサと直列に抵抗を入れて0.001～501Ωまで変化させる.

ると，次式で求まります．

$$Z_i = 26/I_E \ [\Omega]$$

計算すると，$I_E = 1$ mAのときのインピーダンスは26Ωくらいです．20μFで306Hzになりシミュレーション結果の周波数に近くなります．

負帰還をかけてみましょう

● 帰還抵抗を追加します

アンプに負帰還をかけてみます．図34に示すように，エミッタのバイパス・コンデンサと直列に抵抗を入れます．パラメトリック・スイープ機能を使って，帰還抵抗を0.001Ωから501Ωまで変化させます．

抵抗値が0だとエラーになるので小さな値にしておきます．.step param Cbp 20u 200u 20uを右クリックして，.step param Rfb 1m 501 50に変更します．

● 周波数特性がフラットになったり，ひずみが小さくなったり，いいことづくめ

負帰還抵抗が大きくなるにしたがって，電圧ゲインは小さくなります．しかし，低域のカットオフ周波数は低くなり，高域側の周波数も広がっています（図35）．FFT解析もしてみてください．電圧ゲインが小さくなるとひずみも小さくなることがわかります．

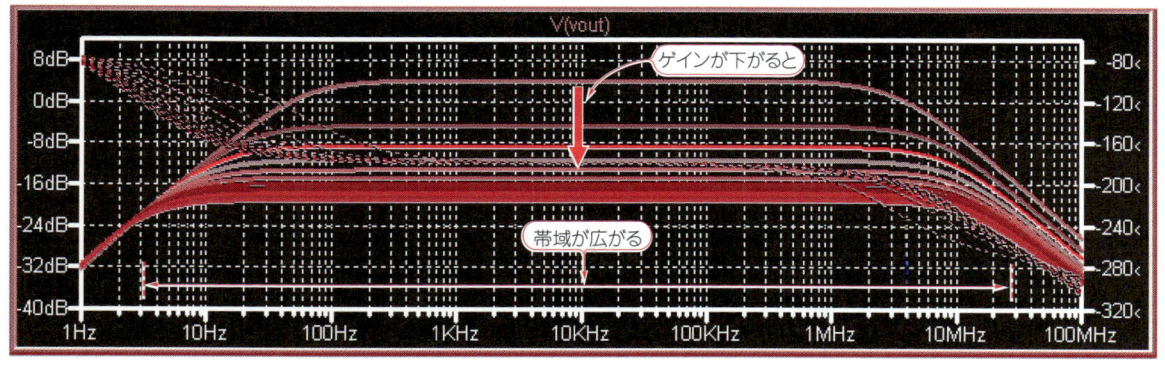

図35 負帰還が周波数特性に与える効果を調べる①
電圧ゲインは低下するが，ゲインがフラットな帯域が広がり，使い易い増幅器になる．

LTspiceが表示する交流電圧の振幅の意味と単位 Column

● 電圧値はゼロ・ツー・ピークで表示されます

図Aに示すように，LTspiceで使用する交流電圧は，実効値やピーク・ツー・ピーク（peak‑to‑peak）値ではなく，ゼロ・ツー・ピーク（0‑peak）です．信号源の電圧をAC1Vにしたときに表示されるのは，図Bのような波形です．0Vを中心に片側のピークが設定どおり1Vになっています．この1Vは正弦波を表す次の式，

$$V = V_m \sin(\omega t)$$

のV_mに相当します．実効値はこの$1/\sqrt{2}$になりますから，1Vに設定した電圧の実効値は約0.707Vです．商用電源のAC100Vは，LTspiceの設定電圧では141.4Vです．

● LTspiceではdBはdBVのことです

波形ウィンドウで，Y軸の電圧の単位をdBに設定した場合，基準は$1 V_{0\text{-peak}}$（$0 dBV = 0.707 V_{RMS}$）です．これはいわゆる［dBV］表示です．例えば，次のような関係です．

$1 V = 0 dBV$，$10 V = 20 dBV$，$1 mV = -60 dBV$

増幅器の電圧ゲインは単なる比ですから，そのままdB直読でかまいません．波形ウィンドウで，電圧や電流の演算（乗算や除算など）を行った場合には，演算結果がdB表示されます．

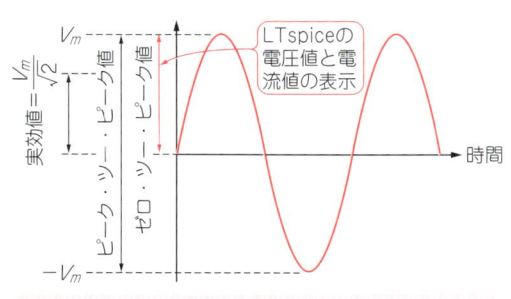

ゼロ・ツー・ピーク値：正弦波の中心から片側のピークまでの振幅．$V_{0\text{-}P}$などと表す
ピーク・ツー・ピーク値：正弦波のプラス側ピークからマイナス側ピークまでの全振幅．$V_{P\text{-}P}$などと表す
実効値：抵抗にある交流電圧（電流）を加えたときに抵抗が消費する電力と等しい電力を消費するときの直流電圧（電流）の値．交流電圧（電流）の大きさを表したもの

図A LTspiceの交流電圧の表示はゼロ・ツー・ピーク
実効値やピーク・ツー・ピーク（peak‑to‑peak）値ではない．

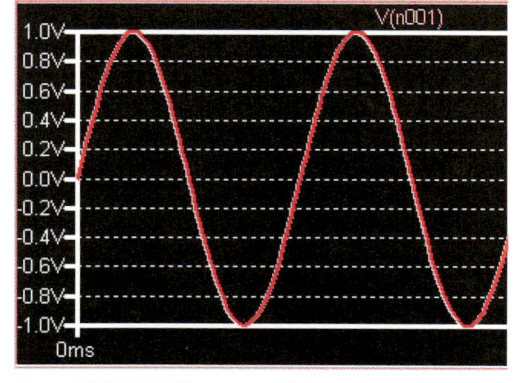

図B 信号源の電圧をAC1Vに設定したときに表示される波形
0Vを中心に片側のピークが1Vになっている．

負帰還をかけてみましょう

STEP 4 | トランジスタを高周波タイプに替えてみる
半導体メーカが提供する部品モデルを使う

LTspiceには，リニアテクノロジー社以外の半導体メーカが無償で公開しているSPICEシミュレーション用の部品モデルを組み込んで使うことができます．モデルの提供方法は半導体メーカによっては，テキスト・ファイル形式ではなく，pdfファイル形式だったり，ブラウザにテキスト画面が開くだけだったりします．その場合はテキスト・エディタやメモ帳に貼り付けてから適当な名前で保存します．拡張子は何でも良いようですが，.libなどわかりやすいものにしましょう．

実際にダウンロードして，トランジスタ回路に組み込み，シミュレーションしてみます．部品モデルの組み込み方は，以下の手順を参考にしてください．

回路図と部品モデルを準備します

● ほかのモデルを組み込む方法

ディスクリート・デバイス（バイポーラ・トランジスタ，JFET，MOSFET，ダイオード，ツェナー・ダイオードなど）のシミュレーション・モデルをLTspiceに組み込む方法は次の3とおりです．

▶ **方法1**：回路図中に直接シミュレーション・モデル記述を書き込む（コマンドは.model）

簡単ですが記述が長いので，使うモデルが多くなると回路図が見づらくなります．新しいデバイスをちょっと試すのによい方法です．

▶ **方法2**：モデルを記述したファイルを作成して.includeコマンドで呼び出す

一般的な方法です．ファイル名とモデル名を確認する必要があります．ダウンロードしたシミュレーション・モデル・ファイルを，そのまま使うことができます．一つのライブラリ・ファイルに複数のシミュレーション・モデルを記述できるので，自分のオリジナル・ファイルを作るときなどはこの方法を使います．

▶ **方法3**：LTspice標準のモデル・ファイルを開いてモデル記述を追加する（コマンド.modelで書き始める）

standard.bit（バイポーラ），standard.mos（MOSFET），standard.dio（ダイオード）などのライブラリはテキスト・ファイルなので，簡単に追記できます．標準で添付されているモデル同様，簡単に呼び出せますが，記述するときは間違えないよう注意が必要です．いつも使う定番デバイスが決まっている場合には便利です．

＊

ここでは，（方法1）と（方法2）で半導体メーカが提供しているトランジスタのSPICEモデルを使ってシミュレーションしてみましょう．（方法3）は各自でやってみてください．ファイルを書き換える前に必ずバ

Column　モデルを組み込むもう一つの方法

ここでは本文で触れなかった方法を紹介します．シミュレーション・モデルを組み込む簡単な方法がもう一つあります．

この方法は回路図ファイル（〜.asc）と同じフォルダにシミュレーション・モデル・ファイルを置き（図A），.includeコマンドでファイルを呼び出すだけです（図B）．

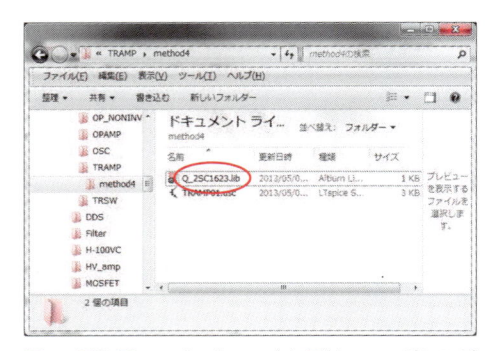

図A　回路図ファイル（〜.asc）と同じフォルダにモデル・ファイルを置く

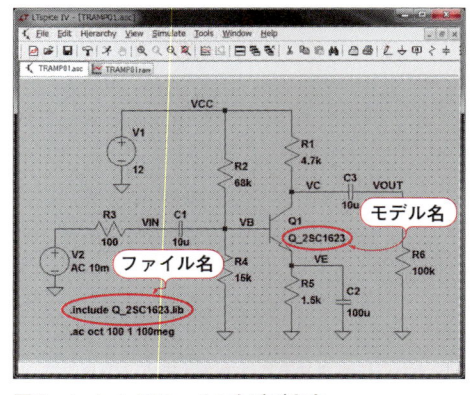

図B　.includeでファイルを呼び出す

ックアップを取っておいてください．

● 回路図をもとに戻します

　STEP3のアンプの回路（図31）を使います．エミッタのバイパス・コンデンサの値を|Cbp|から100uに戻してください．.step param Cbp 20u 200u 20uという記述はハサミ・アイコンで削除します．

● 部品モデルの入手先は付属CD-ROM内のCD-Supplementファイルで案内しています

　本書で利用している部品モデルは，半導体メーカのウェブ・サイトなどからダウンロードして利用しています．

　ダウンロードした部品モデルは，¥LTspiceIV¥lib¥sub¥の下に，CQlibという名前のフォルダを作って，そこに置いてください（図1）．¥subの下以外でも置くことができますが，パスの指定がちょっと面倒です．

図1 メーカ製の部品モデルを組み込む
メーカのサイトからダウンロードした部品モデルは¥LTspiceIV¥lib¥sub¥CQlibに置く．

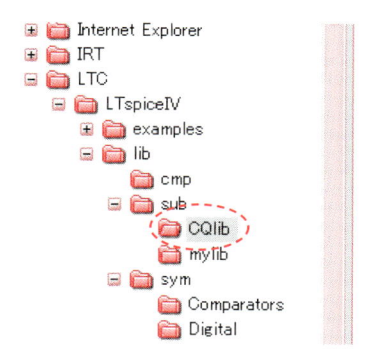

トランジスタのモデルを差し替えます

■ 方法1：回路図に直接シミュレーション・モデルを書き込みます

● 2N3904を2SC1623に替えてみます

　入門Ⅱ STEP3 図31のトランジスタQ1を2N3904から，汎用小信号用の2SC1623（ルネサス エレクトロニクス）に変更してみましょう．

　CQlibの中のQ_2SC1623.libは，ルネサス エレクトロニクス社のサイトからダウンロードしたSPICEライブラリに，テキスト・エディタでファイル名を付けて保存したものです．

　LTspiceで回路図 TRAMP01.ascを開いておきます．STEP3 図34の帰還抵抗は外してください．

　Q_2SC1623.libをメモ帳またはテキスト・エディタで開いて，［Ctrl］＋Aと［Ctrl］＋Cで全文をコピーします．LTspiceの［.op］（SPICE Directive）アイコンをクリックして，［Edit Text on the Schematic］の入力欄に［Ctrl］＋Vで貼り付けます（図2）．

　［OK］を押すと回路図上に現れるシミュレーション・モデル記述の文字列を，回路図の適当な場所に配置します（図3）．文字列が長いので，マウス・ホイールなどで適度に回路図をズームしてください．文字列は，回路図と重なってもシミュレーションには影響ありません．

　Q1の名前 2N3904を右クリックして，新しいシミュレーション・モデル名に変更します（図4）．シミュレーション・モデル・ファイルの.MODELに続く，

図2 回路図中に直接モデルを書き込む①
Q_2SC1623.libをテキスト・エディタでコピー．［.op］アイコンをクリック．［Edit Text on the Schematic］の入力欄に［Ctrl］＋Vで貼り付け．

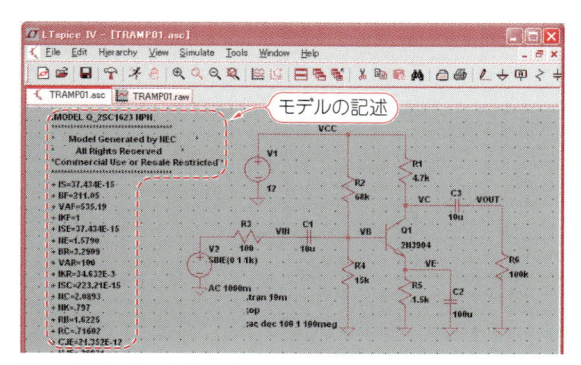

図3 回路図中に直接モデルを書き込む②
シミュレーション・モデル記述の文字列を，回路図の適当な場所に配置．

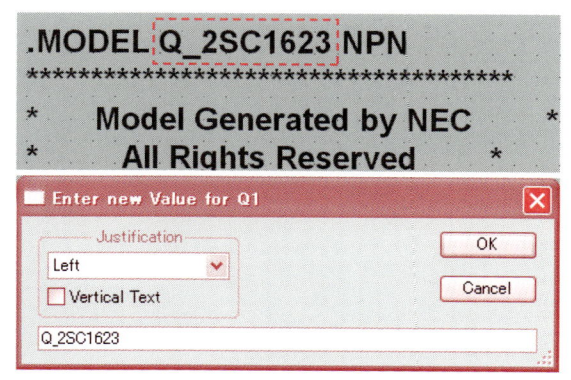

図4 回路図中に直接モデルを書き込む③
Q1の名前 2N3904を右クリック．新しいモデル名に書き換える．

トランジスタのモデルを差し替えます　47

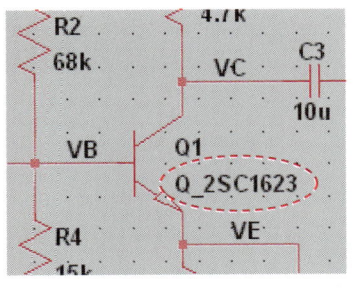

図5 回路図中に直接モデルを書き込む④
Q1の名前がQ_2SC1623に変わった.

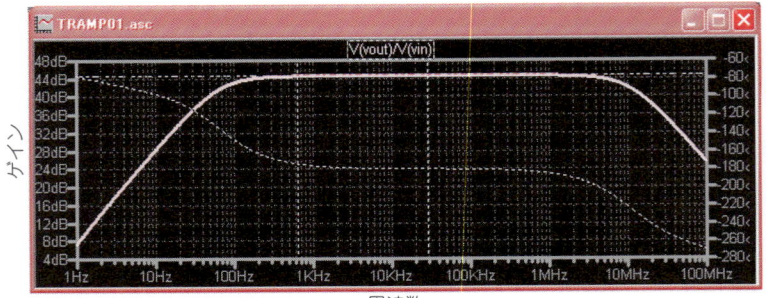

図6 図5の回路でゲインの周波数特性を調べる

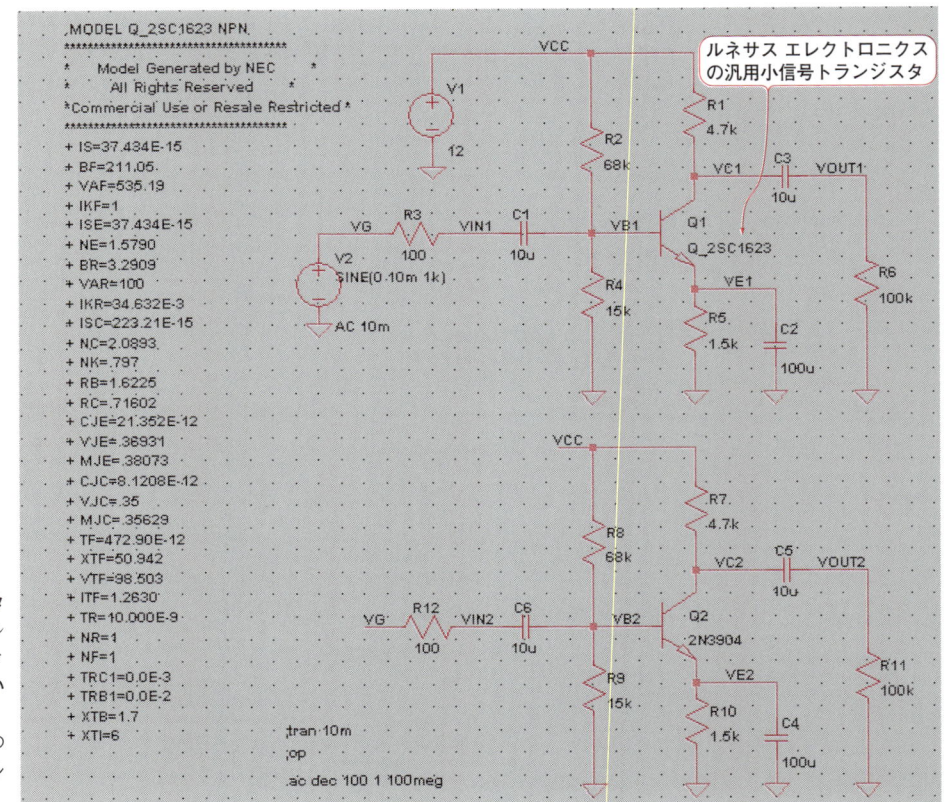

図7 汎用トランジスタ2N3904と2SC1623(ルネサス エレクトロニクス)の周波数特性の違いを比べる①
回路図をコピーして二つの回路を一度にシミュレーションする.

Q_2SC1623がシミュレーション・モデル名です.ファイル名と違う場合があるので注意してください.Q1の名前がQ_2SC1623に変わりました(**図5**).先ほどと同じくAC Analysisに設定してシミュレーションします.信号源電圧は10mVにします.エラーがなければ,波形ウィンドウが開きます.信号名をV(vout)/V(vin)にして電圧ゲインを見てみましょう.結果を**図6**に示します.

● 二つの回路を一度にシミュレーションします

2N3904と2SC1623の周波数特性の違いを比べるには,同時に両方の回路をシミュレーションして結果を比較します.大きな回路だとシミュレーションに時間がかかりますが,この程度の規模なら時間はかかりません.**図7**に示すように,回路図をコピーしてください.このときネットラベル名に注意してください.電源(VCC)や信号源(VG)は共通ですが,それ以外のネット名はVIN1,VIN2のように別にしなければなりません.

図8にシミュレーション結果を示します.違いはわずかですね.部品のばらつき範囲でしょうか.

■ 方法2:ファイル形式でモデルを読み込みます

● 高周波用トランジスタの2SC3837Kを使ってみます
シミュレーション・モデルが記述されたファイルを

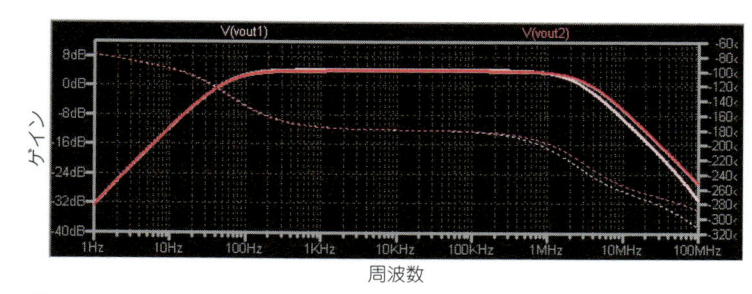

図8 図7のシミュレーション結果(N2-4-8.asc)
違いはわずか.

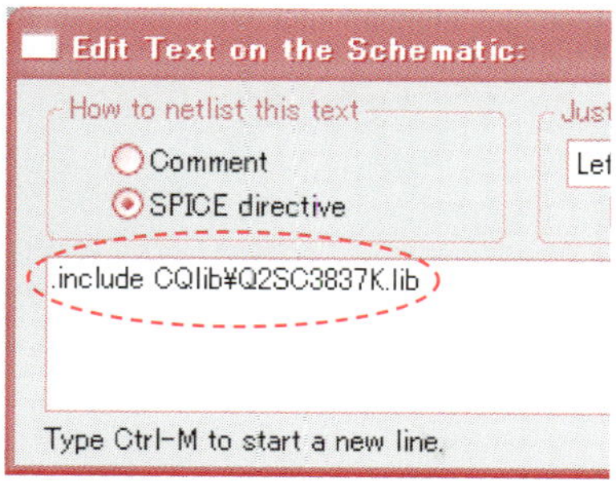

図9 ファイル形式でモデルを読み込む①
[.op] をクリック. .include CQlib¥Q2SC3837K.lib と入力.

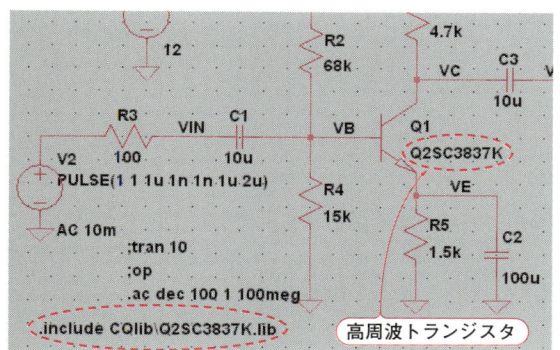

図10 ファイル形式でモデルを読み込む②(N2-4-11.asc)
文字列を回路図上の適当なところに配置.

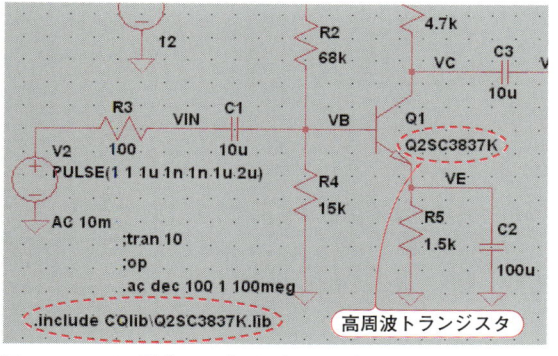

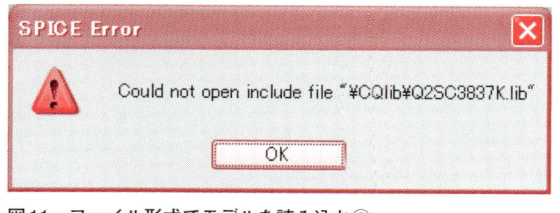

図11 ファイル形式でモデルを読み込む③
パスやファイル名が間違っているとエラーが出る. この例では¥CQlib の¥が不要.

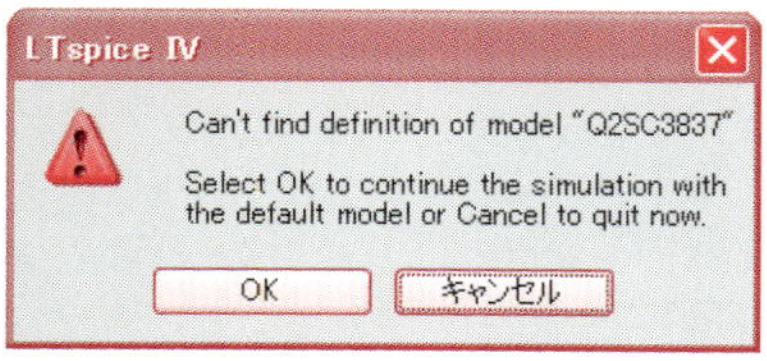

図12 ファイル形式でモデルを読み込む④
モデル・ファイルのモデル名と回路図のトランジスタ名が不一致のときに出るエラー. モデル名Q2SC3837KのKがない.

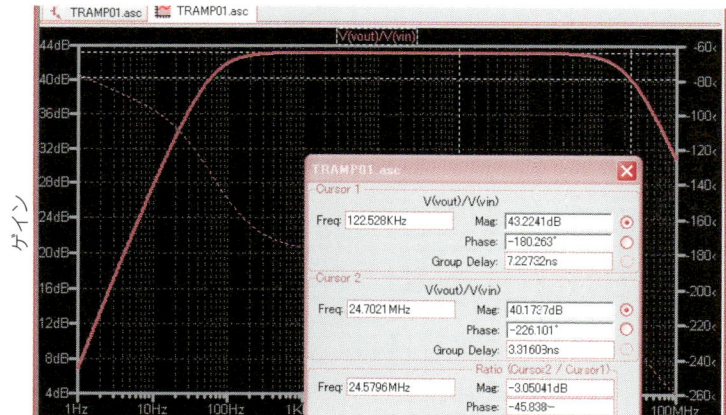

図13 図7の回路のゲイン周波数特性
トランジスタを高周波タイプに交換すると-3dB周波数が24MHzに上がる.

読み込んでシミュレーションしてみます. 今度は高周波用トランジスタの2SC3837K(ローム)を使ってみます.

回路図から, 先ほど配置した2SC1623のモデル記述を削除します. LTspiceの[.op](SPICE Directive)アイコンをクリックして,

　　.include CQlib¥Q2SC3837K.lib

と入力します(図9). 図10に示すように, 文字列を回路図上の適当なところに配置します. LTC¥LTspiceIV¥lib¥subからの相対パスなので, パスの最初に¥は付けません. ファイルの拡張子も必要なので忘れないでください. トランジスタの名前もQ2SC3837Kに変更します.

パスやファイル名が間違っている(¥CQlibの¥が余分)と, 図11のようなエラー・メッセージが出ます. また, シミュレーション・モデル・ファイルのモデル名と回路図のトランジスタの名前が一致していないときは, 図12のようなメッセージが出ます. これは, モデル名Q2SC3837KのKがないために出たエラーです.

シミュレーションが完了したら, 表示する信号をV(vout)/V(vin)にしてアンプのゲインを見てみましょう(図13). カーソル1と2で-3dB周波数を測ると, 高域が24MHzに広がりました.

トランジスタのモデルを差し替えます　49

STEP 5 | 周波数特性やひずみを確認する
実際に組み立てて答え合わせ

● シミュレーション回路と同じものを作ります

図1に示すエミッタ接地増幅回路を組み立てて動作と性能を測ってみましょう（写真1）．

トランジスタには2N3904を使いました．トランジスタ周辺の回路はシミュレーションと同じです．信号源の出力に抵抗を2本（10kΩと100Ω）を追加しています．信号源の出力を1/100に分圧しています．

理由は二つです．一つは，実験に使ったファンクション・ジェネレータの出力は，50mV$_{P-P}$までしか絞ることができないからです．二つ目は，出力を小さくしすぎると，雑音が増えるからです．

実験ではジェネレータの出力は2V$_{P-P}$に設定しておいて，抵抗分圧でV_{in}の信号レベルを20mV$_{P-P}$（= 10mV$_{0-peak}$）にしています．

ファンクション・ジェネレータの出力インピーダンスは50Ωなので，51Ωの終端抵抗を入れました．周波数が低いので反射の影響はありませんが，ファンクション・ジェネレータの出力電圧は通常50Ω終端したときの値なので51Ωがないと出力電圧が設定電圧の2倍になります．

● 出力電流の大きさを測ります

図2に示すのは，試作したエミッタ接地増幅回路の出力波形です．上の波形が入力（V_{in}），下の波形が出力（V_{out}）です．

出力波形をよく見ると，上側より下側の方が少しとがっていて，シミュレーション結果（入門 STEP3 図5）とよく似ています．出力電圧はシミュレーション値が3.1V，実測値が2.9Vで，差は6％ほどです．使用した抵抗のばらつきが5％ですから，ほぼ一致していると言ってよいでしょう．

● スペクトラム・アナライザでひずみを測ります

図3に示すのは，測定器を使って調べた出力信号の周波数成分です．ネットワーク・アナライザとスペクトラム・アナライザが一緒になった測定器 4395A（アジレント・テクノロジ）を使って測りました．オプションを付けると，インピーダンス・アナライザにもなる便利な測定器です．

横軸は1kHz/divで，いちばん左側のレベルが大き

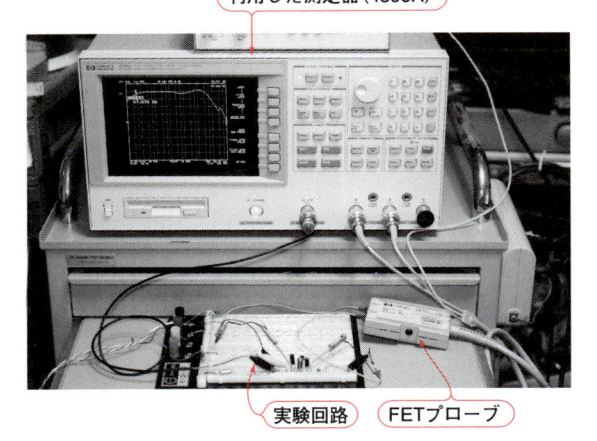

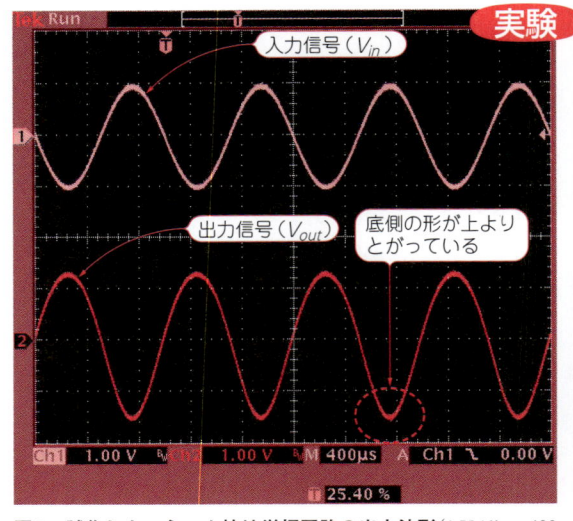

写真1 エミッタ接地増幅回路（図1）の性能を測る

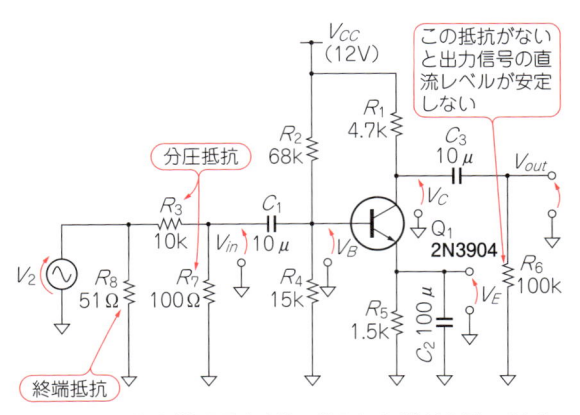

図1 エミッタ接地増幅回路を実際に組み立てて特性を測ってみる
シミュレーションの世界ほど現実は甘くないかも…．

図2 試作したエミッタ接地増幅回路の出力波形（1V/div, 400μs/div）

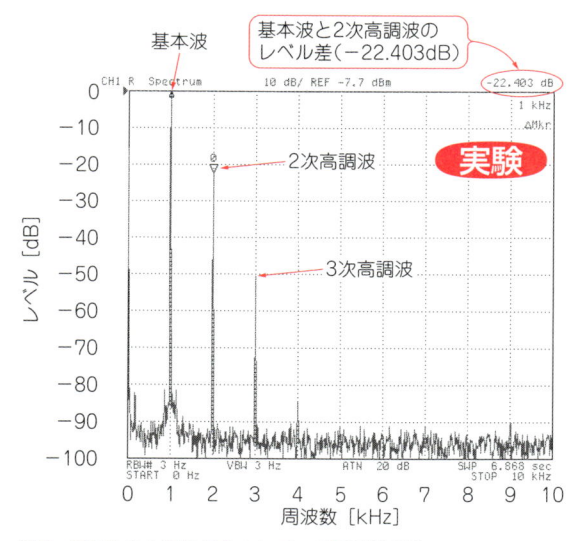

図3 図2の出力信号に含まれている周波数成分
第2次高調波は基本波の−22.4 dBで，シミュレーション結果．(−23 dB，入門Ⅱ STEP3 図11)とほぼ一致．3次と4次はシミュレーション結果よりレベルが低い．

い信号が1 kHzの基本波です．第3次の高調波までが目立ちますが，4次と5次の高調波は，かろうじて観測できるレベルです．

第2次高調波は，基本波に対して−22.4 dBで，シミュレーション結果（STEP3 図11）の−23 dBとほぼ一致しています．3次は−50 dBくらいで，シミュレーション結果の−30 dBよりもかなりレベルが低く，4次以上もシミュレーション結果よりもレベルが低くなっています．原因は不明です．シミュレーション・モデルに問題があるのかもしれません．

測定には，入力インピーダンスの高いプローブ（FETプローブ）を使っていますが，ファンクション・ジェネレータとFETプローブを含めたひずみは，基本波に対して第2次高調波が−65 dB，3次以上は測定限界以下でした．

回路の測定をするときには，あらかじめ測定系の性能を評価しておくことが大切です．とくにひずみは，いろいろなところで発生しますから，測定結果に混じるとわけがわからなくなります．スペクトラム・アナライザやFETプローブは，過大な入力を入れると大きなひずみが発生することにも注意しましょう．

● 周波数特性を観測します

図4に示すのは，ネットワーク・アナライザで測定した実験回路の周波数特性です．横軸の周波数スケールは10 Hz〜100 MHzです．−3 dB周波数は，低域がシミュレーション値の60 Hzに対して47.7 Hzです．高域はシミュレーション値の10 MHzに対して4.12 MHzで，かなり低くなっています．また10 kHz

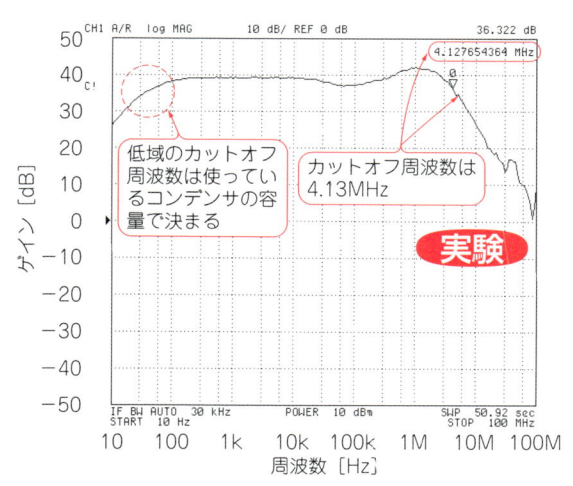

図4 図1のゲインの周波数特性
−3 dB周波数は低域が47.7 Hz（シミュレーションは60 Hz），高域はシミュレーション値の10 MHzに対して4.12 MHz．

から上の周波数特性にうねりが見られます．

● 高周波トランジスタに替えてみます

同じ回路で，トランジスタを高周波用の2SC3837K（ローム）に換えてみました．このトランジスタはチップなので，そのままブレッドボードに取り付けることができません．そこで，写真2のようにジャンパ・ポストにはんだ付けしてからブレッドボードに差し込みました．

周波数特性を測定してみると，図5に示すように，高域のカットオフ周波数は4.4 MHzです．シミュレーション値（STEP4 図13）の24 MHzとはずいぶんかけ離れた値です．これでは2N3904を使ったときの特性とほとんど同じですから，高周波トランジスタを使った意味がありません．

● 高域の周波数特性はどうしてシミュレーションと違うのでしょう？

高域の周波数特性がシミュレーション値と違うのは，トランジスタの特性ばらつきやシミュレーション・モ

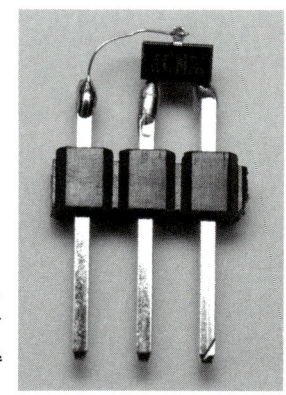

写真2
チップ・トランジスタはジャンパ・ポストにはんだ付けしてからブレッドボードに差し込む

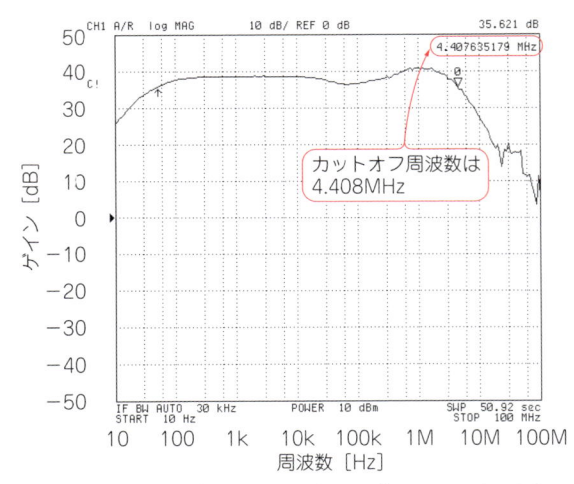

図5 図1のトランジスタを高周波タイプ（2SC3837K）に交換して周波数特性を再測定
高域カットオフ周波数は4.4 MHz．シミュレーション値（STEP4 図13）の24 MHzと違っている．

デルの精度の問題もありますが，ブレッドボードの電極間の静電容量が実測で3 pFほどあり，この容量の影響が大きいからのようです．

2SC3837のコレクタ出力容量C_{ob}は標準値で0.9 pFですから，トランジスタの出力容量よりブレッドボードの電極間容量のほうがずっと大きいことがわかります．2N3904のC_{ob}は最大値で4 pF（オンセミコンダクターのデータシートから）ですから，こちらも無視できない影響があるはずです．

そもそもブレッドボードは，高周波信号や高速信号を扱う回路の実験には向いていないのです．プリント基板を設計するときも，注意しないと同じようなことが起きて，シミュレーションでは特性が出ていたのに，実際に作ってみたらダメだった，ということになります．

シミュレーション時に，浮遊容量や部品のリード・インダクタンスを含めてシミュレーション・モデルを作ればよいのですが，これらの値を見積もるのは経験を積まないとなかなか難しいのです．

Column 簡単な回路でもSPICEが使えない場合がある

　半導体試験装置／計測器メーカに勤めていたころ，直流から3 GHz程度まで使える抵抗分岐タイプのパワー・ディバイダの設計検討をしたことがあります．単純な抵抗分岐の回路ですから，回路図自体は図Aのように簡単です．高周波や高精度直流回路など，難易度が高いといわれている回路の設計経験がない技術者であれば，使用周波数帯域の確認もせずに回路図だけを見てローテクだと切り捨てそうです．でも，このパワー・ディバイダを実際に組んでみると，その「ローテク」発言の間違いに気が付きます．

　図Aの回路を適当に作ったのでは，周波数特性の平坦性を確保することや，分岐信号間の位相誤差，入出力ポートのリターン・ロスを良好にできないからです．作り方によっては，まるで使い物にならない回路になります．高周波回路では，リターン・ロスの悪化は図Bに示すようなミスマッチ・エラーを引き起こします．ミスマッチ・エラーにより周波数平坦性はさらに悪化します．

　図Aの回路を作るときは，抵抗の配置や伝送線路の形状など高周波回路シミュレータ（Ansoft Designerなど）を使いながら，パターン設計も含めて検討しなくてはなりません．回路が単純に見えても，このような回路の設計にはLTspiceは使えません．

〈川田 章弘〉

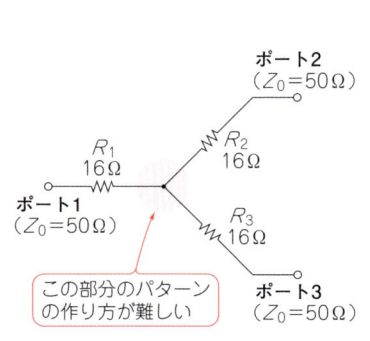

図A 高周波（GHz帯）で使う抵抗分岐型パワー・ディバイダ
回路は簡単そうに見えるけれど，LTspiceで設計することはできない．

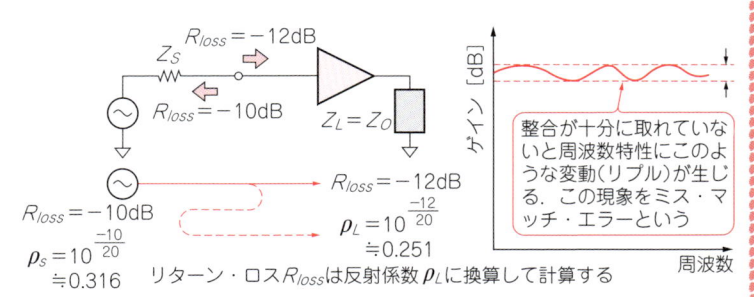

ミス・マッチ・エラーをE_mとすると，
$E_m = 1 \pm \rho_S \rho_L = 1 \pm 0.316 \times 0.251$
$= 1 \pm 0.0793$
デシベル表記すると次のようになる．
$E_m \text{[dB]} = +0.663\text{dB} - 0.718\text{dB}$

リターン・ロスR_{loss}は反射係数ρ_Lに換算して計算する

$R_{loss} = -10\text{dB}$
$\rho_S = 10^{\frac{-10}{20}} \approx 0.316$

$R_{loss} = -12\text{dB}$
$\rho_L = 10^{\frac{-12}{20}} \approx 0.251$

つまり，ミス・マッチによって周波数特性に+0.663 dB～−0.718 dBの変動が生じる可能性がある

整合が十分に取れていないと周波数特性にこのような変動（リプル）が生じる．この現象をミス・マッチ・エラーという

図B リターン・ロス（S_{11}）特性が悪いと周波数特性に変動が生じる

STEP 6 入力信号の形が保たれたまま次に伝わる
コレクタ接地増幅回路のシミュレーションと実験

どんな回路？

● **入力インピーダンスが高く，出力インピーダンスが低く，波形ひずみが小さく，高周波まで使えます**

　第2章のSTEP1で簡単に紹介したコレクタ接地増幅回路は，入力インピーダンスが高く，出力インピーダンスが低い特徴があります．エミッタ電圧がベース電圧に追従して動き，電圧ゲインがほぼ1倍なので，別名エミッタ・フォロアとも呼ばれます．また波形ひずみも小さい回路です．

　エミッタ接地増幅回路と比べると，－3dB周波数帯域もとても広く，高い周波数までベースの電位にエミッタの電位が追従します．ただし，－3dB降下するような周波数では入力インピーダンスが低くなるため，そのような周波数まで使うことはあまりないでしょう．

● **こんな用途に最適です**

　大電流出力が必要なオーディオ用パワー・アンプの出力段にコレクタ接地増幅回路を使います．

　また負荷の静電容量が大きい場合も，出力インピーダンスが低いコレクタ接地増幅回路で駆動すれば，時間当たりの電圧変化率（スルーレート）を大きくできます．その結果，時定数が小さくなり，負帰還をかけたときの安定度が高くなります．

　エミッタ接地増幅回路は，負荷抵抗が大きいほど電圧ゲインが大きく取れます．エミッタ接地増幅回路と負荷の間にコレクタ接地増幅回路を入れると，見かけ上エミッタ接地増幅回路の負荷抵抗が大きくなったのと同じことになり，エミッタ接地増幅回路のゲインを大きくできます．

ひずみと周波数特性を調べます

● **ひずみの小さい波形が出力されます**

　図1に示すコレクタ接地増幅回路を回路図入力します．トランジスタは2N3904です．

　［File］－［Save as］でファイル名をTRAMP02.ascにして保存します．R1，C3は削除してC2を回転し，負荷抵抗に接続します．さらにR2，R4，R6，C2の値を変更します．

　信号源を右クリックして，［Functions］の設定を正弦波，1kHz，5Vにします（図2）．［Edit Simulation

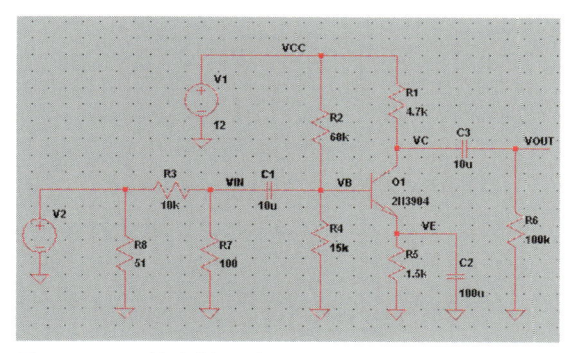

図1　コレクタ接地増幅回路の入出力波形を調べる①（N2-6-1.asc）
回路図を入力する．

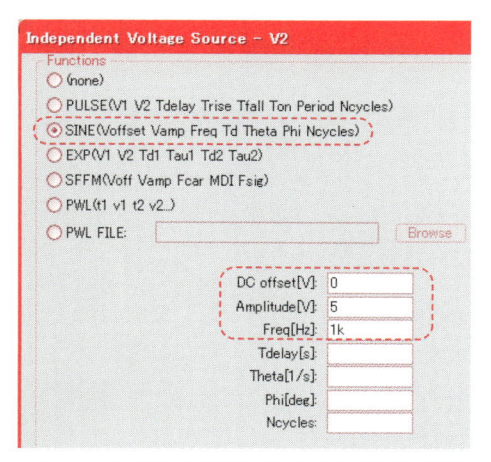

図2　コレクタ接地増幅回路の入出力波形を調べる②
信号源を右クリック．［Functions］を正弦波，1kHz，5Vに設定．

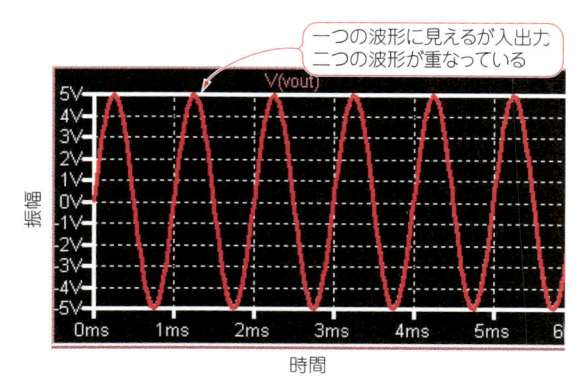

図3　コレクタ接地増幅回路の入出力波形を調べる③
シミュレーションを実行してV(vout)とV(vin)を表示．

ひずみと周波数特性を調べます　53

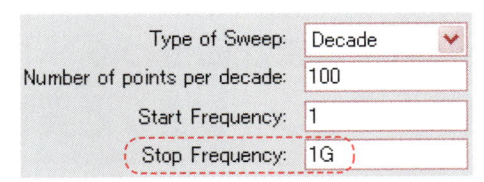

図4 コレクタ接地増幅回路の周波数特性を調べる①
AC解析に設定．[Edit Simulation Cmd] – [AC analysis] で Stop Frequency] = 1 G．

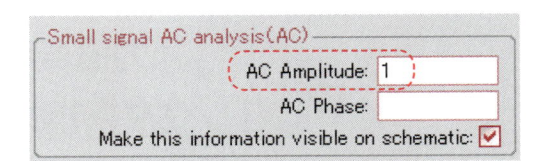

図5 コレクタ接地増幅回路の周波数特性を調べる②
信号源を設定．[Small signal AC analysis(AC)] – [AC amplitude] = 1 V．

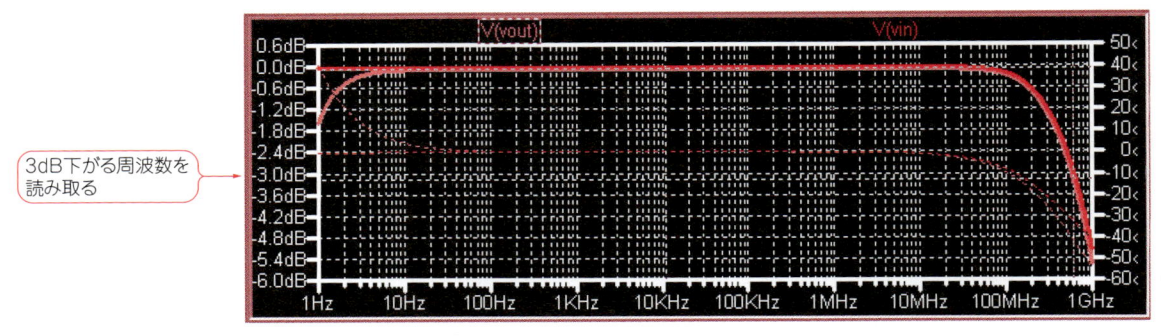

3dB下がる周波数を読み取る

図6 コレクタ接地増幅回路の周波数特性を調べる③
－3 dB周波数は約600 MHz．

Cmd] – [Transient] タブを選択して，[Stop Time] = 10 msにします．シミュレーションを実行して，V(vout)とV(vin)を表示してください(**図3**)．余計な波形は削除してください．

入力波形と出力波形が完全に重なっていて，入力電圧が5 Vでもひずんでいないことがわかります．

● **なんと！600 MHzまで周波数特性が伸びています**

今度は[Edit Simulation Cmd] – [AC analysis]でStop Frequency] = 1Gに設定します(**図4**)．信号源を右クリックして，[Small signal AC analysis (AC)] – [AC amplitude] = 1 Vにして(**図5**)シミュレーションを実行します．

図6に解析結果を示します．カーソルを表示して－3 dB周波数を読むと，約600 MHzととても広帯域な周波数特性を示すことがわかります．入力信号は1 V (0 dBV)です．

高周波では入力インピーダンスが低くなり，出力インピーダンスが高くなりますから，実用的なのは1/10の60 MHzくらいまででしょう．

試作して実験します

● **こんな回路で実験しました**

図7に示す回路を試作して特性を見てみます．トランジスタは2N3904を使用して，ブレッドボードに組み立てました．回路は**図1**に示すシミュレーション回路と同じです．周波数特性測定のときは，ネットワーク・アナライザの信号源インピーダンスが50 Ωなので，回路の入力に51 Ωの抵抗を取り付けて終端しました．

● **入力信号と完全に同じ波形が出力されています**

図8にV_{in}とV_{out}の波形を示します．波形は一つに見えますが，入力と出力の二つの波形を重ねてあります．きれいにぴったり重なっていて，入出力の波形がまったく同じであることから，コレクタ接地増幅回路の電圧ゲインは1倍にきわめて近いことがわかります．

目で見てわかるようなひずみもありません．出力信号の振幅は10 V_{P-P}で，もう少し振幅を大きくすると波形の頭がクリップしますから，これでほぼ最大出力です．

● **100 MHzぐらいまでゲイン1倍をキープ**

図9に示すのは，ネットワーク・アナライザで測っ

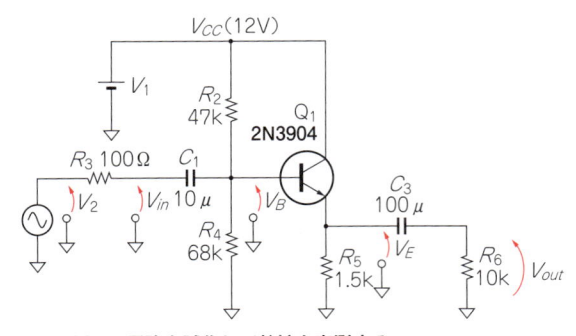

図7 図1の回路を試作して特性を実測する

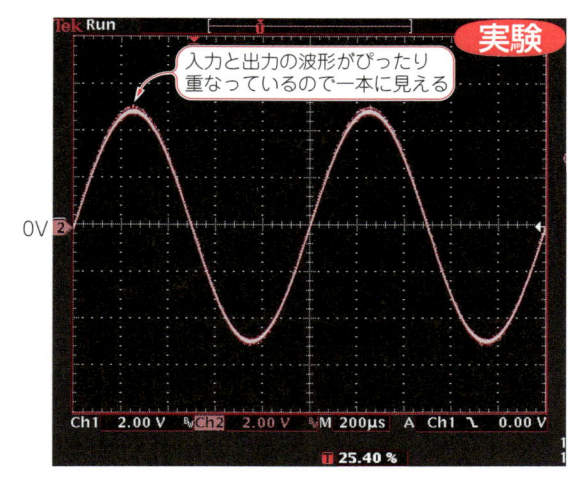

図8 図7の入力波形(V_{in})と出力波形(V_{out})の波形(2 V/div, 200 μs/div)

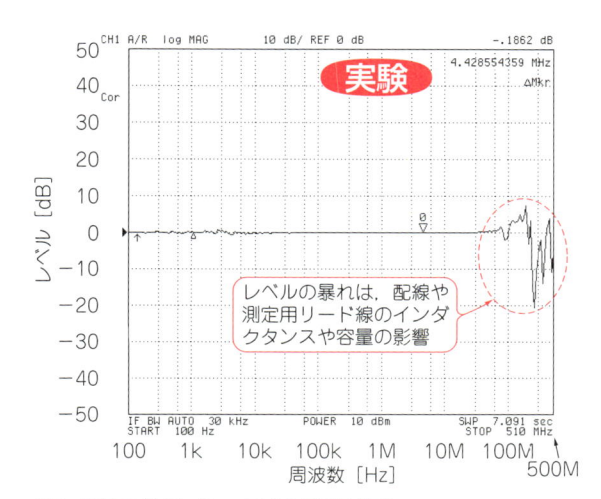

図9 図7のゲイン(V_{out}/V_{in})の周波数特性
100 MHzぐらいまで1倍(0 dB)のフラットな特性になっている.

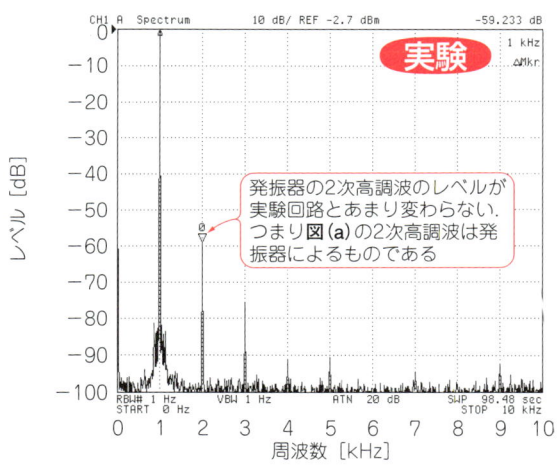

(a) 実験回路の出力

(b) 信号源(ファンクション・ジェネレータ)の出力

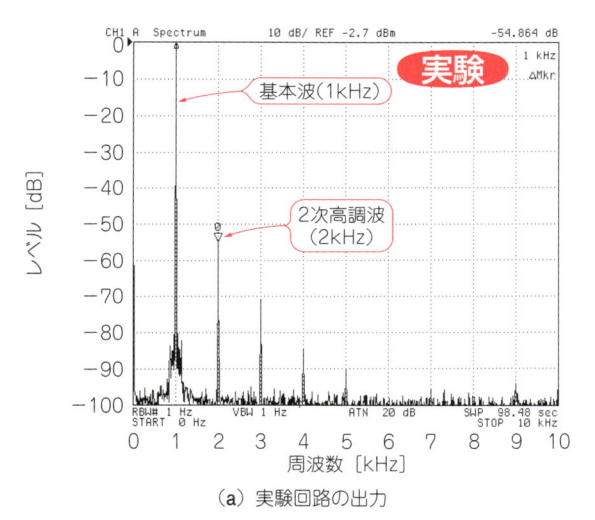

図10 図7の出力波形に含まれる周波数成分
回路のひずみ率は0.2%以下.

た周波数特性です.

　横軸の周波数スケールは100 Hz～500 MHzです.100 MHzくらいから上の周波数で特性が暴れています.ブレッドボードの浮遊容量や部品や測定ケーブルのインダクタンスなどが影響しているようです.ブレッドボードやクリップつきのケーブルなどで実験できる周波数は,回路のインピーダンスや要求される測定精度にもよりますが,おおむね1 MHz程度まででしょう.

● ひずみは0.2%以下

　図10(a)に示すのは,スペクトラム・アナライザで観測した出力信号のスペクトラムです.入力信号レベルは5 V_{P-P}です.2次高調波は−54.8 dBです.ひずみに換算すると0.2%ですから,エミッタ接地増幅回路などに比べるとひずみはずっと小さいです.

　図10(b)に示すのは,ファンクション・ジェネレータの出力信号のひずみです.2次高調波が基本波に対して−59.2 dBでした.この値は,コレクタ接地増幅回路のひずみを測定するには十分ではありません.オーディオ・アナライザを使えば,もっと低いひずみレベルまで正確に測定することができるでしょう.

(初出:「トランジスタ技術」 2011年6月号 特集)

実践 I

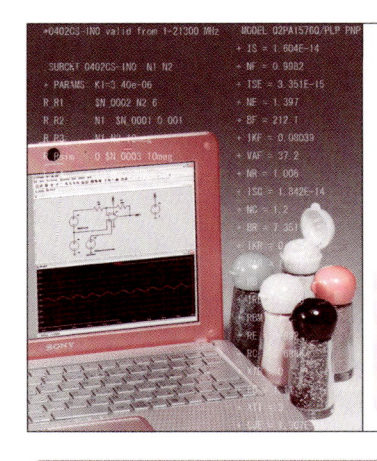

第3章 確実に動く増幅技術をマスタする
オーディオ・アンプ回路の設計

川田 章弘

本章では，ヘッドホン・アンプを例に，シミュレーションを使った増幅回路の設計法とその手順をお見せします．本章は次のSTEPで構成されています．STEP1 手計算とシミュレーションで特性をチューニング，STEP2 シミュレーションで仕上がり特性をチェック，STEP3 実際に組み立てて特性を測る．

STEP 1　無信号時の直流電位と帰還前のゲイン周波数特性をチェック
手計算とシミュレーションで特性をチューニング

こんな回路

● **市販のアンプを参考にします**

本章では，±12V直流電源で動作するヘッドホン・アンプを設計してみます．

ヘッドホン・アンプの回路には種々の方式があります．個人的には，**図1**に示すようなOPアンプ型のアーキテクチャ（高ゲインのアンプを極分離によって位相補償するというワイドラー型）が好みなのですが，今回は世間で音質が良いと評判の回路を参考に設計してみました．

ベースとした回路は，参考文献(1)(p.34)に載っているA-S2000というヤマハのプリメイン・アンプに内蔵されているヘッドホン・アンプです．元の回路は±60V電源で動作させる回路ですが，ヘッドホン・アンプのためだけに高電圧の電源回路を用意するのは大変ですから，より一般的な±12V電源で動作するように再設計しました．

設計に使用するトランジスタは，SPICEモデル・パラメータの充実しているトランジスタ（ローム）を使用し，入力差動回路にはペアJFET（三洋半導体，現オン・セミコンダクター，現在は廃品種）を使いました．このJFETのみ，自作の簡易SPICEモデル・パラメータを使用しています．

CPH6901は，表面実装タイプのペアJFETです．自作の簡易モデルは下記のようなものです．

```
.model JCPH6901 NJF(beta=3.8m
vto=-0.80 cgd=0.9p cgs=5.0p)
```

手計算で回路各部の無信号時の電位「直流動作点」をチューニングします

● **まず初段の増幅回路に着目**

設計したヘッドホン・アンプの回路を**図2**に示します．初段の差動増幅回路には，JFETペアのCPH6901を使用し，トランジスタを併用してカスコード・ブートストラップ回路を構成しました．ドレイン-ソース間電圧を固定することで，差動増幅回路から発生するひずみ率の改善が期待できます．固定電圧は，ツェナー・ダイオードの2Vで決めます．このツェナー・ダイオードは，LEDでもよいでしょう．

差動増幅回路のテール電流I_{tail}は，2mAにしました．テール電流の大きさによってアンプのスルーレートなどの特性が変化します．電流は小さくしすぎるとJFETのV_{GS}電圧のばらつきが大きくなります．このばらつきを吸収するには，抵抗R_1とR_2を大きくする

図1　アンプのアーキテクチャの一例（OPアンプ・タイプ）

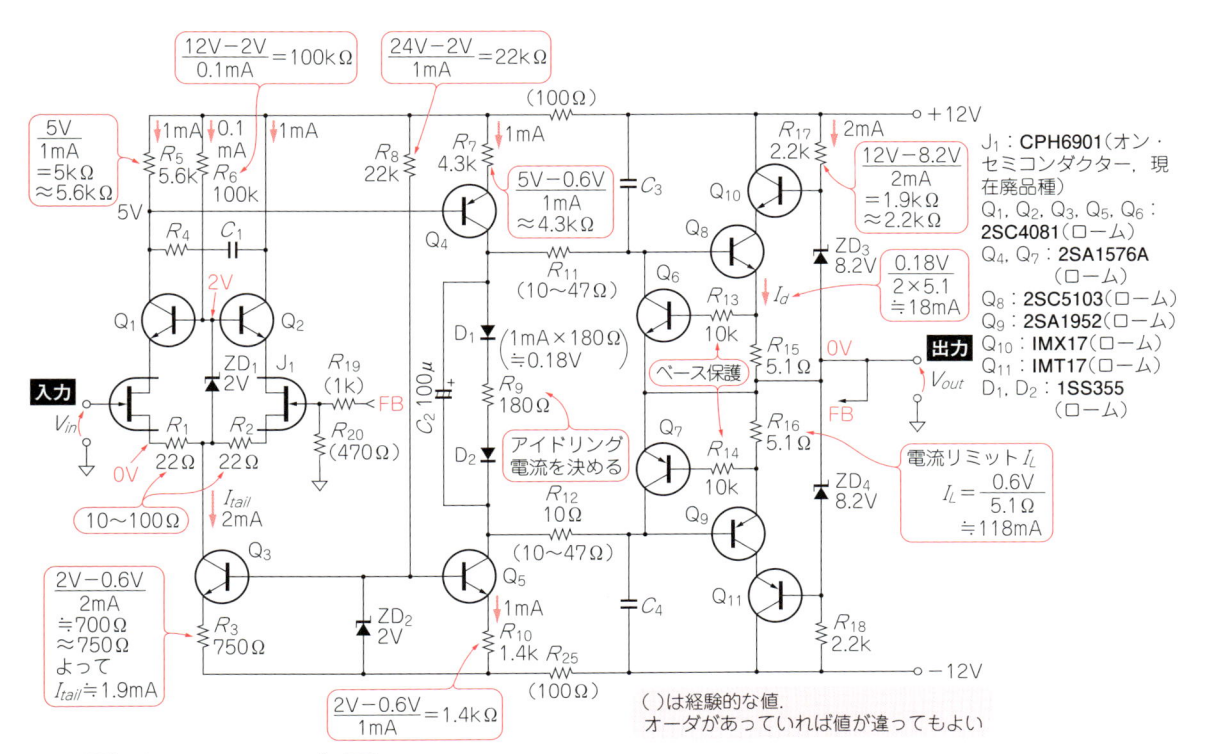

図2 設計したヘッドホン・アンプの回路

回路図中の注記:

- $\dfrac{5V}{1mA} = 5k\Omega \approx 5.6k\Omega$ (R_5 5.6k)
- $\dfrac{12V-2V}{0.1mA} = 100k\Omega$ (R_6 100k)
- $\dfrac{24V-2V}{1mA} = 22k\Omega$ (R_8 22k)
- R_7 4.3k, $\dfrac{5V-0.6V}{1mA} \approx 4.3k\Omega$
- (100Ω) R_{17} 2.2k, 2mA
- $\dfrac{12V-8.2V}{2mA} = 1.9k\Omega \approx 2.2k\Omega$
- $\dfrac{0.18V}{2\times 5.1} \approx 18mA$
- R_4, C_1, 2V, ZD_1 2V, J_1, R_{19} (1k), FB
- R_1 22Ω, R_2 22Ω, R_{20} (470Ω)
- 10〜100Ω
- I_{tail} 2mA
- R_{11} (10〜47Ω)
- D_1 (1mA×180Ω ≒ 0.18V)
- C_2 100μ, R_9 180Ω
- ベース保護
- R_{13} 10k, R_{14} 10k
- R_{15} 5.1Ω, R_{16} 5.1Ω
- 出力 V_{out}
- 電流リミット I_L: $I_L = \dfrac{0.6V}{5.1\Omega} \approx 118mA$
- ZD_3 8.2V, ZD_4 8.2V
- $\dfrac{2V-0.6V}{2mA} \approx 700\Omega \approx 750\Omega$ よって $I_{tail} \approx 1.9mA$
- R_3 750Ω, ZD_2 2V
- アイドリング電流を決める
- R_{12} 10Ω, (10〜47Ω)
- R_{10} 1.4k, R_{25} (100Ω)
- $\dfrac{2V-0.6V}{1mA} = 1.4k\Omega$
- R_{18} 2.2k
- +12V, −12V

デバイス一覧:
- J_1: CPH6901(オン・セミコンダクター,現在廃品種)
- Q_1, Q_2, Q_3, Q_5, Q_6: 2SC4081(ローム)
- Q_4, Q_7: 2SA1576A(ローム)
- Q_8: 2SC5103(ローム)
- Q_9: 2SA1952(ローム)
- Q_{10}: IMX17(ローム)
- Q_{11}: IMT17(ローム)
- D_1, D_2: 1SS355(ローム)

( )は経験的な値.オーダがあっていれば値が違ってもよい

必要があります.この抵抗は雑音発生源になるので,数十Ωに抑えたいところです.R_1,R_2に発生する電圧を数十mVにするためには,ソース電流が1mA程度必要な計算になります.

テール電流を2mAとしたので,2段目のアンプのコレクタ電流も1mAとしました.2段目のアンプのコレクタ電流は,できればテール電流と同程度以上は流しておきたいところですが,ここは静止時消費電流を考慮して1mAにとどめました.

▶ テール電流とは

差動増幅回路のソース側(バイポーラ接合トランジスタを使用した場合はエミッタ側)の共通電流のことです.テール(tail,尻尾)という語が示すとおり,差動増幅回路を遠くから眺めれば,エミッタ同士を縛って電流源という尻尾が生えたような形に見えます.英語圏の回路技術者と話をするときにも,tail current(テイル・カレント)と言えば通じます.

● 出力段の増幅回路に着目

出力段のトランジスタに流すアイドリング電流は,ひずみ率を考慮して少し大きめな(20 mA)にしました.この電流値は,10 mA〜30 mAの範囲内で変化させてもよいと思います.出力段のトランジスタにもカスコード・ブートストラップが使われています.

これは文献(1)で公開されている回路にしたがっています.トランジスタのコレクタ損失を分散化させるためか,あるいはトランジスタのC_{ob}が電圧変調されてひずみが発生するのを防止する効果を狙っているのかもしれません.

各デバイスの電流値を決めてしまえば,定数はオームの法則にしたがって計算していくだけです.図2に定数の算出方法を記載しておきました.

いろんなヘッドホンがつながれても発振しない安定な増幅特性にします

■ 負帰還をかけるまえの直流ゲインを手計算します

● なぜ,負帰還をかけるまえの直流ゲインを計算するの?

負帰還を施したアンプのループ・ゲインは,オープン・ループ・ゲインA_Oと帰還量βの積$A_O\beta$で計算できます.負帰還後のアンプのひずみ率や内部雑音といった諸特性は,このループ・ゲイン$A_O\beta$だけ改善されます.$A_O\beta$は,アンプの性能改善の目安となる値です.βは帰還量であり,アンプの設計が終わってから設定できます.オープン・ループ・ゲインはアンプの設計で変わるため,設計時に把握しておかなくてはなりません.

アンプを設計するときには,位相補償も含めて最初にオープン・ループでの特性を考えるのが基本中の基本です.オープン・ループ特性は,ゲイン,極周波数ともに手計算で求めることができます.

シミュレータは便利な道具ですが，手計算による考えかたを知らずに闇雲に使ってはいけません．基本的な考えかたを理解したうえで，設計時間短縮のための道具として使うというスタンスが健全です．

● 初段の増幅回路の直流ゲインはいくつ？

差動増幅回路のゲインは，コレクタ抵抗R_5とJFETのg_mによって計算できます．CPH6901のg_mを3.8 mSとすると，差動増幅回路のゲインG_Dは次のとおりです．

$$G_D = g_m R_5$$
$$= 3.8 \times 10^{-3} \times 5.6 \times 10^3 ≒ 26.6 倍$$

● 2段目の増幅回路の直流ゲインはいくつ？

2段目のアンプはQ_4で構成されています．この負荷抵抗は，ヘッドホンのインピーダンスによって若干変動します．ヘッドホンのインピーダンスが十分に大きい場合は，Q_5のコレクタ抵抗とQ_4のコレクタ抵抗の並列抵抗が負荷抵抗です．

2SC4081のアーリー電圧V_Aは，SPICEモデルから約114Vです．Q_5のコレクタ-エミッタ間電圧V_{CE}は約10Vです．コレクタ電流I_Cは約1 mAです．これらの条件からQ_5のコレクタ抵抗$R_{C(Q5)}$を計算すると，

$$R_{C(Q5)} = \frac{V_A + V_{CE}}{I_C} = \frac{114 + 10}{1 \times 10^{-3}} ≒ 124 kΩ$$

Q_4に使われている2SA1576Aのアーリー電圧は，約51Vです．コレクタ-エミッタ間電圧もQ_5とほぼ同じですから，$R_{C(Q4)}$は次のようになります．

$$R_{C(Q4)} = \frac{51 + 10}{1 \times 10^{-3}} ≒ 61 kΩ$$

その並列抵抗R_C'は，次のとおりです．

$$R_C' ≒ 40.9 kΩ$$

したがって，2段目のアンプのゲインはエミッタ抵抗を4.3 kΩとすると，次のとおりです．

$$G_{2nd} ≒ \frac{40.9 \times 10^3}{4.3 \times 10^3} ≒ 9.5 倍$$

▶ アーリー電圧とは

ベース電流一定の条件で，トランジスタのコレクタ-エミッタ間電圧V_{CE}を変化させると，その変化にともなってコレクタ電流I_Cがわずかに変化します．

横軸がV_{CE}で，縦軸がI_Cとなっている$V_{CE} - I_C$特性図において，V_{CE}をV_{CE1}からV_{CE2}へ増加させたとき，I_Cは$+\Delta I_C$変化します．この正の傾き$+\Delta I_C$を特性図上で直線によって延長し，その直線がV_{CE}軸（横軸）と交差する点がアーリー電圧です．

アーリー電圧が高いほど，I_CがV_{CE}によって変化しにくいことを示しており，トランジスタのコレクタ出力抵抗が高い（理想的な電流源に近い）ことを示しています．ディスクリート・トランジスタのアーリー電圧は，おおむね20〜200Vです．

● オープン・ループの回路全体の直流ゲイン

このヘッドホン・アンプのオープン・ループ・ゲインは全体で，$26.6 \times 9.5 ≒ 253$倍になるはずです．デシベルで示すと約48 dBになると考えられます．この手計算の結果については，シミュレーションによって，あとで確認してみます．

■ 発振しにくくするテクニック「位相補償」をマスタしましょう

● 位相補償って何？

設計するヘッドホン・アンプは負帰還を施して使用するアンプです．負帰還アンプを設計するときに必ず考えなくてはならない大切な要素は，その安定性です．安定性（発振しにくさ）を担保する技術が位相補償です．

位相補償によって適切な位相余裕とゲイン余裕が確保されていないアンプは，負帰還を施したときに発振します．発振するアンプは使いものになりません．アンプの設計において，直流動作点を決めたあとは必ず位相補償を考えます．

● 方法

この回路は，オープン・ループ・ゲインが小さく，極分離による位相補償を行いにくい構成のため，古典的な手法によって位相補償を行います．

R_4とC_1は，初段の差動増幅回路のゲインを高域で減少させるための素子です．これにより高域のゲインを下げて1次遅れ特性を作ります．C_3とC_4は，2段目のアンプの高域ゲインを減少させるための素子です．R_4とC_1だけでも位相補償は可能なのですが，高域を若干減少させることでゲイン余裕を改善するために入れています．

オープン・ループ・ゲインを手計算で算出したのと同様に，極の周波数も手計算で算出できるのですが，本稿はLTspiceの活用法を紹介するものですから，ここでは手計算は前述のゲイン計算のみにして位相補償（周波数特性）はシミュレーションで行ってみることにします．

● 1段目の増幅回路に位相補償をかける

図3に，R_4を決定するためのシミュレーション回路を示します．C_1は，手持ちのコンデンサが使えるように1000 pFと決めておき，R_4によって位相補償量を決めるようにしました．一般にコンデンサよりも抵抗のほうが値の自由度が高いため，コンデンサの値を先に決め打ちしておいたほうが設計しやすいと思います．

▶ シミュレーション結果

R_4の値を1 kΩから10 kΩまで1 kΩステップで変更していった結果を図4に示します．1 kΩでは，若干過剰補償気味です．2 kΩ程度がちょうどよさそうで

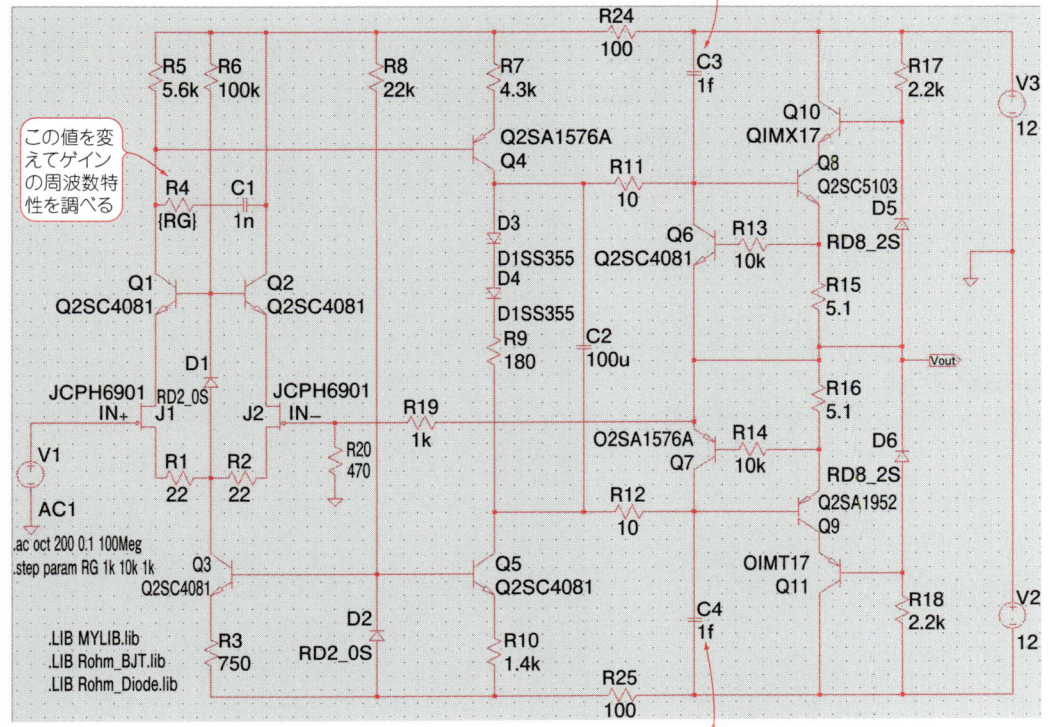

図3 R_4を決定するためのシミュレーション回路(J1-1-3.asc)

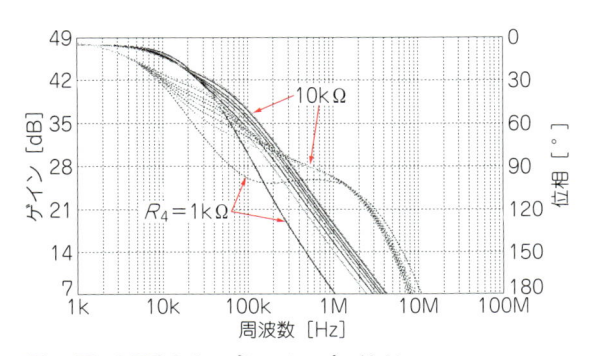

図4 図3の回路のオープン・ループ・ゲイン
R_4の値を1kΩから10kΩまで1kΩステップで変更したときのシミュレーション結果.

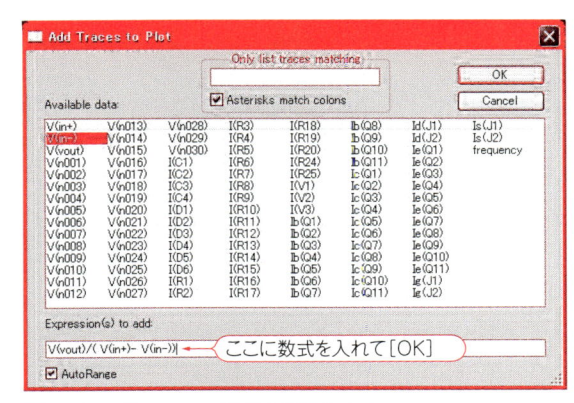

図5 オープン・ループ特性を表示させる
入力する数式は V(vout)/(V(in+)−V(in−)).

すから，抵抗値は1.5k～2.2kΩの範囲内で選ぶとよいでしょう．今回の回路は，C_3とC_4によっても高域ゲインを下げる予定ですから，抵抗値は少し大きめの2.2kΩにしました．

図4では，オープン・ループ特性を表示していますが，これは，グラフ・ウィンドウを右クリックし，図5のウィンドウ上で数式を入力することで表示させています．オープン・ループ・ゲインは平坦なところで約48dBですから，先ほどの手計算と一致しています．

● 2段目の増幅回路にも位相補償をかける

R_4の値を2.2kΩにしたので，次にC_3とC_4の値を決めます．シミュレーション回路は図3と同じですが，今度はC_3とC_4の値を(C_C)として，C_Cの値を変化させます．

C_3とC_4の値を5pFから35pFまで5pFステップで変化させてみました．図6の結果から，パルス応答にオーバーシュートが生じない条件になるのは，C_3とC_4が15pFのときです．C_3とC_4は15pFに決定します．

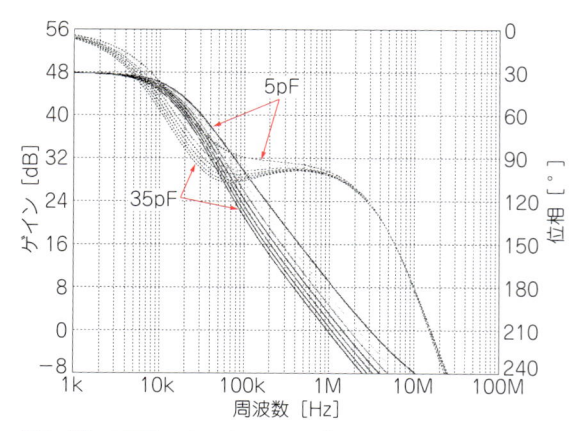

図6 図3の回路のオープン・ループ・ゲイン
C_3とC_4の値を5 pFから35 pFまで5 pFステップで変更したときのシミュレーション結果.

表1 過渡応答波形(パルス応答波形)は位相余裕とゲイン余裕によって変化する

位相余裕 [°]	ゲイン余裕 [dB]	ステップ応答波形
20	3	ひどいリンギング
30	5	多少のリンギング
45	7	応答時間が短い
60	10	一般的に適切な値
72	12	周波数特性にピークが出ない

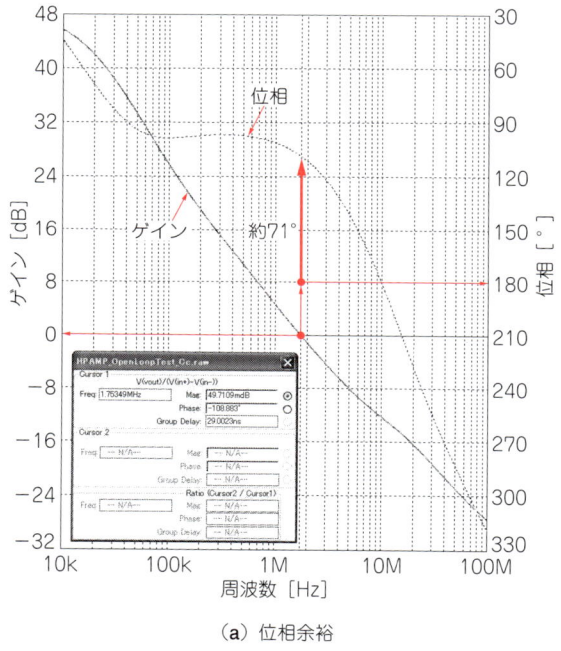

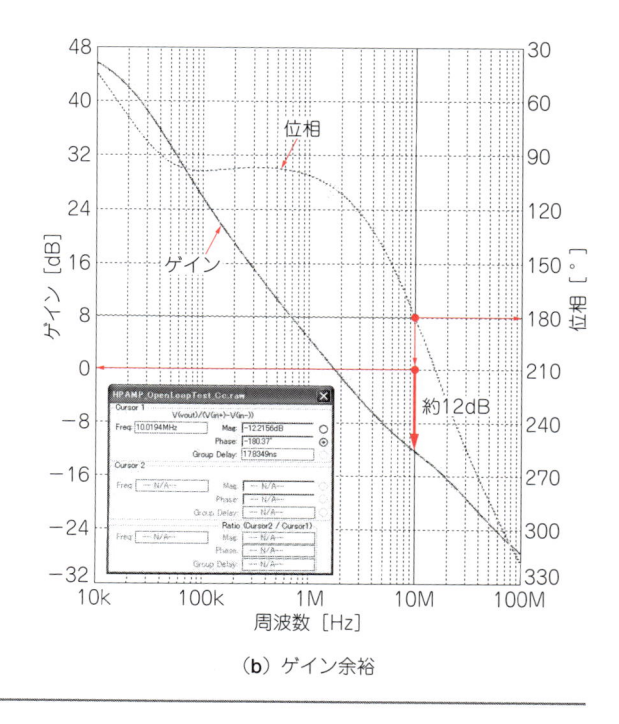

(a) 位相余裕

(b) ゲイン余裕

図7 位相補償対策後の位相余裕とゲイン余裕

● **仕上がりの位相余裕とゲイン余裕を確認する**

位相補償容量が決まったので,位相余裕とゲイン余裕をカーソルで読み取ってみました.

結果を図7(a),(b)に示します.位相余裕は図7(a)から約71°,ゲイン余裕は図7(b)から約12 dBです.位相余裕とゲイン余裕の間には,一般に表1のような関係がありますから,十分な安定性が確保されていることがわかります.

STEP 2 | ゲインの周波数特性から電源変動に対する強さまで
シミュレーションで仕上がり特性をチェック

　ここでは，設計したヘッドホン・アンプの特性をシミュレーションを利用して調べます．後出の図15に示すように，ヘッドホン・アンプ回路をいったんサブサーキット化し，評価項目ごとにテスト回路（テストベンチ）を作成して特性を一つずつ調べていきます．

設計したヘッドホン・アンプをサブサーキット化します

● 回路ファイルを作成する

　個別トランジスタで組まれた回路は複雑に見えるため，これをサブサーキット化してLTspiceに登録します．サブサーキット化する回路を図1に示します．

　PSRR改善用のコンデンサ（後出の図20，図21）を外付けできるようにCAP+とCAP-端子を［Bidirectional］で設定した以外は，OPアンプと同じように入出力ポートを接続しました．

　ポートをつけるときは，図2のようにメニュー・バーからラベルを選択します．図3に示すネット名を入れるウィンドウが開いたら，ポートの名前を入力します．［Port Type］には，入力なら［Input］，出力な

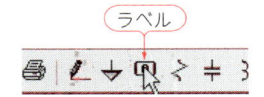

図2　サブサーキットの入出力ポートを追加する①
メニュー・バーからラベルを選ぶ．

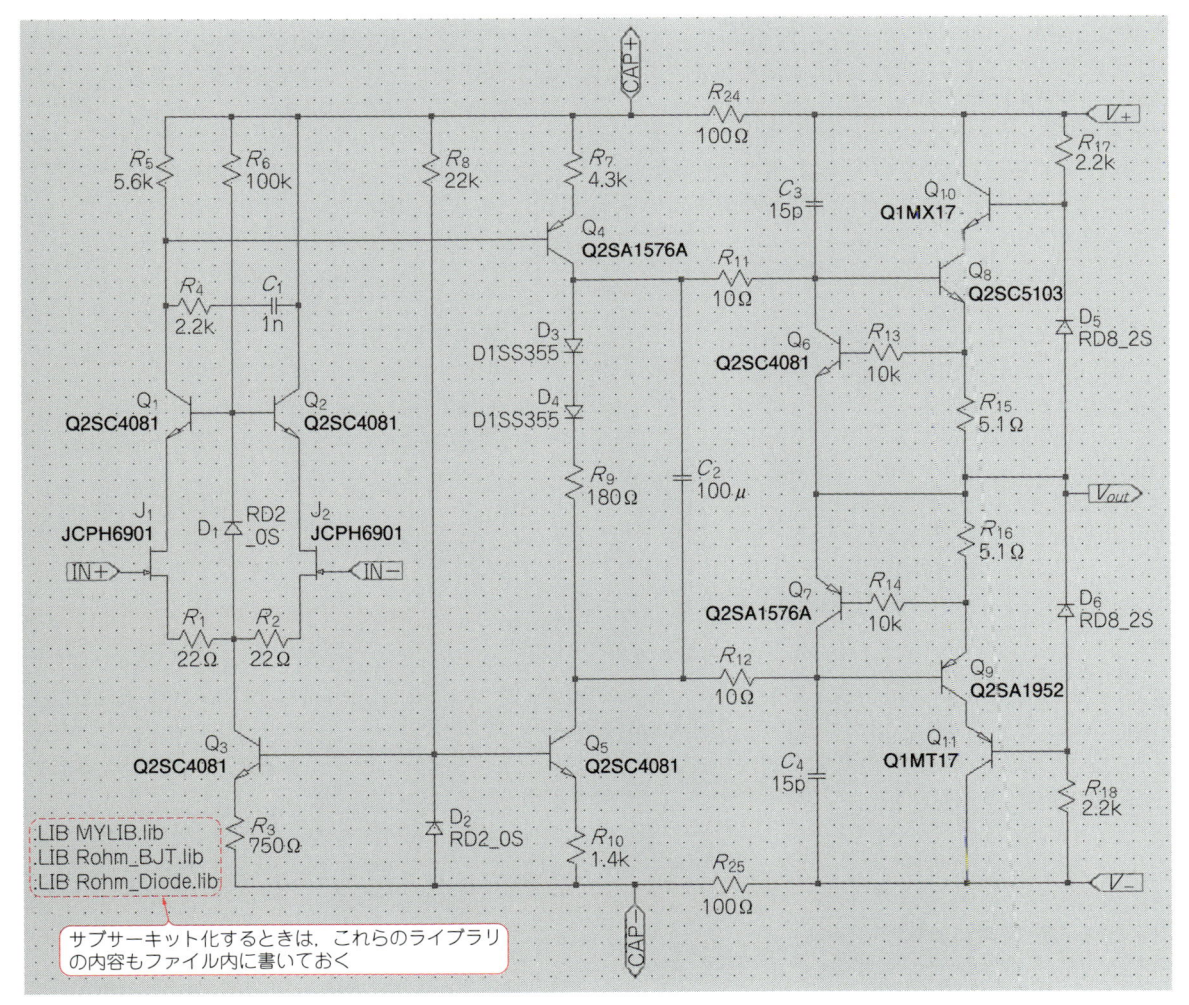

図1　設計したヘッドホン・アンプ回路をサブサーキット化する（J1-2-1.asc）

.LIB MYLIB.lib
.LIB Rohm_BJT.lib
.LIB Rohm_Diode.lib

サブサーキット化するときは，これらのライブラリの内容もファイル内に書いておく

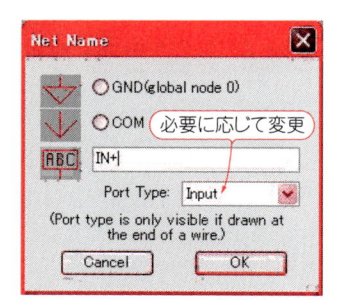

図3 サブサーキットの入出力ポートを追加する②
ポートの名前を入力する.

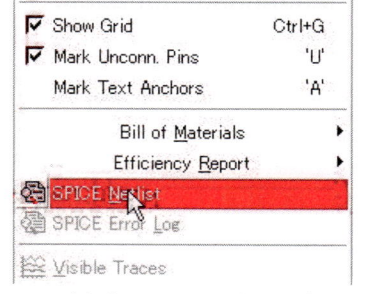

図4 SPICEネットリストを出力する
[メニュー] - [View] - [SPICE Netlist] を選択. 別ウィンドウが開いてネットリストが表示される.

(a) [SPICE Netlist] を選ぶ
(b) 図1のネットリストが表示される

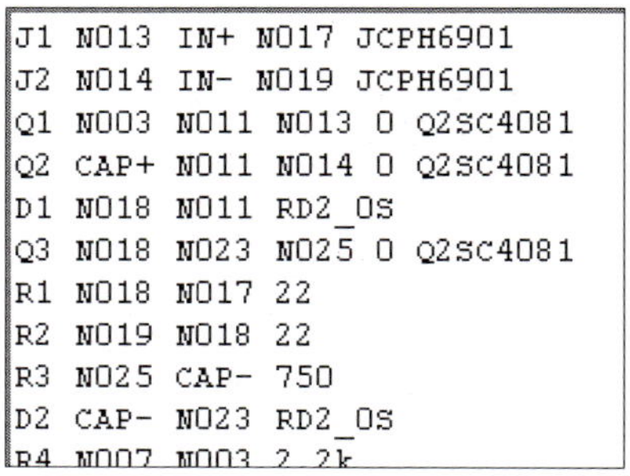

ら [Output], 双方向であれば [Bidirectional] を設定します. 単純に任意のネットに名前を付けたいだけなら [None] を選択しておきます.

● ネットリストを出力します

回路ファイルからSPICEネットリストを出力するときは, メニューの [View] から図4(a)のように [SPICE Netlist] を選択します. すると図4(b)のように別ウィンドウが開き, ネットリストが表示されるので, これをコピーしてテキスト・エディタに貼り付けます.

表示されているネットリストには, サブサーキットとしての定義が入っていないので, これをテキスト・エディタで入力します. 今回は,

.SUBCKT TRAGI_HPAMP IN+ IN - V+ V - CAP+ CAP- Vout

をネットリストの頭に記述します. 最後に,

.ENDS TRAGI_HPAMP

と記述しました.

＊

できあがった回路ファイルにTRAGI_HPAMP.modと名前を付け, ￥LTC￥LTspiceIV￥lib￥sub内に保存しました. 図1のようにある程度完成した回路は, デバイス・モデルの定義もサブサーキット・ファイル内にすべて記述しておくほうがよいでしょう. 具体的な記述方法は, 付属CD-ROM内のCD-Supplementで解説します.

● シンボルを定義します

サブサーキットを呼び出すためにシンボルを定義します. シンボルは, LTspiceが標準で持っているopamp2.asyをコピーし, 編集して作りました(図5).

シンボルにポートを追加する場合は, メニューの [Edit] から図6のように [Add Pin/Port] を選択します. すると, 図7のウィンドウが開くので [Label] 名を入力します.

図7の [Netlist Order] は重要です. ここに入力する値は, .SUBCKTで定義したポート名の順番を考慮して設定します. 例えば,

.SUBCKT TRAGI_HPAMP IN+ IN - V+ V - CAP+ CAP- Vout

という順番になっている場合は, [Netlist Order] は次の値にします.

IN+:1, IN-:2, V+:3, V-:4, CAP+:5, CAP-:6, Vout:7

図5 シンボルを用意してポートを割り付ける①
LTspiceの標準シンボル(opamp2.asy)をコピーして編集してシンボルを用意する.

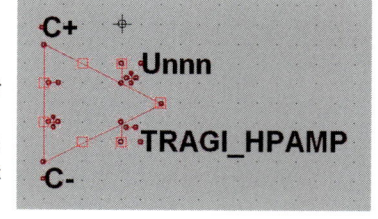

図6 シンボルを用意してポートを割り付ける②
[メニュー] - [Edit] - [Add Pin/Port] を選ぶ.

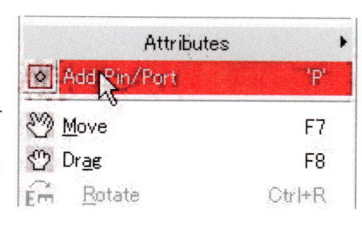

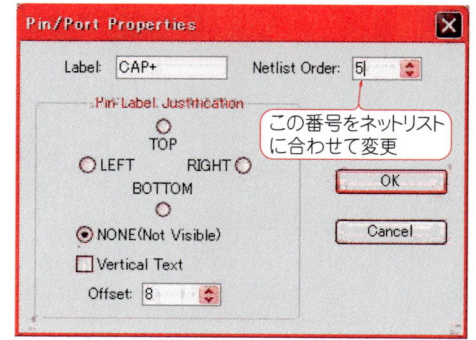

図7 シンボルを用意してポートを割り付ける③
[Label] 名を入力する. [Netlist Order] は.SUBCKTで定義したポート名の順番を考えて設定する.

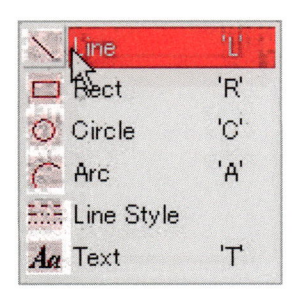

図8 シンボルを編集する①
シンボルの線を新たに描く．[メニュー] - [Draw] - [Line].

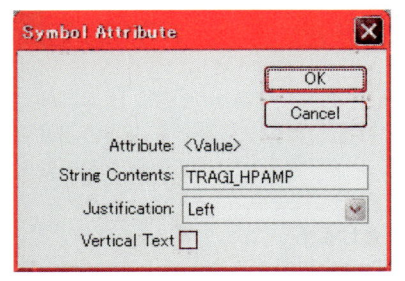

図9 シンボルを編集する②
デバイス名を変更する．デバイス名の上で左クリックして開くウィンドウで [String Contents :] を編集．

図10 サブサーキット・ファイルを呼び出してシンボルと関連付ける①
[Edit] - [Attributes] - [Edit Attributes].

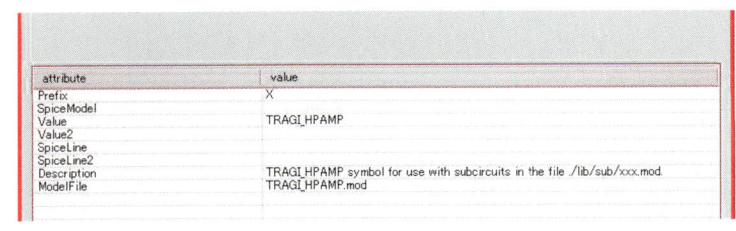

図11 サブサーキット・ファイルを呼び出してシンボルと関連付ける②
ModelFile に先ほど作成したサブサーキット・ファイルを指定．

図12 サブサーキット・ファイルを呼び出してシンボルと関連付ける③
LTspiceのサブ・フォルダ．ここにサブサーキット・ファイルがあればディレクトリ指定は不要．

▶ シンボルの編集

　シンボルの線を新たに描きたいときは，メニューの [Draw] を選択して図8のように [Line] を選択します．回路ファイルに表示されるデバイス名を変更したいときは，デバイス名の上で左クリックすることで開く，図9のウィンドウで，[String Contents :] を編集します．

● サブサーキット・ファイルを呼び出してシンボルと関連付けます

　回路図シンボルが完成したら最後に，アトリビュートの設定を行います．図10のように [Edit] - [Attributes] - [Edit Attributes] を選択すると，図11のウィンドウが開くので，[ModelFile] として先ほど作成したサブサーキット・ファイルを指定します．図12のように，LTspiceのサブフォルダにサブサーキット・ファイルが置かれていれば，ディレクトリを指定する必要はありません．ファイル名だけを記載しておけばOKです．

● 回路図エディタ上でサブサーキットを呼び出します

　回路図エディタ上で部品選択ウィンドウを開き，作成したシンボル・ファイル(.asy)を選択します．私が

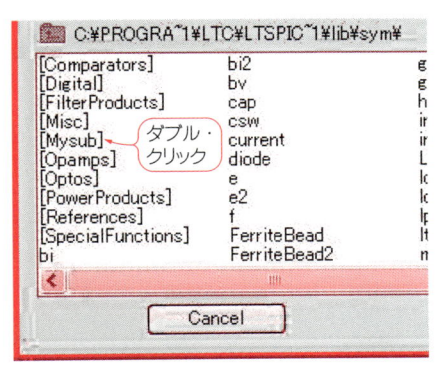

図13 回路図エディタ上でサブサーキットを呼び出す①
回路図エディタ上で部品選択ウィンドウを開いて [Mysub] に移動する．

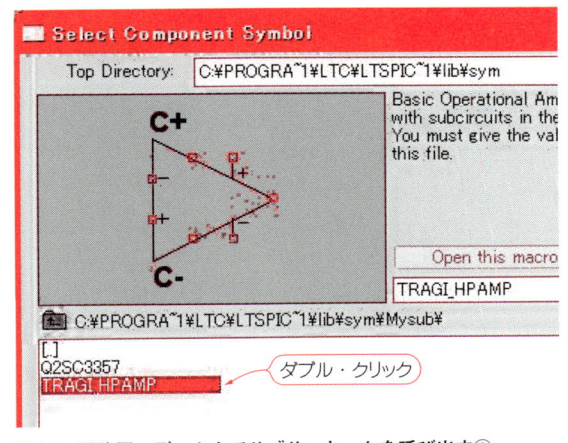

図14 回路図エディタ上でサブサーキットを呼び出す②
[Mysub] で [TRAGI_HPAMP] を選ぶ．

設計したヘッドホン・アンプをサブサーキット化します

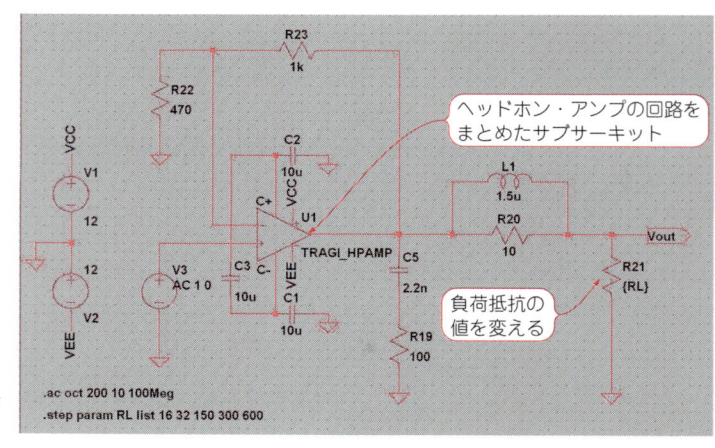

図15 オーディオ帯域（20 Hz ～ 20 kHz）でゲインが確保されているか調べる評価回路（J1-2-15.asc）

作ったシンボルは［Mysub］という名前を付けたフォルダに入れました．図13のウィンドウを開いて［Mysub］に移動します．［Mysub］に移動すると［TRAGI_HPAMP］が見えるので，図14のようにこれを選択して［OK］を押すと回路エディタ上に配置できます．

20Hz ～ 20kHzでゲインが確保されているかどうか調べます

● 負荷抵抗を変えながらゲインの周波数特性を調べます

設計したアンプのゲイン-周波数特性を確認することで，オーディオ信号に必要な周波数帯域（一般に20 Hz ～ 20 kHz）で増幅できるかどうかを確認します．

図15に示すのは，負荷抵抗が変化したときのゲイン-周波数特性の変化を調べるために作成したテストベンチです．PSRR改善用のコンデンサC_1 ～ C_3は，今のところは仮置きで，すべて10 µFに設定してあります．

シミュレーション結果を図16に示します．負荷抵抗が150 Ω以上であればゲインの変化はあまりありませんが，16 Ωや32 Ωのヘッドホンを接続するとゲインが減少します．減少したとしても，6 dB程度のゲインは確保できていますから実用上問題にはならないでしょう．カーソルで読み取った各負荷抵抗時のゲインは，次の通りです．

16 Ω：5.7 dB，32 Ω：7.5 dB，150 Ω：9.3 dB，300 Ω：9.5 dB，600 Ω：9.7 dB

発振しないように回路を追加して定数を最適化します

● ゲイン周波数特性のピークと発振のしやすさの間には深い関係があります

アンプのゲイン-周波数特性に大きなピークが生じていると発振の危険があります．許容できるピークは最大でも5 dB程度であり，できれば3 dB以下に抑えるべきです．さまざまな負荷が接続された時の周波数特性の状態をシミュレーションで確認することで安定性がわかります．

● インダクタンス負荷に対する安定度を高めます

C_5とR_{19}は，負荷がインダクタンスとなったときの安定性を確保するための追加回路（ゾベル・ネットワーク Zobel）です．C_5は，過去の設計例から2200 pF程度の値を使うことが多いため，この値にしました．アンプがドライブする容量として，1000 p ～ 4700 pFが妥当ですから，この範囲内で容量を選んでおけば問題ないと思います．ここで直列に接続する抵抗値を変化させて周波数特性を確認します．

抵抗値R_Cを，33 Ω，47 Ω，100 Ω，220 Ω，330 Ωと変化させてみました．シミュレーション回路を図17に，結果を図18に示します．330 Ω程度の抵抗としたときの特性が，ピークも少なく位相特性も自然に変化しているので，R_{19}には330 Ωを使うことにしました．

● 容量性負荷に対する安定度を高めます

LR並列回路は，容量性負荷への対策です．

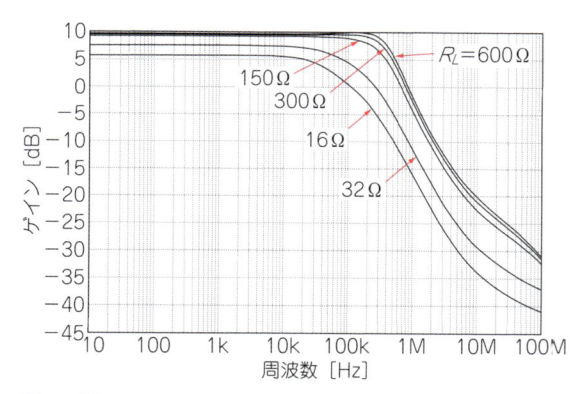

図16 図15のヘッドホン・アンプ回路のゲイン周波数特性

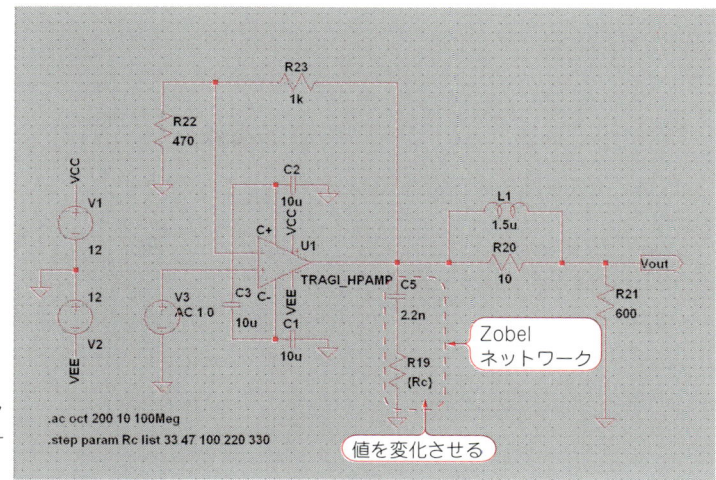

図17 インダクタンス負荷時の安定化回路（ゾベル・ネットワーク）の抵抗 R_{19} の最適値を決める（J1-2-17.asc）

L_1 には，空芯コイルとして実現の容易な値として 1.5 μH を使用します．並列抵抗としては既存の設計例から引用して 10 Ω にしました．この抵抗値はシビアではありませんから，数Ω〜22Ω で良いと思います．最適化するには，容量性負荷を接続して抵抗値をステップで変化させ特性変化を調べるとよいでしょう．ここでは，この最適化は省略しています．

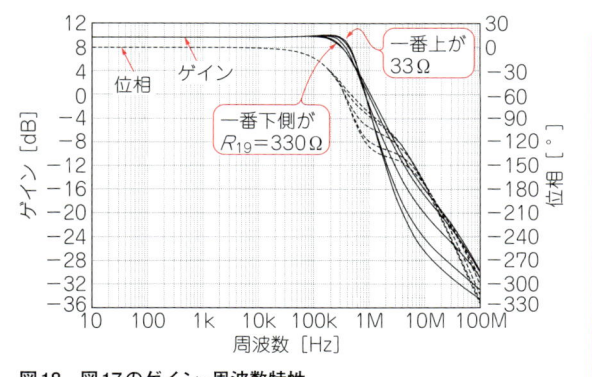

● 定数決定後の特性を確認します

回路定数が決まったら，いろいろな負荷条件でゲイン-周波数特性を確認します．結果を図19に示します．(a)のグラフは，負荷抵抗を 16 Ω から 600 Ω まで変化させた特性です．(b)は，容量性負荷として 0.01 μF が接続されたときの特性であり，(c)は，誘導性負荷として 10 mH が接続されたときの特性です．

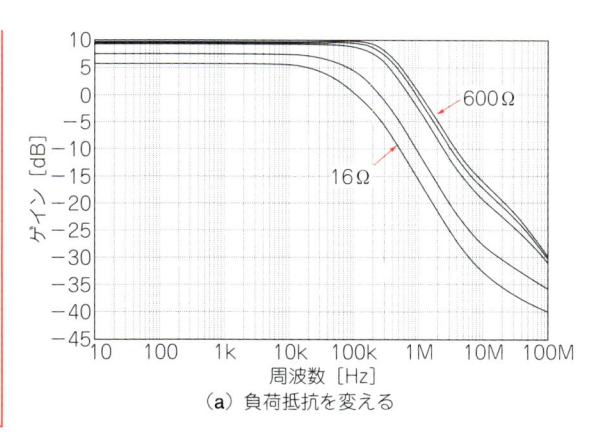

図18 図17のゲイン-周波数特性
R_{19} ＝ 330 Ω のときピークも少なく位相特性も自然．

(a) 負荷抵抗を変える

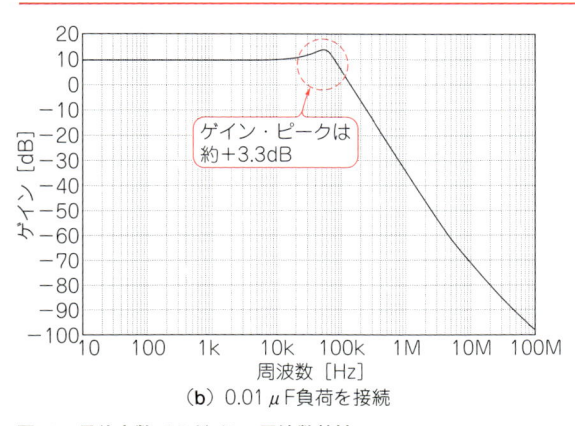

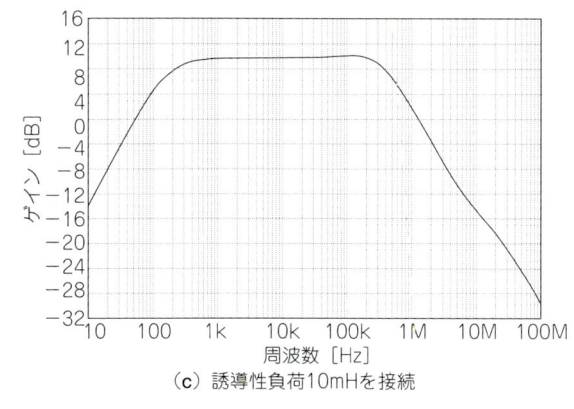

(b) 0.01 μF 負荷を接続

(c) 誘導性負荷 10mH を接続

図19 最終定数でのゲイン-周波数特性
負荷抵抗を 16 〜 600 Ω で変化させて確認．容量性負荷のときに約 3.3 dB のピークが出るがヘッドホン・アンプ用としては問題ない．

容量性負荷のときに約3.3 dBのピークが生じていますが，ヘッドホン・アンプとして正常な範囲です．

電源の変動が出力から漏れ出てしまう量PSRRを調べます

● 電源ノイズを除去する能力と出力されるノイズの関係は？

　電源にはノイズが含まれていることがあります．電源ノイズに対する耐性を示す特性(PSRR)が低いと，アンプの出力ノイズとして電源ノイズの影響が現れます．PSRRは，電源ノイズの減衰量を示す能力と考えることもできます．

　電源ノイズは，PSRR分だけ減衰してアンプの入力に加わります．入力に加わった電源ノイズは，増幅されて出力ノイズになります．PSRRは大きいに越したことはなく，シミュレーションの結果性能が悪いことがわかった場合は，ノイズの小さい電源を使います．アンプを設計する立場としては，可能な限りPSRRが大きくなる工夫を施すべきでしょう．

● 正電源-負電源間のコンデンサの効果を調べます

　図20に示す回路で，正電源側と負電源側のそれぞれにノイズが乗っているときのPSRR特性を調べます．C_3の容量を1fF，1μF，10μFと変化させます．

　PSRRを図21に示します．C_3の容量を10μFにすると，オーディオ帯域でのPSRRが改善できます．そこで，C_3には10μFを使用することにします．負電源側も正電源側も同じような傾向を示しています．

● 正電源-グラウンド間，負電源-グラウンド間のコンデンサの効果を調べます

　図22の回路で，同相ノイズの除去性能も調べてみました．C_1とC_2がPSRRに与える影響も調べるため，1fF，0.1μF，1μF，10μFと変化させました．結果を図23に示します．

　オーディオ帯域内の特性を見る限りは，このコンデンサは接続しないほうが良さそうです．しかし15 kHz以上の帯域では，コンデンサが入っているほうがPSRRは改善されます．電源電圧変動が入力段へ回り込むことによる発振やRFI(Radio Frequency Interference)などを考慮して，0.1μFのコンデンサ

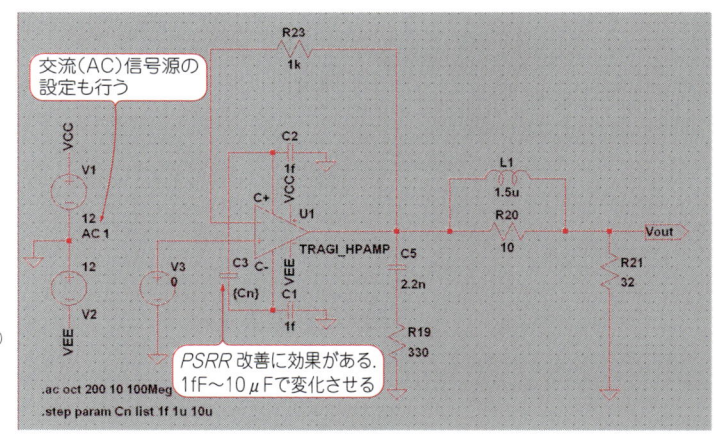

図20　電源変動を出力させない能力を調べる評価回路①
(J1-2-20.asc)
V_{CC}とV_{EE}の間のコンデンサC_3の効果を調べる．C_5，R_{19}，L_1，R_{20}の値は最終．

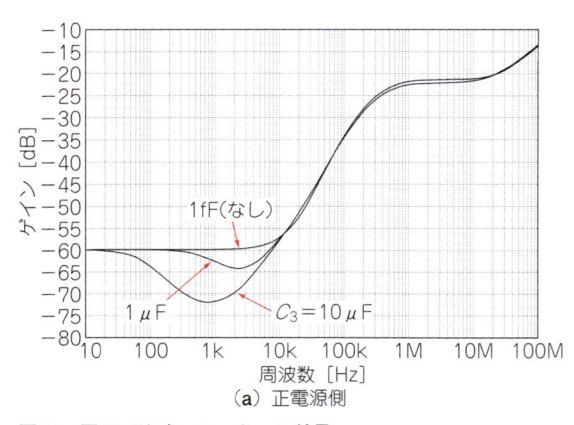

(a) 正電源側

(b) 負電源側

図21　図20のシミュレーション結果
$C_3 = 10$ μFのときオーディオ帯域全域でPSRRが改善される．

第3章　オーディオ・アンプ回路の設計

図22 電源変動を出力させない能力を調べる評価回路②(J1-2-22.asc)
V_{CC}およびV_{EE}とグラウンド間のコンデンサC_1, C_2の効果を調べる. C_5, R_{19}, L_1, R_{20}の値は最終.

を接続しました.

● 電源に1mVのノイズがある場合にスピーカに出力される雑音レベルはどのくらい?

シミュレーションの結果, PSRRはオーディオ周波数帯で60〜50dBであることがわかりました. 1mVの電源ノイズがある場合, 約3.2μVの入力ノイズとなって現れます. アンプのゲインを約3倍とすると, 出力ノイズは約10μVです. ヘッドホンのインピーダンスが300Ωで, その感度が100dB/mWならば, 出力音圧は次のようになります.

$10\,\mu V @ R_L = 300\,\Omega$ → 電力は約0.33pW(出力音圧レベルは約5.2dBSPL)

可聴しきい値を0dBSPLと考えれば, 通常の音楽聴取環境ではノイズを意識できないレベルです. このように, PSRRをもとに電源に必要な雑音性能を検討できます.

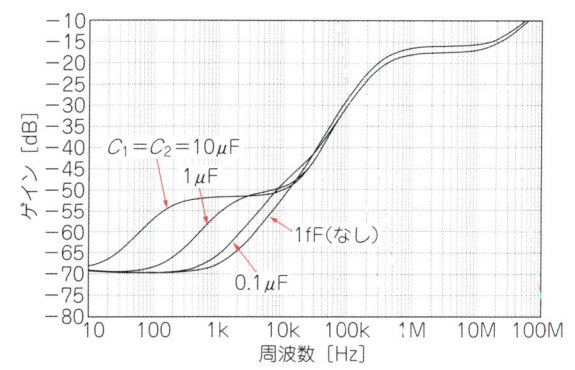

図23 図22のC_1とC_2を変えながらPSRRを調べた結果
15kHz以上ではコンデンサがあればPSRRが改善される.

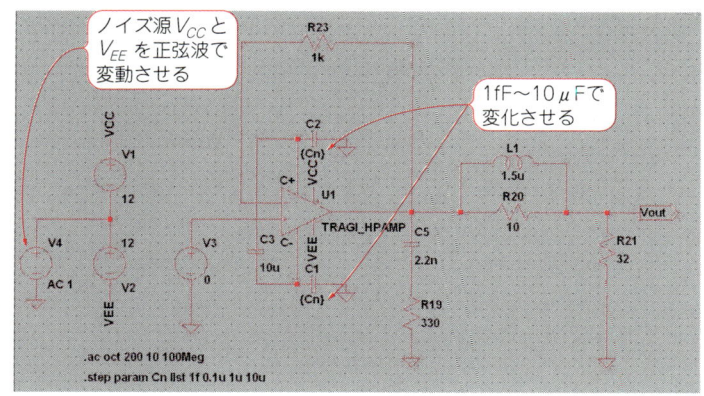

パルス応答を調べます

● AC解析では見つけられない過渡的なふるまいを調べます

図24の回路でパルス応答特性を調べます.

パルス応答特性を調べると, AC解析による位相余裕とゲイン余裕の検証で見逃しているトランジスタの過渡応答時の挙動を調べることができます.

シミュレーション結果を図25に示します. ゲイン-周波数特性のシミュレーション(図16)からわかるように, 負荷抵抗が小さくなると周波数帯域が狭くなります. その影響で, パルス応答も鈍っているようです. 負荷抵抗が300Ω以上の場合, オーバーシュートやアンダーシュートが見られますが, 動作に問題が生じるレベルではありません. 負荷抵抗150Ωのときのパルス応答はとても良好です.

● AC解析だけでは安定かどうか調べることができません

安定動作かどうかを見逃すのには理由があります. SPICE系シミュレータでは, AC解析と過渡解析で演算手法が異なります. AC解析は, 直流動作点解析を行った後, 各デバイスの交流等価回路パラメータを算出し, このパラメータに基づいて回路網の伝達関数を解きます. 手計算でいうならばラプラス変換式をもとに定常状態での周波数特性を求めていると考えることができます. 注意してほしいのは, 「定常状態」での周波数特性を求めているということです. トランジスタの動作点がダイナミックに変わるときの周波数特性までは, AC解析では知ることができません.

過渡解析の場合, 直流動作点という概念は, 微分方程式を解くときの初期値の設定程度にしか使用しません. 各部の電位が変化した時の特性を手計算で微分方程式を解くように計算します. したがって, 信号振幅によってトランジスタが飽和したり, 交流等価回路パラメータが変化したときのようすを見ることができます. これによって, AC解析ではわからなかった過渡応答時の発振など, 不安定要素を見つけることができるのです.

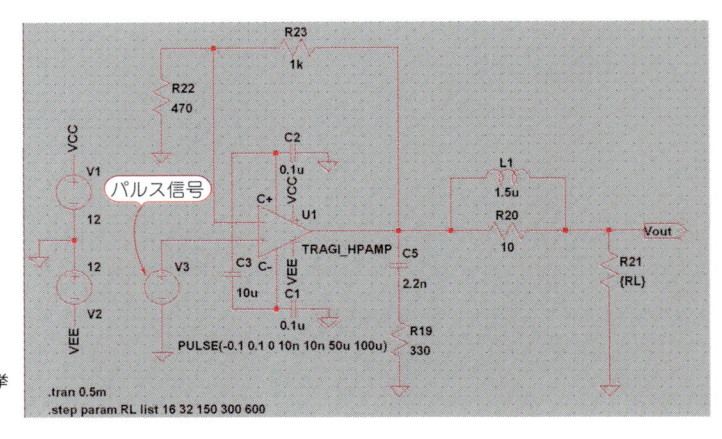

図24
過渡応答特性を調べる評価回路(J1-2-24.asc)
AC解析では見つからないトランジスタの過渡応答時の挙動がわかる.

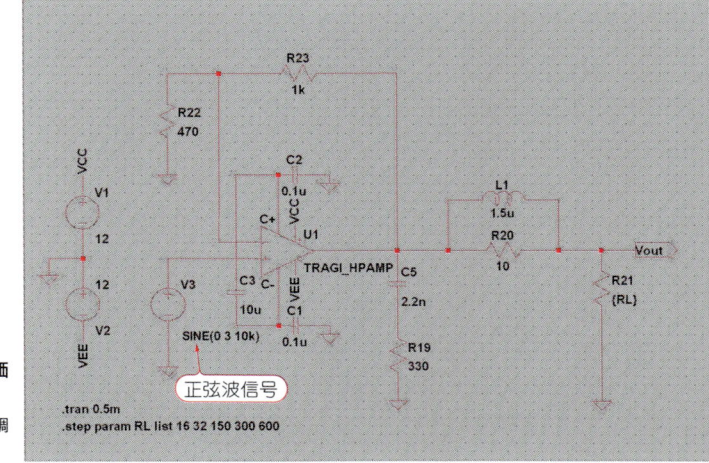

図26
アンプが飽和したときのリカバリ特性を調べる評価回路(J1-2-26.asc)
トランジスタの飽和によって発振などが起こらないかを調べる.

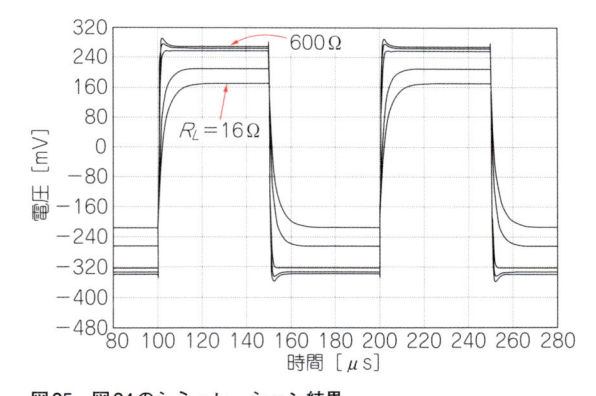

図25 図24のシミュレーション結果
負荷抵抗が小さいとパルス応答が鈍る. 負荷抵抗が150Ωのとき波形が一番良好.

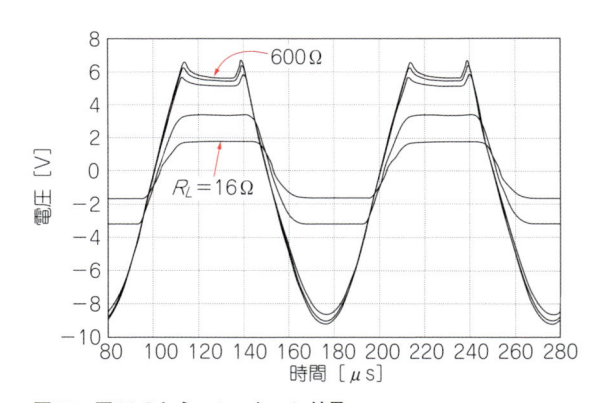

図27 図26のシミュレーション結果
負荷抵抗が高くなると波形にツノが出るが, 発振しているわけではないのでOK.

アンプが飽和したときの挙動を調べます

過渡解析を使って, アンプが飽和したときのリカバリ特性を調べます. 理由は, パルス応答特性を調べるのと同じです. トランジスタが飽和することでアンプが不安定になり, 発振などが起こらないかを調べるためです.

図26に示す回路でシミュレーションしました. 結果は図27のとおりです. 負荷抵抗が高くなると, 波形にツノが出ていますが, 発振しているわけではないため問題ないと判断します.

STEP 3 シミュレーションどおりに動いてくれるか？
実際に組み立てて特性を測る

こんな回路を手作りしました

STEP1とSTE2で設計したヘッドホン・アンプを手作りして特性を評価しました．シミュレーションに使用したトランジスタは表面実装部品ばかりですが，手持ちがなかったため，リード付き部品に置き換えました．試作した回路図を**図1**に，試作基板を**写真1**に示します．

半固定抵抗器(VR_1)は，オフセット電圧調整用です．元の回路では差動増幅回路でオフセット電圧を調整していますが，CMRRを考慮すると差動回路のバランスをくずすのは好ましくないため，この箇所でオフセット電圧調整を行います．回路を組み立てた後，ディジタル・マルチメータを使って調整します．入力端子をグラウンドにショートした状態で出力オフセット電圧が±1mV以下となるようにVR_1を調整しました．

写真1 試作したヘッドホン・アンプ基板

VR_1には多回転型半固定抵抗を使った方がオフセット電圧を最小値に追い込みやすいです．

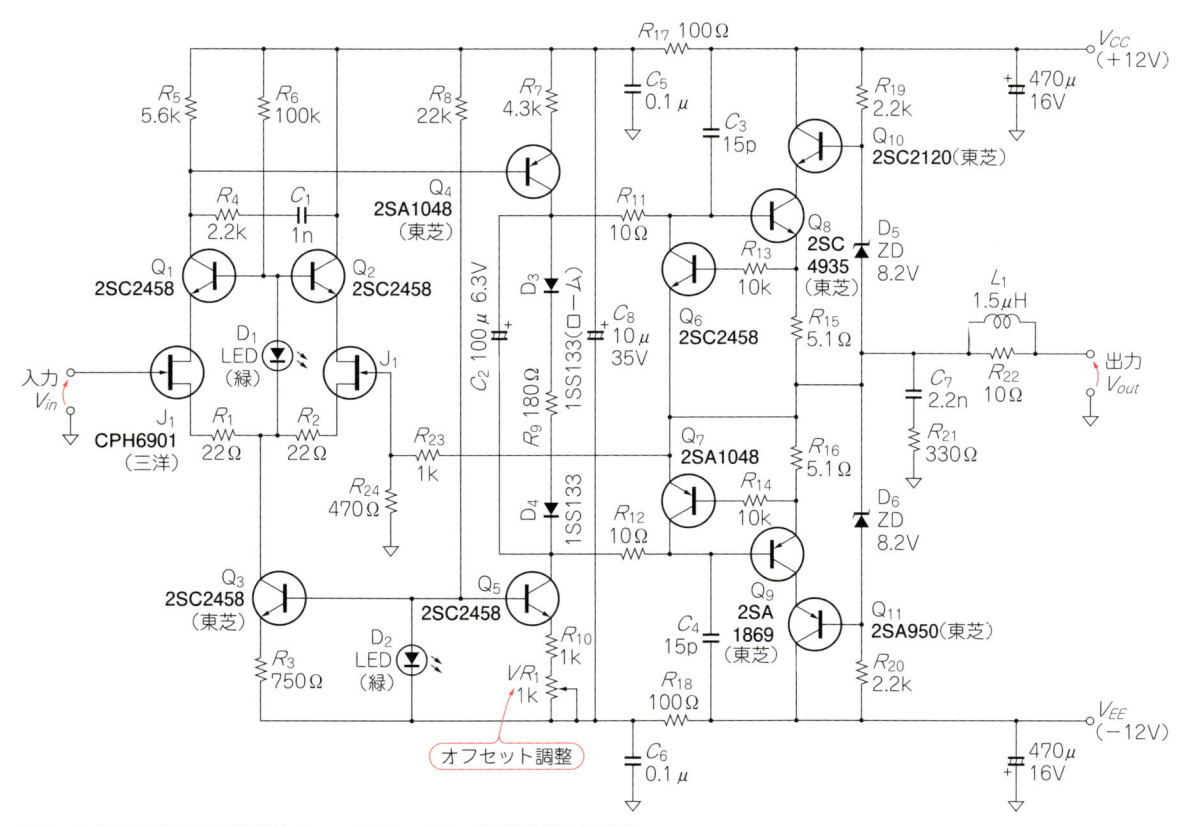

図1 STEP1とSTEP2で設計したヘッドホン・アンプ回路を手作りする

特性を調べます

● ゲイン

図2に示します．フラットな周波数領域でのゲインは，15 Ω負荷で約5.3 dB，620 Ω負荷で約9.7 dBでした．シミュレーションと比較すると15 Ω負荷でのゲインが少し低いようですが，特性の傾向は同じです．

● −3 dB遮断周波数

同じく図2から，15 Ω負荷で約54 kHz，620 Ω負荷で約464 kHzです．シミュレーションでは，16 Ω負荷で約55 kHz，600 Ω負荷で約406 kHzでした．高抵抗負荷の場合の遮断周波数に違いが出ていますが，この特性もおおむねシミュレーションどおりと考えてよいでしょう．高抵抗負荷で，約0.1 dBくらいのピークが生じているのはシミュレーションでも確認できていましたが，実測でも同じでした．

● ひずみ特性

図3に示します．33 Ω負荷のときは，電流制限回路の影響からか，ひずみ率が悪いです．150 Ω負荷や620 Ω負荷のときの特性が，このアンプの実力と考えてよいでしょう．一般的な視聴時の出力電力（約1 mW）のひずみ率がもっとも良くなっています．

このひずみ率特性から考えると，このヘッドホン・

Column　同相の入力信号を除去する能力 CMRR

CMRRは，高い同相雑音除去性能が求められる差動入力型アンプ（計装アンプなど）で重視される性能指標で，アンプの＋入力と−入力に加わった同相雑音を減衰させる能力です．

図Aに示すのは，ここで紹介したヘッドホン・アンプのCMRRのシミュレーション結果です．オーディオ帯域内のCMRRは約45 dBですから，OPアンプICと比べるとあまり良いとは言えず，このアンプの同相ノイズの除去能力はあまり期待できません．ヘッドホン・アンプの入力には大きな同相雑音が重畳しないように配線に工夫が必要なことがわかります．

トランジスタのベース-エミッタ間電圧 V_{BE} は温度依存性をもっており，入力インピーダンスが温度によって変化します．図Bに示す回路で確かめてみましょう．シミュレーションした結果を図Cに示します．温度依存性を改善するには，カレント・ミラー回路の電流値を定電圧源で固定します．図Dと図Eにシミュレーション結果を示します．図Cより図Eの方が$|S_{11}|$の温度変動が少なくなっています．実際の回路であれば，定電圧源としてRCフィルタにより

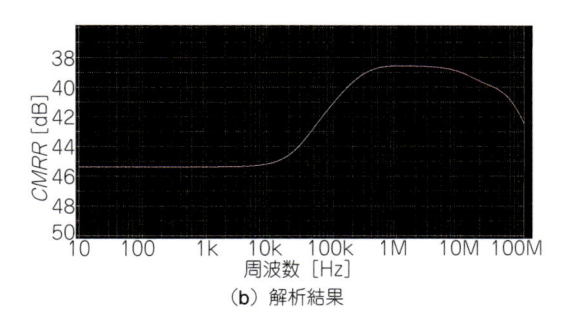

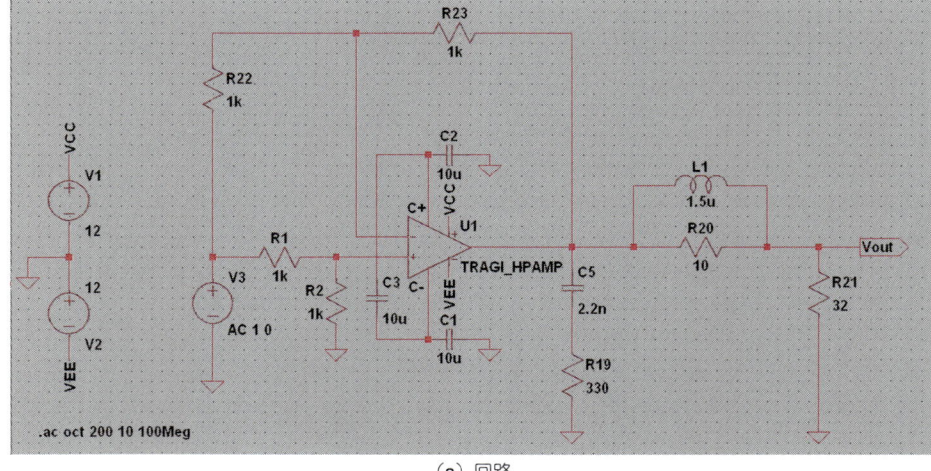

(b) 解析結果

図A
ヘッドホン・アンプのCMRR特性はあまり良くない

(a) 回路

アンプは，16Ωや32Ωといった普及タイプのヘッドホンよりも，むしろプロ・ユースの少しインピーダンスの高いヘッドホンに適しています．

SEPP（Single Ended Push-Pull）と呼ばれる古典的な回路構成から想像はしていたのですが，一世代前の平凡なアンプの性能であると言わざるをえません．世間でこのアンプの音質がもてはやされているのは，実際のA-S2000のように±60 Vの回路にするともっと性能が良くなるのかもしれません．あるいは，大切な

図2
図1に示した回路のゲイン-周波数特性(実測)
ゲインは15Ω負荷時約5.3 dB，620Ω負荷時約9.7 dB．−3 dB遮断周波数は15Ω負荷時約54 kHz，620Ω負荷時約464 kHz．

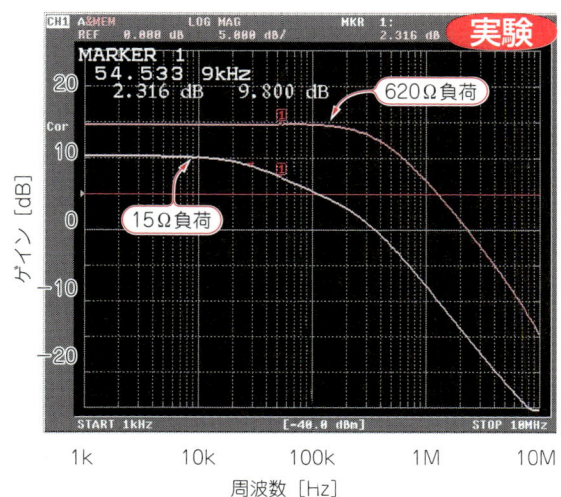

雑音を低減化させたバンドギャップ・リファレンス回路などを使うとよいでしょう．

直流帰還と交流帰還を併用し基準電圧源によりバイアス電流の安定化を行なった回路は特許登録されており，現在も権利が継続しています．第15章p.139

の参考文献(1)参照．本章で示したアクティブ・バイアスと交流負帰還の併用は，既知の技術ですから特許回避できていると思いますが（弁理士に相談したわけではない），この回路に基準電圧源を追加すると特許権に抵触するかもしれません．

アクティブ・バイアスと交流負帰還の併用を示した本章の回路について，私自身は特許出願していませんので，他社の知的財産権を調査のうえでお使いください．

図B トランジスタの温度特性の影響を受けやすいアンプ回路の例(J1-2-B.asc)

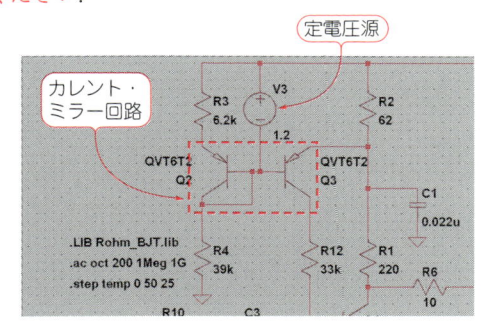

図D カレント・ミラー回路に工夫をして温度特性を改善する(J1-2-D.asc)

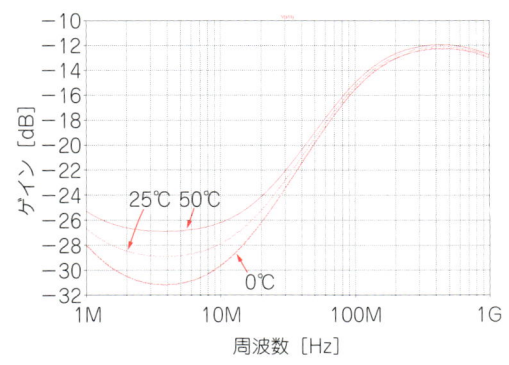

図C 図Bのゲインの温度特性

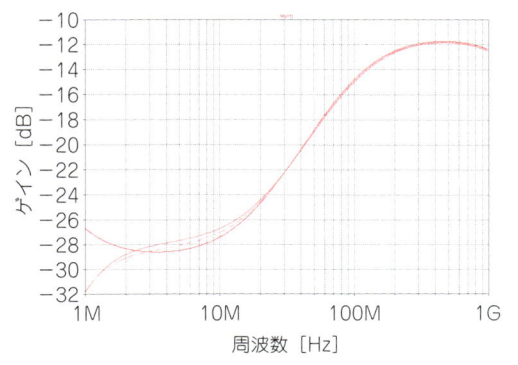

図E 対策後のゲインの温度特性

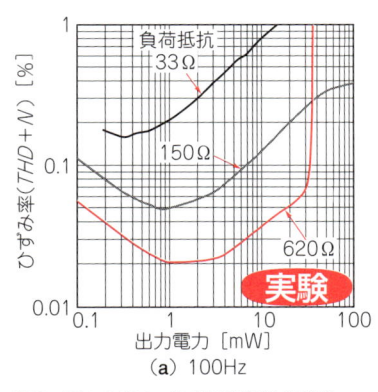

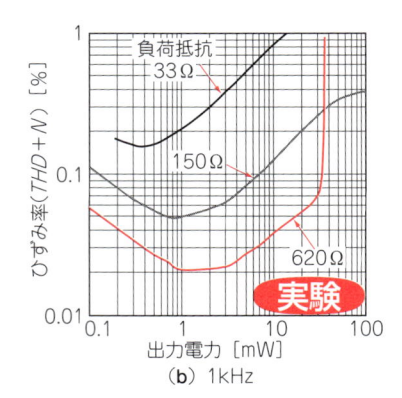

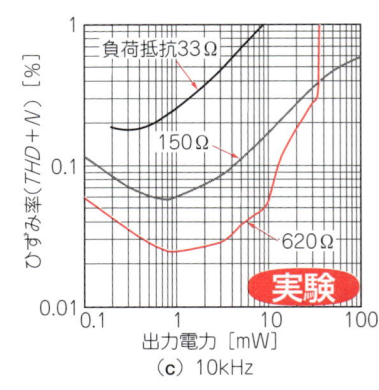

図3 図1の出力-ひずみ率特性（実測）
33Ω負荷のときはひずみ率が悪い．150～620Ω負荷で使うのがいい．

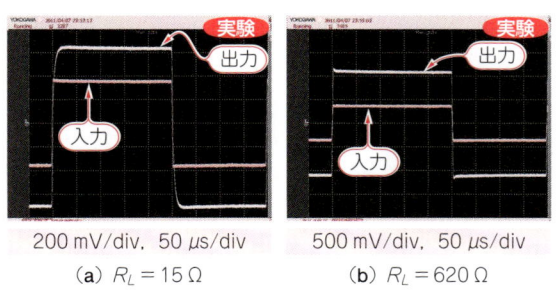

図4 図1のパルス応答特性（実測）
620Ω負荷のときオーバーシュートが見られる．

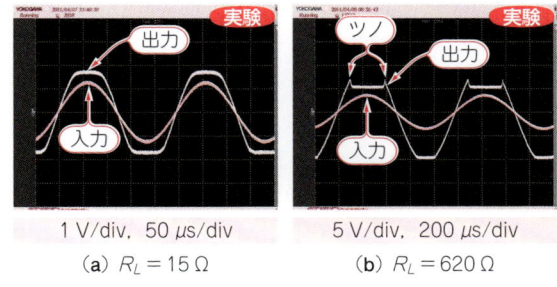

図5 図1の出力飽和時の波形
高抵抗負荷でツノが出る．

のはパルス応答特性や位相特性であって，$THD+N$特性は主観的な音質にはそれほど影響しないからなのかもしれません．この答えは，実際のA-S2000のヘッドホン・アンプの物理特性を測定してみればおのずとわかるでしょう．

● パルス応答

図4に示します．620Ω負荷でパルス応答特性に若干のオーバーシュートやアンダーシュートが見られるのは，シミュレーションでも確認できています．

● 出力が飽和したときの波形

図5に示します．高抵抗負荷でツノが出るというシミュレーションで確認できていた現象が実測でも再現されています．

*

以上の実験結果はシミュレーションと比較的よく一致しています．無駄なカット＆トライをしないでシミュレーションで事前に検証した甲斐がありました．今回の試作は片チャネル分しか行いませんでしたが，プリント基板化するときには，左右のチャネル分を組み込んでチャネル・セパレーション（右チャネルと左チャネルの干渉の度合い）なども評価し，実際にヘッドホンを鳴らして音質も確認してみたいです．

（初出：「トランジスタ技術」2011年6月号　特集）

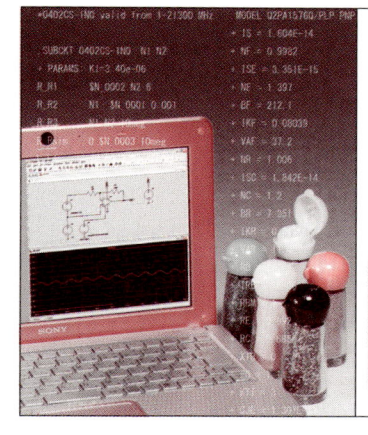

第4章 D-Aコンバータの周辺回路を例に
電流-電圧変換とフィルタリングの技術

川田 章弘

本章では，ディジタル信号をアナログ信号に変換するIC D-Aコンバータの周辺回路の設計にシミュレーションを生かす方法を紹介します．本章は次のSTEPで構成されています．STEP1 D-Aコンバータ用の電流-電圧変換回路の設計，STEP2 オーディオD-Aコンバータ用ロー・パス・フィルタの設計

STEP 1 ディジタル信号をアナログ信号に変換するICと組み合わせる D-Aコンバータ用の電流-電圧変換回路の設計

● カットオフ周波数100kHzのI-V変換回路の定数を手計算で求める

図1に示すのは，電流を電圧に変換する典型的な回路（I-V変換回路）です．低周波の電流-電圧変換でよく使われています．－3dB遮断周波数はRCフィルタの特性と同じです．

フォト・ダイオード用のI-V変換回路では，パルス応答特性と安定性を考慮して，図2のような計算によって位相補償コンデンサの値を決めます．

オーディオ用のD-Aコンバータの場合，なぜか出力電流源の並列容量C_Dが記載されていないことが多いため，図2のような計算によってコンデンサを最適化することができません．－3dB遮断周波数によってコンデンサの値を決めることが一般的なようです．

▶定数の決めかた

ここでは，オーディオ用のD-AコンバータPCM1795（テキサス・インスツルメンツ）に使うI-V変換回路を想定して，図3のような手順で定数を決めました．

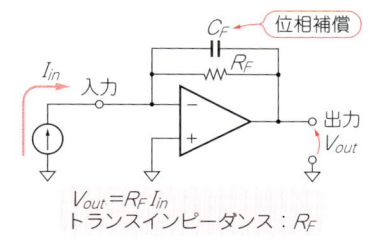

● シミュレーションでゲインと群遅延の周波数特性を調べます

図4にシミュレーション回路を示します．ゲイン-周波数特性と群遅延特性をシミュレーションした結果を図5に示します．

図3に示した設計から，トランスインピーダンスは820Ωですから，トランスインピーダンス・ゲインGは次のとおりです．

$$G = 20 \log(820) = 58.276 \text{ dB}$$

図5の結果から，フラットな周波数帯域でのトランスインピーダンス・ゲインは58.276dBであり，設計

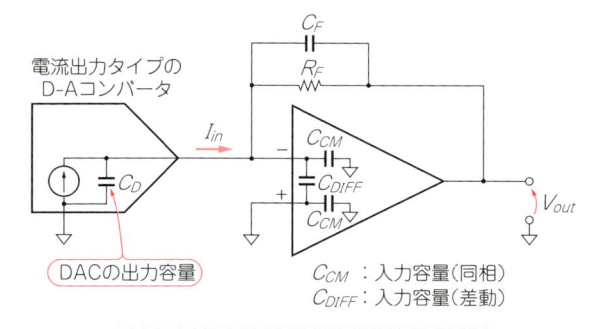

図1 OPアンプを使った代表的なI-V変換回路（トランスインピーダンス・アンプ）

$V_{out} = R_F I_{in}$
トランスインピーダンス：R_F

トランスインピーダンスR_Fは，
$$R_F = \frac{V_{out}}{I_{in}}$$
より求める．C_Fは次式で求める．
$$C_{in} = C_D + C_{DIFF} + C_{CM}$$
とすると，次のようになる．
$$C_F = \sqrt{\frac{C_{in}}{\pi GBW R_F}}$$
ただし，GBW：OPアンプのゲイン帯域幅積

C_{CM}：入力容量（同相）
C_{DIFF}：入力容量（差動）

図2 I-V変換回路の一般的な設計法

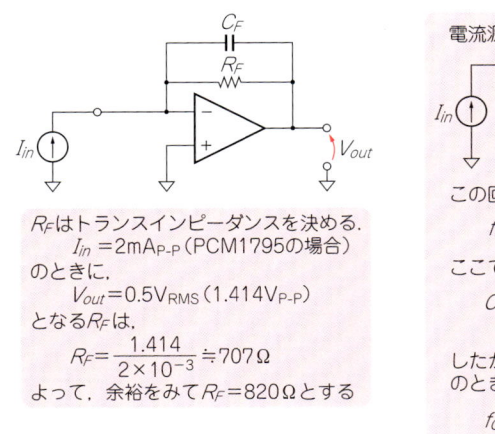

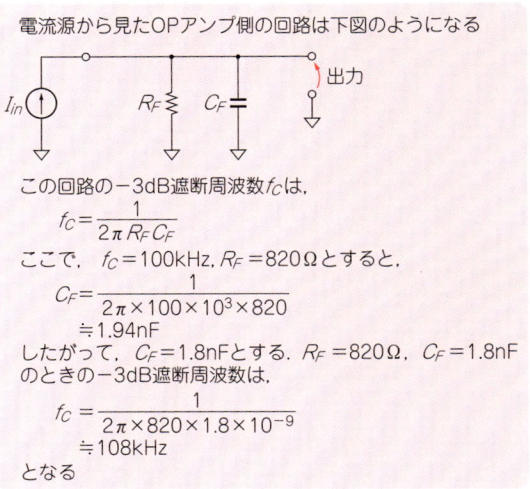

R_Fはトランスインピーダンスを決める．
$I_{in} = 2\text{mA}_{P-P}$（PCM1795の場合）
のときに，
$V_{out} = 0.5\text{V}_{RMS}$（$1.414\text{V}_{P-P}$）
となるR_Fは，
$$R_F = \frac{1.414}{2 \times 10^{-3}} \fallingdotseq 707\Omega$$
よって，余裕をみて$R_F = 820\Omega$とする

電流源から見たOPアンプ側の回路は下図のようになる

この回路の−3dB遮断周波数f_Cは，
$$f_C = \frac{1}{2\pi R_F C_F}$$
ここで，$f_C = 100\text{kHz}$，$R_F = 820\Omega$とすると，
$$C_F = \frac{1}{2\pi \times 100 \times 10^3 \times 820}$$
$\fallingdotseq 1.94\text{nF}$
したがって，$C_F = 1.8\text{nF}$とする．$R_F = 820\Omega$，$C_F = 1.8\text{nF}$のときの−3dB遮断周波数は，
$$f_C = \frac{1}{2\pi \times 820 \times 1.8 \times 10^{-9}}$$
$\fallingdotseq 108\text{kHz}$
となる

図3 カットオフ周波数100 kHzの$I-V$変換回路の定数を手計算する

どおりです．カーソルを使って−3dB遮断周波数を調べたところ，107.4 kHzでした．これも設計値とほぼ一致しています．

ゲイン−周波数特性で注目してほしいのは，高域で減衰量が一定になっていることです．これは，OPアンプのオープン・ループ・ゲインの制限から生じるものです．どんなに周波数特性の優れたOPアンプを使用しても，$GBW = 0\text{dB}$となる周波数以上の信号は減衰されることなく出力に漏れ出てきます．これを改善するには，2次の周波数特性をもつ$I-V$変換回路を構成するなど，回路の工夫が必要です．高域遮断性能に優れた$I-V$変換回路は，別の機会に解説したいと思います．

▶群遅延特性

群遅延特性は，RCフィルタの特性そのものですから暴れのない素直な特性になっています．群遅延の暴れが大きい場合，複数の$I-V$変換回路間で位相差が生じやすくなります．このような位相差は，オーディオ信号の定位（音像の位置の正しさ）を損ねる原因になりがちです．定位を良くするためには，群遅延の暴れは少ないほうがよいでしょう．したがって，理想的には群遅延特性はベッセル特性のような最大平坦特性が理想です．

▶この回路の欠点

半導体メーカのアプリケーション・ノートには，ここで解説しているような$I-V$変換回路が示されていることが多いのですが，OPアンプのGBWが0 dBとなる周波数以上でのフィルタリング効果がないのは，この回路の欠点です．

最近のオーディオD−Aコンバータは$\Delta\Sigma$型が主流ですから，ノイズ・シェーパによって高周波ノイズが増大しています．この高周波ノイズを，$I-V$変換回路や後段の低域通過フィルタで十分に除去する必要があります．後段の低域通過フィルタに高次のものを使わ

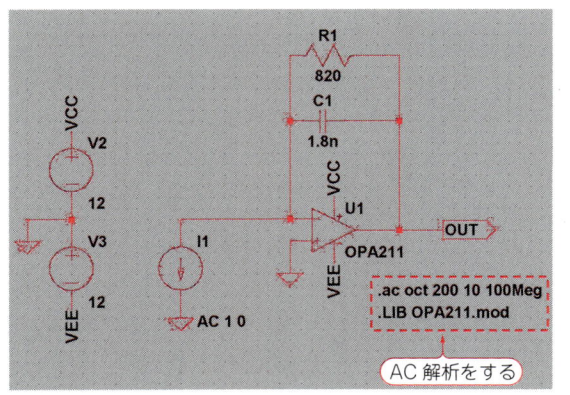

図4 ゲイン−周波数特性と群遅延特性をシミュレーションする回路（J2-1-4.asc）

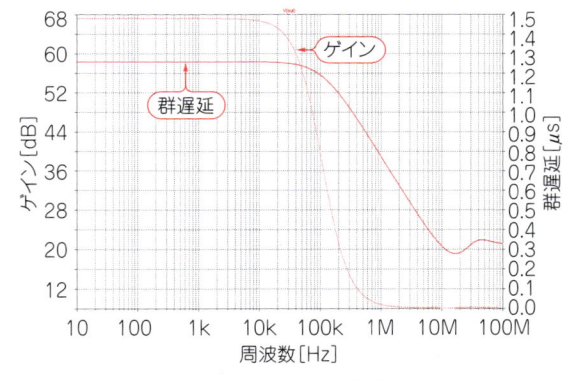

図5 図4のゲイン−周波数特性と群遅延特性

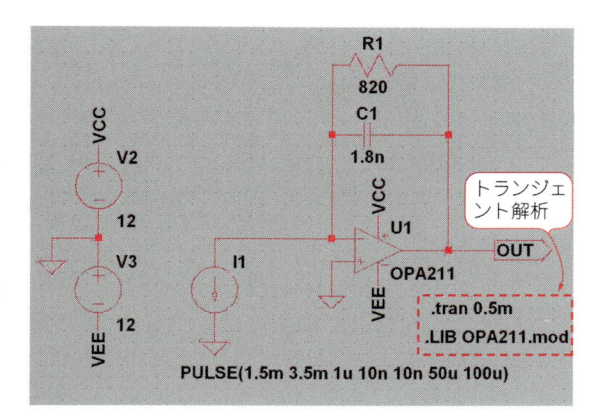

図6 パルス応答特性をシミュレーションする回路(J2-1-6.asc)

図7 図6のパルス応答特性

なくて済むように，I-V変換回路にも一工夫したいところです．

アプリケーション・ノートに載っているとはいえ，回路技術の観点から考えれば，必ずしもこの基本的なI-V変換回路がベストな回路とはいえません．

この欠点を補うために，多くのオーディオ用D-Aコンバータ回路では，後段にLPFを設けてオーディオ帯域外のノイズを除去しています．

● パルス応答を調べます

図6の回路を用いて，パルス応答特性をシミュレーションしました．RCフィルタの特性がそのままパルス応答として現れますから，図7に示すとおりオーバーシュートもなく綺麗な波形です．

Appendix I 評価版でできることから入手先まで
SPICE系電子回路シミュレータ一覧

森下 勇

表1(pp.76～77)に示すのは，2013年5月現在，ウェブサイトから入手できるSPICE系シミュレータの一覧です．ウェブサイトの情報や評価版を実際にダウンロードして動作を確認し，参考用として作成しました．この内容については筆者およびCQ出版社が完全に保証するものではありません．正確な情報が必要な場合は，メーカや取扱店にご確認ください．

組み込みデバイス・モデルとは，シミュレータ本体に標準で組み込まれているものを意味し，パラメータを指定するだけで使えます．汎用的なモデルは，シミュレータによらずほぼ互換性があります．またこの欄に記載のない部品についても，ほとんどのシミュレータでデバイス・モデル形式ではなく，サブサーキット形式による部品としてライブラリに登録されています．評価版は取扱店または，メーカ(開発元)のウェブサイトから入手できます．本表はすべてSPICE系の回路シミュレータですが，SPICE系ではない国産の汎用回路シミュレータとして，CircuitViewer(マイクロネット)などがあります．

(初出：「トランジスタ技術」 2011年6月号 特集Appendix I)

表1　SPICE系電子回路シミュレータ一覧(2013年5月現在)

製品名(メーカ名，入手先)	主な特徴(最新製品版)
B^2 Spice (Beige Bag Software，サーキットボードサービス)	アナログ/ディジタル混在．11種類の仮想測定器-オシロスコープ，電流計，電圧計，電力計，歪率計など．2種類のシミュレーション・モード(シミュレーションまたはテスト)．部品配置前にその部品の挙動を表示できるカーブ・トレーサ．電流と電圧を回路図中において矢印と配線の色で表示するビジュアライゼイション機能．使用頻度の高い回路をサーキット・ウィザードによって作成
ICAP/4 (Intusoft)	アナログ/ディジタル混在．SPICE 3.F5とXSPICEベースのカーネル．PSpiceモデルをIsSpice用モデルに自動変換するコンバータを装備．IBIS to SPICEコンバータ．リアルタイム波形表示機能．会話型オペレーション．スクリプト・コマンドによる設計効率化．IsSpice4と他のツールからのデータを波形表示．豊富な波形演算処理機能と解析機能．SpiceModによる新しいモデルの作成機能．ビヘイビア・モデル(数学式，if-then-else，AHDL，テーブル&ラプラス・モデル)
LTspice (Linear Technology Co.，リニアテクノロジー)	アナログ/ディジタル混在．スイッチング電源回路(リニアテクノロジー製品を使った)の高速シミュレーション．キャパシタとインダクタは等価回路モデルで組み込み．サブサーキットなしでゲート・チャージ動作を表すパワーMOSFETモデル組み込み
Micro-Cap (Spectrum Software，東陽テクニカ)	アナログ/ディジタル混在．複数ページ，階層化回路図エディタ．PSpice，SPICE3，と多くのHSPICEのコマンドとモデルをサポート．アナログとディジタル・ビヘイビア・モデリング．最適化モデラ(モデル作成ツール)．アクティブ/パッシブ・フィルタ・デザイン機能．IBISモデル変換機能．非線形磁気モデル(コア，リアクタ，トランス)．スミス・チャート，極座標表示，3Dプロット．S-Y-Z-H-G-T-ABCDパラメータN-ポート．アニメーション素子
NI Multisim (National Instruments Co.，日本ナショナルインスツルメンツ) NI Multisim Component Evaluator Analog Devices Edition (National Instruments Co.，アナログ・デバイセズ)	アナログ/ディジタル混在．マイクロコントローラ協調シミュレーション．パターン設計ソフトUltiboardと測定ソフトLabVIEWとの連携．グラフィカルな環境によりSPICEの知識が不要．22のシミュレーション・インスツルメンツ．拡張SPICE構文採用による収束性，解析精度，PSpiceとの互換性
PSpice A/D (Cadence Design Systems, Inc.，サイバネットシステム)	アナログ/ディジタル混在シミュレーション．アナログ回路シミュレータのデファクト・スタンダード(ユーザ数，信頼性，モデル数で優位)．自動収束機能により，収束エラーを回避．独自のアナログ・ビヘイビア・モデル(ABM)が豊富(関数，ラプラス関数，ルックアップ・テーブル，周波数テーブル，チェビシェフ・フィルタ)．BSIM4，BSIM3.2 MOSモデルをサポート．高機能波形表示プログラムによる波形演算．各エディタによる平易なモデルとシンボルの作成機能
SIMetrix (SIMetrix Technologies Ltd.，インターソフト)	Verilog-HDLミクスト・シグナル・シミュレーション．Verilog-Aモデリング言語．SパラメータACルックアップ・テーブル．拡張スイープ・モード．リアルタイム・ノイズ解析．トランジェント・スナップショット．IC設計のためのモデル・サポート．HSPICEモデル・ファイル互換性．高速モンテカルロ解析．高度なトレランス仕様．マルチステップ解析．安全動作範囲(SOA)解析．非線形マグネティックス，エアー・ギャップ．電源用モデル．非線形マグネティックス．過渡解析リスタート
TINA(DesignSoft，アイリンク) TINA-TI(DesignSoft，日本テキサス・インスツルメンツ)	アナログ/ディジタル混在シミュレーション．統合ネットリスト・エディタ．回路図シンボル・エディタ．階層化による共同設計とバージョン管理機能．パラメータ抽出/モデル作成．定常状態ソルバ(SMPS解析)．SパラメータによるRFモデル．RF，Digital，VHDL，MCUシミュレーション．ポスト・プロセッシング・ツール．スミス，ナイキスト，ボーデ線図．バーチャル測定器
TopSpice (Penzar Development，シムサーキット)	アナログ/ディジタル混在シミュレーション．ユーザ定義のパラメータと数式．ほとんどのPSpice拡張構文および，多くのHSPICEの拡張構文とモデル・ライブラリをサポート．SMPSモデル・ライブラリ．モンテカルロとワースト・ケース解析におけるデバイスとロット統計分布．キャパシタとインダクタのルックアップ・テーブル・モデリング．任意方程式，論理式，ルックアップ・テーブルを使ったアナログ・ビヘイビア・モデリング．任意ラプラス変換．周波数レスポンス，Sパラメータ・テーブルを使った線形システム周波数ドメイン・モデリング．FFT，ヒストグラム，スミス・チャート，極座標プロット

解析モード	組み込みデバイス・モデルと部品数	評価版の制限
DCバイアス・ポイント，DCスイープ，過渡応答，ACスイープ，ノイズ，ひずみ，DC/AC感度，伝達関数，ポール・ゼロ，フーリエ，温度特性，モンテカルロ，パラメトリック，パフォーマンス	ダイオード（レベル1，ツェナー），BJT，MOSFET（レベル1～6），MESFET，JFET，スイッチ，ディジタル素子．25000のアナログとディジタルの部品	トライアル版：機能と規模制限なし．データベース制限あり．45日経過後，機能規模制限されたライト版として使える．ライト版：60ノードまで．15デバイスまで．スイープ．モンテカルロ解析機能なし．サーキット・ウィザード機能なし
DCバイアス・ポイント，DCスイープ，過渡応答，ACスイープ，ノイズ，フーリエ，温度特性，感度，ACと過渡の感度，歪，モンテカルロ，パラメトリック，インタラクティブ・スイープ	SPICE 2G～SPICE 3Fの素子とIBIS v3.2，RLC数式入力モデル，MESFET（HMETとAnadigicsモデル含む），MOSFET（最新EKV，BSIM3，BSIM4含む），有損失伝送線路，GFT（SMPSなどのオープン・ループ特性測定），ディジタル素子，総合SPICEモデル・ライブラリ（23,800以上の部品），476以上の部品タイプ	部品数20まで．標準添付モデルは1514モデルだけ．タッチストーン形式ファイルの読み込み不可．スミス・チャート表示不可
DCバイアス・ポイント，DCスイープ，過渡応答，ACスイープ，ノイズ，伝達関数，フーリエ，温度特性，モンテカルロ，パラメトリック，パフォーマンス	ダイオード，BJT（Gummel-Poon，VBIC），MOSFET（レベル1，2，3，4，5，6，8，9，12，14，74），MESFET，John Chan型非線形インダクタ，スイッチ，有損失伝送線路，ディジタル素子，1100以上のLT製品のモデル・ライブラリ	回路規模・機能の制限なし．他半導体メーカでの商業的使用は禁止．
DCバイアス・ポイント，DCスイープ，過渡応答，ACスイープ，ノイズ，ひずみ，感度，伝達関数，フーリエ，温度特性，モンテカルロ，パラメトリック，パフォーマンス	ダイオード，BJT（Gummel-Poon，Phillips Mextram，Phillips Modella），MOSFET（レベル1～3，BSIM1，BSIM2，BSIM3，BSIM4，EKV2.6，Philips Model 11，20，31，40，PSP 102），GaAsFET，Hefner IGBT，有損失伝送線路，Jiles-Atherton型非線形磁気コア，スイッチ 24,000以上のモデルのライブラリ	回路規模制限：部品数50まで．方程式75まで．計算速度制限：計算時間が製品版の1～4倍．機能制限：あり．MODELプログラム使用不可．IGBTとBSIM3，BSIM4，Mextram，Modella，EKV，Philips MOSFETは，1回路内に5個まで．ライブラリ制限：デモ用の小さなライブラリのみ．
DCバイアス・ポイント，DCスイープ，過渡応答，ACスイープ，ノイズ，ひずみ，DCおよびAC感度，伝達関数，ポール・ゼロ，フーリエ，温度特性，モンテカルロ，ワースト・ケース，パラメトリック，トレース幅，RF，ネスト・スイープ，バッチ，ユーザ定義	ダイオード，BJT（Gummel-Poon），MOSFET（レベル1，2，3，4，5），JFET，GaAs FET，IGBT，非線形磁気コア，スイッチ，有損失伝送線路	NI Multisim：機能制限なし．有効期限30日 Analog Devices Edition：トップ・レベル部品数50まで．機能制限あり．部品データ・ベース限定版
DCバイアス・ポイント，DCスイープ，過渡応答，ACスイープ，ノイズ，ひずみ，感度，伝達関数，フーリエ，温度特性，モンテカルロ，ワースト・ケース，パラメトリック，パフォーマンス	ダイオード，JFET，BJT（Gummel-Poon），MOSFET（SPICE3 レベル1，2，3，BSIM，BSIM3 v2.0/3.2，BSIM4 v4.0），GaAsFET（Curtice，Statz，TOM，Parker-Skellern，TOM2），IGBT（Nチャネル），インダクタ結合（非線形磁心モデルを含む），有損失伝送線路，スイッチ，ディジタル素子，30,000個以上のモデル・ライブラリ	保存できる部品数60まで．ノード数75まで．トランジスタ数20まで．サブサーキット数制限なし．モデル・エディタによる作成はダイオードだけ．標準添付ライブラリはeval.libとevalp.libだけ．データ表示は評価版でシミュレーションした結果だけ
DCバイアス・ポイント，DCスイープ，過渡応答，ACスイープ，ノイズ，リアルタイム・ノイズ，感度，伝達関数，ポール・ゼロ，フーリエ，温度特性，モンテカルロ，パラメトリック，パフォーマンス	ダイオード（レベル1，3），BJT（レベル1，VBIC レベル4，1004，HICUM レベル8），MOSFET（レベル1，2，3，17，BSIM3（レベル7，8，49，53），BSIM4（レベル14），EKV（レベル44），HiSim HV（レベル62），PSP（レベル1010）），接合型FET，GaAs FET，Jiles-Atherton型非線形磁気コア，スイッチ，有損失伝送線路，ディジタル素子	内部アナログ・ノード120．ディジタル・ノード36．ディジタル・ポート72．ディジタル・コンポーネント24．ディジタル出力36
DC，AC，過渡，ディジタル，ミクスト・モード，シンボル，フーリエ（高調波とスペクトル），ノイズ，モンテカルロ法，ワースト・ケース，ストレス（スモーク）	ダイオード，BJT，MOSFET（レベル1～3，BSIM3，Schichman-Hodges），JFET（Schichman-Hodges），サイリスタ（ビヘイビア），DIAC（ビヘイビア），TRIAC（ビヘイビア），ディジタル素子コンポーネントとモデルの数 20,000以上	TINA：回路図保存不可．その他機能制限なし．有効期限30日 TINA-TI：ノードの制限やデバイス数の制限なし．機能制限あり
DCバイアス・ポイント，DCスイープ，過渡応答，ACスイープ，ノイズ，ひずみ，感度，伝達関数，フーリエ，FFT，温度特性，モンテカルロ，ワースト・ケース，パラメトリック，パフォーマンス，ALTER	ダイオード（レベル1，HSPICE 互換レベル3），BJT（レベル1，VBIC レベル4），MOSFET（レベル1，2，3，BSIM3 v3.2（レベル7，8，49，53），EKV v2.6（レベル44，55），JFET，GaAs FET（（レベル1，2，3，6），Statz，CurticeとTriQuintモデル），MESFET，半導体型の抵抗とキャパシタ・モデル，強誘電体コンデンサ，Jiles-Atherton型非線形磁気コア，スイッチ，有損失伝送線路，29,000以上のモデルのライブラリ	シミュレーション機能自体の制限なし．回路規模制限あり．ノード数64まで．トップ・レベル部品数30（R，C含まず）まで．サブサーキット総数15まで．トップ・レベルとサブサーキット内の部品数各20まで．3ページを超える回路図の作成は不可．編集は可能．計算使用可能データ・メモリ・サイズ10Mバイトまで．標準添付ライブラリはDEMO.LIBだけ．1トレースの表示波形ポイント数32,000まで

STEP 2 | 群遅延特性の優れたユニークな回路を試す
オーディオD-Aコンバータ用ロー・パス・フィルタの設計

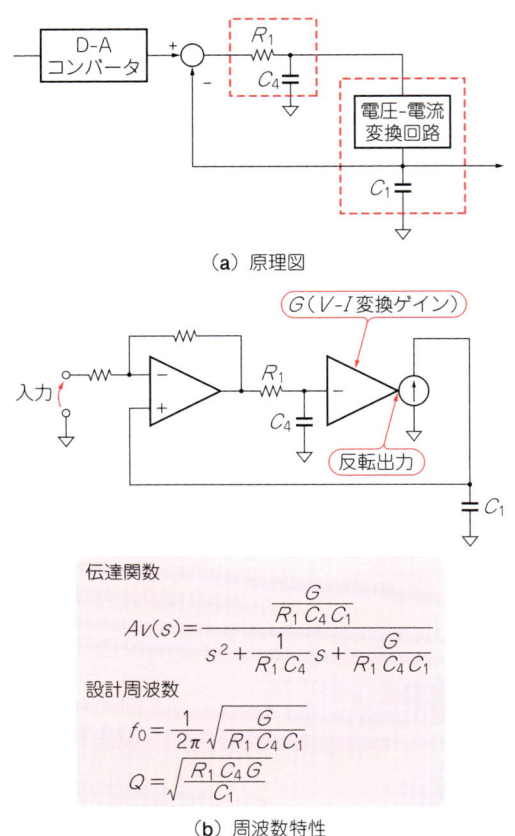

(a) 原理図

G (V-I 変換ゲイン)
反転出力

伝達関数
$$A_v(s) = \frac{\dfrac{G}{R_1 C_4 C_1}}{s^2 + \dfrac{1}{R_1 C_4}s + \dfrac{G}{R_1 C_4 C_1}}$$

設計周波数
$$f_0 = \frac{1}{2\pi}\sqrt{\frac{G}{R_1 C_4 C_1}}$$

$$Q = \sqrt{\frac{R_1 C_4 G}{C_1}}$$

(b) 周波数特性

図1 オンキヨー社のロー・パス・フィルタ技術「VLSC」の周波数特性(特許文書より)

● ベッセルは群遅延特性は良いけれど減衰量が不十分です

オーディオD-Aコンバータ用のLPF(Low Pass Filter)には、群遅延特性の良好なフィルタが使用されることが多いようです．モノラル・オーディオであれば、群遅延特性に配慮することはそれほど重要ではないのですが、人間の耳は位相差に敏感ですから、ステレオ信号で群遅延特性を考慮するのは自然なことです．

そこで、群遅延特性の良好なフィルタを設計するためにベッセルLPFを検討したいところですが、ベッセルLPFでは、十分な減衰量を確保できない可能性があります．フィルタの問題は、回路技術者の悩みどころです．

● オーディオ・メーカ・オリジナルのLPFを動かしてみます

ここでは、オンキヨーの特許技術であるVLSC (Vector Linear Shaping Circuitry)というロー・パス・フィルタ技術[7]を紹介します．VLSCはオンキヨーの商標です．技術内容は、参考文献(7)の特許に詳細が示されています．

この回路は、製造/販売を目的とせず、趣味で使うかぎりであれば作っても問題ありません．

私が面白いと思ったのは、コンデンサ一つで、遮断周波数を大きく変化させることなくフィルタのQを変更できる点です．フィルタのQを簡単に変更できると

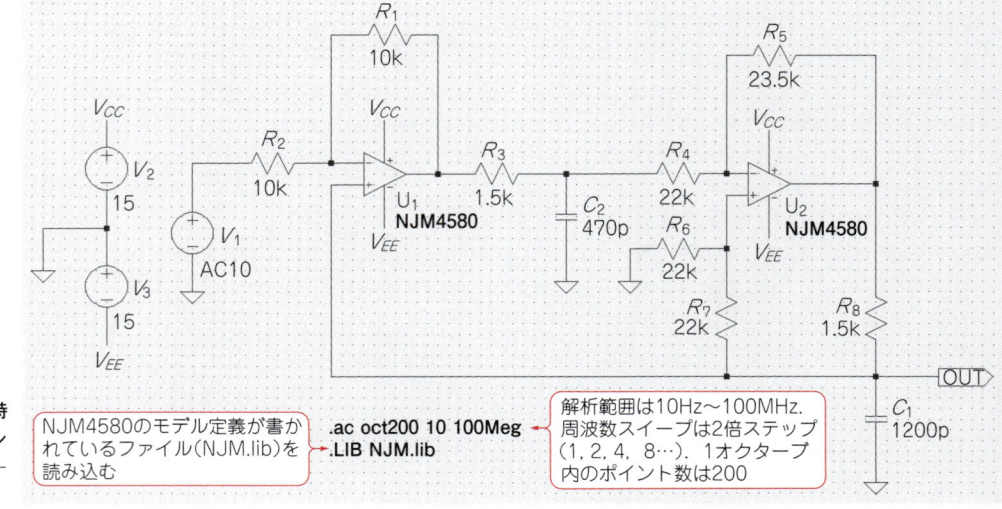

図3 ゲイン-周波数特性をシミュレーションで調べる(J2-2-3.asc)

NJM4580のモデル定義が書かれているファイル(NJM.lib)を読み込む
.ac oct200 10 100Meg
.LIB NJM.lib

解析範囲は10Hz～100MHz. 周波数スイープは2倍ステップ(1, 2, 4, 8…). 1オクターブ内のポイント数は200

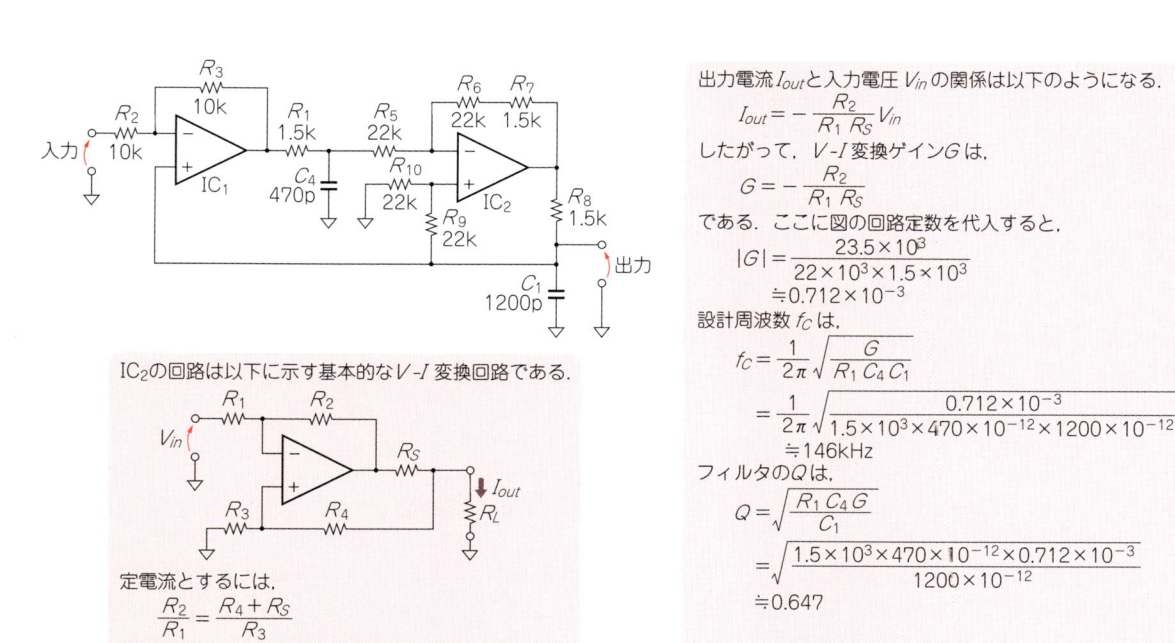

図2 実際のVLSCの遮断周波数とQを求める

出力電流I_{out}と入力電圧V_{in}の関係は以下のようになる．

$$I_{out} = -\frac{R_2}{R_1 R_S} V_{in}$$

したがって，V-I変換ゲインGは，

$$G = -\frac{R_2}{R_1 R_S}$$

である．ここに図の回路定数を代入すると，

$$|G| = \frac{23.5 \times 10^3}{22 \times 10^3 \times 1.5 \times 10^3}$$
$$\fallingdotseq 0.712 \times 10^{-3}$$

設計周波数f_Cは，

$$f_C = \frac{1}{2\pi}\sqrt{\frac{G}{R_1 C_4 C_1}}$$
$$= \frac{1}{2\pi}\sqrt{\frac{0.712 \times 10^{-3}}{1.5 \times 10^3 \times 470 \times 10^{-12} \times 1200 \times 10^{-12}}}$$
$$\fallingdotseq 146\,\mathrm{kHz}$$

フィルタのQは，

$$Q = \sqrt{\frac{R_1 C_4 G}{C_1}}$$
$$= \sqrt{\frac{1.5 \times 10^3 \times 470 \times 10^{-12} \times 0.712 \times 10^{-3}}{1200 \times 10^{-12}}}$$
$$\fallingdotseq 0.647$$

IC2の回路は以下に示す基本的なV-I変換回路である．

定電流とするには，

$$\frac{R_2}{R_1} = \frac{R_4 + R_S}{R_3}$$

を満足する必要がある．上記VLSCの回路は，それを満たしている．

いうことは，**システム全体での周波数特性を最適化しやすい**ということですから，十分にメリットがあると思います．計測用のフィルタなどに応用しても面白そうです．

回路構成を見るかぎりは，単純に2次フィルタを使えばよいのではないか？…と思ってしまうのですが，シミュレーションしてみるとVLSCの興味深い特性に気が付きます．

図1(a)に特許文書に示されているVLSCの原理図を示します．電圧として入力された信号をV-I変換回路によって電流信号にして，コンデンサにチャージする回路です．普通にチャージしたのでは，電圧はどこまでも上昇してしまいますから，電圧リミットを入力信号電圧で与えることによってコンデンサ両端の電圧を規定しています．

● 周波数特性を調べます

特許によると，この回路の周波数特性は**図1**(b)のようになると示されています．

図2の回路の場合，設計周波数f_0とQは，同図の計算により求められます．設計周波数f_0は，遮断周波数とは異なるので，実際の遮断周波数についてはシミュレーションによって確認する必要があります．設計周波数が計算どおりかどうかは，Qを変化させたときに調べてみます．

ゲイン-周波数特性を調べるシミュレーション回路を**図3**に示します．結果は，**図4**のようになりました．カーソルで値を読み取ったところ，**−3dB遮断周波**数は約248 kHzです．

● C_2を変化させてQと周波数特性の関係を調べます

図3の回路のC_2（特許文書におけるC_4）を変化させることで，特許に示されているとおりQが変化するかを調べてみました．**図5**に示すシミュレーション回路を実行した結果が**図6**です．**C_2が小さくなるほどQも小さくなっており，特許のとおりです．**

また，Qを高くしていったときにゲイン・ピークが生じる周波数は，**図2**に示した設計周波数であるf_0 = 146 kHzとほぼ一致していますので **図2**に示した設計式に問題がないこともわかります．

Qの設計式について考えると，設計値ではゲイン・ピークが生じない程度のQですが，シミュレーションではゲイン・ピークが生じています．この理由については不明です．

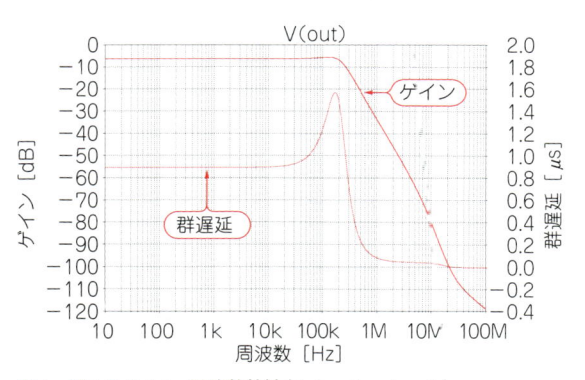

図4 図3のゲイン-周波数特性（シミュレーション）

図6で興味深いのは，肩の周波数があまり変化することなくQが変わっている点です．VCVS型フィルタなどでは，Qを変更するには二つのコンデンサの比を変える必要があり，一方の値を変えると遮断周波数も変化してしまうため，Qだけを変更するのは難しいこともあります．一方，VLSC回路は簡単に調整できそうです．

● C_1を変化させてみます

C_1を変更してもQは変化します．シミュレーション回路は図7です．結果は図8のようになりました．C_1を変更してもQは変化するのですが，遮断周波数まで変化していますから，C_2を変化させるほうがよさそうです．

VLSC回路を設計するときは，個々の回路定数を決定したあとで，Qの微調整をC_2によって行うとよいでしょう．

● パルス応答を調べます

パルス応答特性についてシミュレーションしてみました．参考文献(8)の回路では，減衰特性を考慮してか，

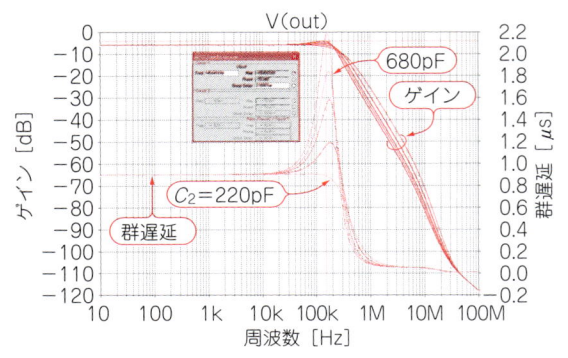

図6 図5のシミュレーション結果

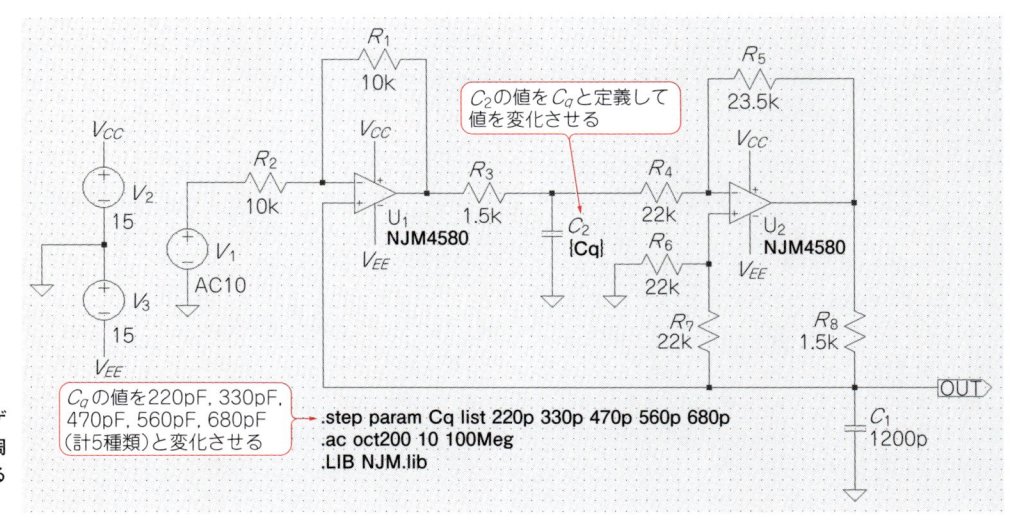

図5 Qを変化させてゲインと群遅延の周波数特性を調べる（J2-2-5.asc）

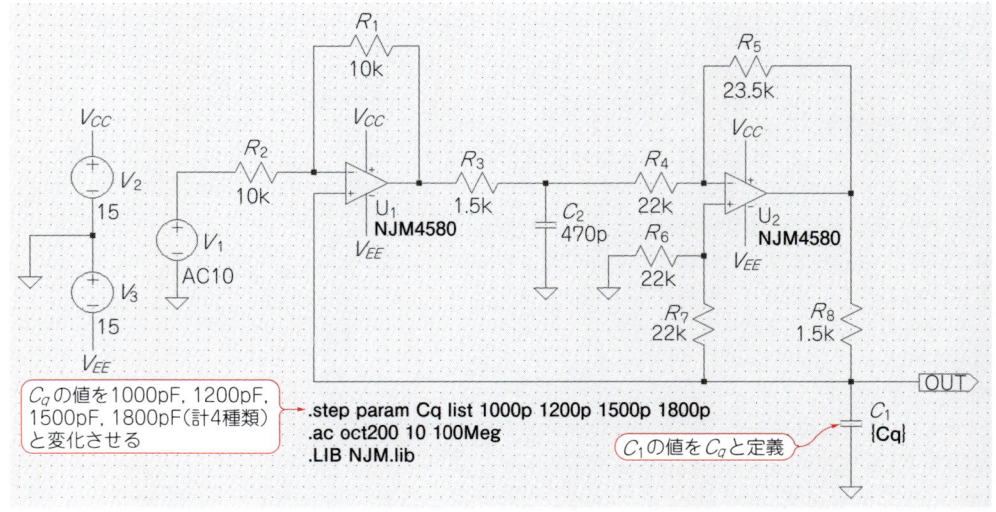

図7 C_1を変更してQを変化させてみる（J2-2-7.asc）

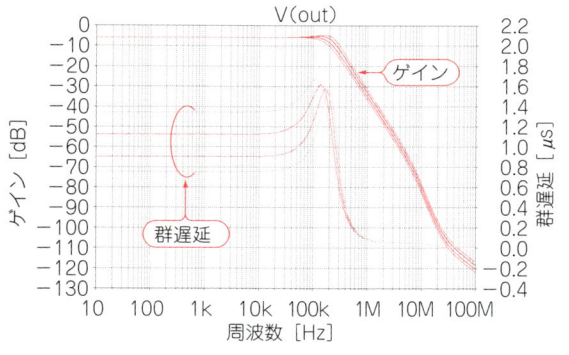

図8 C_1 を変更したシミュレーション結果

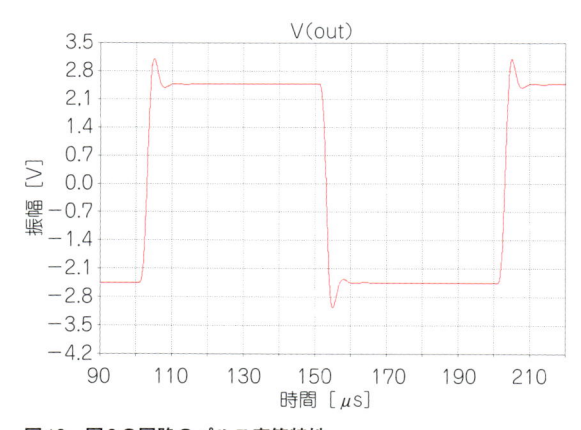

図10 図2の回路のパルス応答特性

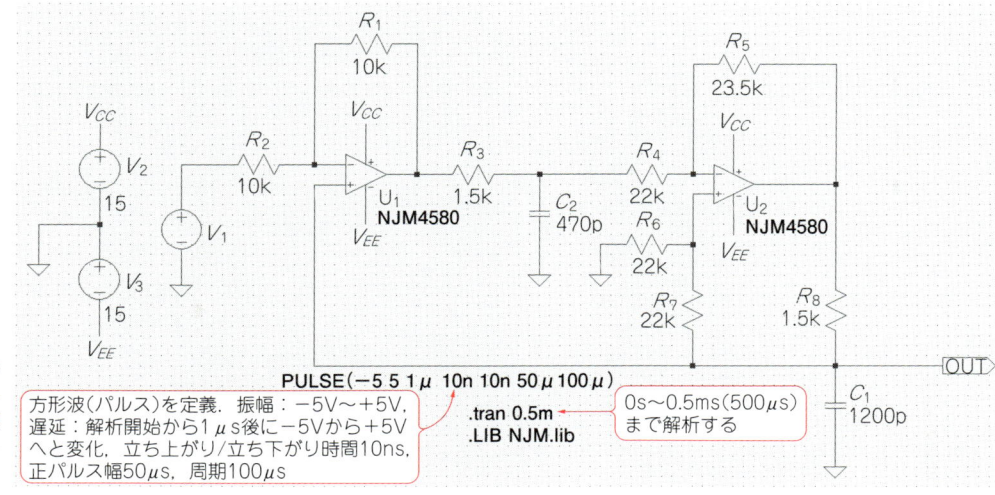

図9 図2の回路のパルス応答特性をシミュレーションで確認する（$C_2 = 470\,\mathrm{pF}$）（J2-2-9.asc）

方形波（パルス）を定義．振幅：-5V～+5V，遅延：解析開始から1μs後に-5Vから+5Vへと変化，立ち上がり/立ち下がり時間10ns，正パルス幅50μs，周期100μs

0s～0.5ms（500μs）まで解析する

ゲイン-周波数特性にゲイン・ピークが生じる定数に設定されていました．この定数では，パルス応答波形にオーバーシュートが生じることが予想できます．

オーバーシュートが極端に大きすぎる場合，後段のアンプのゲインによっては出力が飽和する危険があります．また音質的にも，アタック音に独特の癖が付くなど，回路の過渡応答特性に関わる部分への影響が考えられます．

基本的に，オーバーシュートはないほうがよいと言えます．音質については好みがありますので，一概にどの程度のオーバーシュートであれば許容できるといった指標はありません．また，パルス信号の立ち上がり時間は，オーバーシュートが若干あったほうが速いため，信号の性質によっては故意にオーバーシュートをもたせた設計をすることもあります．回路の安定性（発振しにくさ）の観点からみても，20%以下のオーバーシュート/アンダーシュートに収まっていれば問題ないでしょう．30%を越えるようなオーバーシュート/アンダーシュートが生じているようなら，回路定数を見直すべきです．

図9のシミュレーション回路を実行したところ，図10のような波形になりました．予想どおりオーバーシュートやアンダーシュートが見られます．オーバーシュート/アンダーシュートの量は約10%ですから，問題ないと言えます．

このパルス応答特性は，音質的な面も含めて狙ったものかもしれません．皆さんが趣味で試してみるときは，C_2の値を微調整しながらQの値を変更して，音質的な違いなどを楽しんでみてもよいでしょう．

（初出：「トランジスタ技術」 2011年6月号 特集）

Appendix II LTspice Q&A その1
複数の部品でできたネットリストを一つのシンボルに関連付ける方法

登地 功

● 回路で表現されている複雑なサブサーキット・ファイルは一つの部品にまとめてしまう

シミュレーションに利用する部品のモデルが，小回路(サブサーキット，.subckt)形式で提供されていることがあります．サブサーキットは，SPICE形式のネットリストで記述された一つの小規模な回路で，テキスト・ファイルで提供されます．

OPアンプと同様に，パワー・トランジスタ(MOSFETやIGBT)やマイクロ波トランジスタのシミュレーション・モデルの中には，サブサーキット形式で書かれたものがあります．ここでは，インターナショナル・レクティファイアー(IR)社のパワー・トランジスタ(IRGP50B60PD1)を例に，回路形式で提供されている部品モデルをトランジスタやダイオードと同じように利用する方法を紹介しましょう．

● パワー・トランジスタIGBTを例に
▶ メーカのウェブサイトからモデル・ファイルをダウンロードします

IR社のサイトから，SPICEモデル(ファイル名はirgp50b60pd1.spi)をダウンロードして，他のモデル・ファイルと同じように，¥subの下の適当なフォルダに置きます．今回は¥sub¥CQlibの下に置きます．テキスト・エディタでモデル・ファイルを開いて，内容を確認します(図1)．

▶ シンボルと関連付けます

回路図にIGBTのシンボルを置きます．標準のシンボルにIGBTがないので，nmosという名前のシンボルを借用します(図2)．新規にシンボルを作成してもかまいません．

シンボルの上で[Ctrl]+右クリックします．[Conmpnent Attribute Editor]を開いて，[Open Symbol]でシンボル・エディタを開きます．シンボルのピンの上で右クリックして，[Pin/Port Properties]パネルを開いて，[Label]と[Netlist Order]が，モデル・ファイルと一致していることを

```
.SUBCKT irgp50b60pd1 1 2 3
* SPICE3 MODEL WITH THERMAL RC NETWORK
**********************************************
*        Model Generated by MODPEX           *
*Copyright(c) Symmetry Design Systems*
*        All Rights Reserved                 *
*     UNPUBLISHED LICENSED SOFTWARE          *
*    Contains Proprietary Information        *
*         Which is The Property of           *
*         SYMMETRY OR ITS LICENSORS          *
*Commercial Use or Resale Restricted         *
*    by Symmetry License Agreement           *
**********************************************
*Model generated on Jun  7, 04
* MODEL FORMAT: SPICE3
*Symmetry IGBT Model (Version 1.0)
*External Node Designations
*Node 1 -> a
*Node 2 -> g
*Node 3 -> k
M1 9 6 8 8 MSUB L=100u W=100u
.MODEL MSUB NMOS LEVEL=1
+VTO=-5.14841 KP=4.6111 LAMBDA=0 CGSO=3.9S
```

図1 小規模な一つの回路(サブサーキット)として記述されたトランジスタのモデル・ファイルの例(抜粋)
インターナショナル・レクティファイアー社のウェブサイトからダウンロードしたパワー・トランジスタ(IRGP50B60PD1)のシミュレーション・モデル．

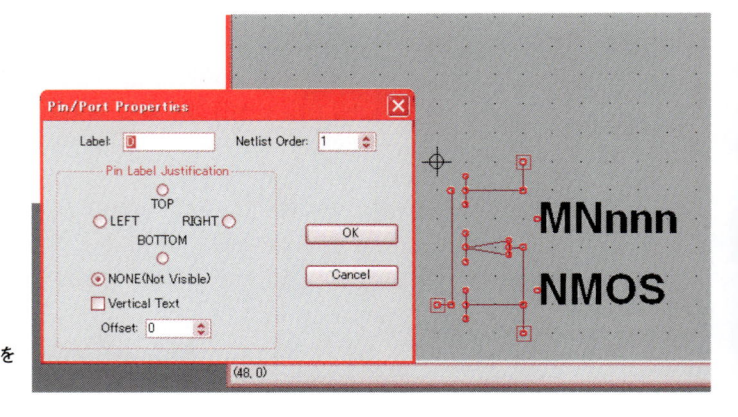

図2
ダウンロードしたサブサーキット・ファイル(図1)をnmosのシンボルと関連付ける

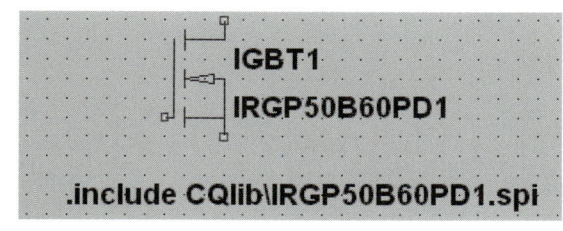

図3 複数の部品の組み合わせで表されていたパワー・トランジスタIGBTが一つの部品として扱えるようになった

確認します.

端子名は,ネットリストでは,a,g,kになっていますが,シンボルのD,G,Sに対応しています.端子名はシミュレーションには関係しません.重要なのはピンの順番です.

ピン番が違っていたら,[Netlist Order]で変更します.ピンの確認が終わったら,シンボル・エディタは閉じてかまいません.

▶ **シンボル属性を変更します**

MOSFETのシンボルを[Ctrl]+右クリックして,[Component Attribute Editor]を開いて次のように変更します.

● [Prefix]

MNをXに変更します.Xは.subckt,MNはNMOSを意味しています.

● [InstName]

M1をIGBT1に変更します.部品番号なので任意の名前でかまいません.

● [Value]

NMOSをirgp50b60pd1に変更します.サブサーキット名はモデル・ファイルで確認します.

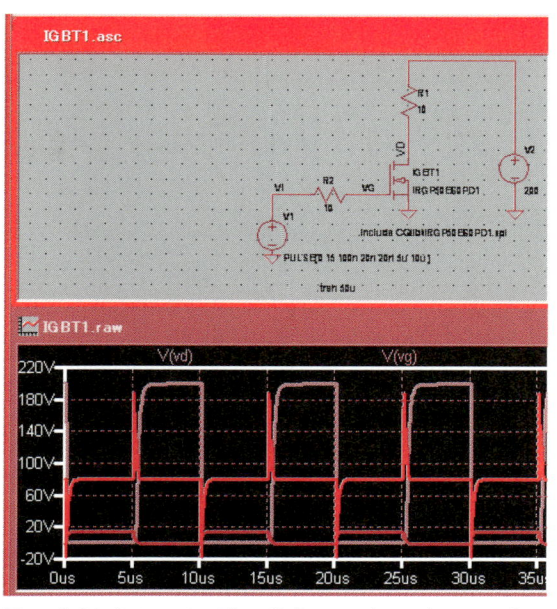

＊

図4 完成したIGBTのモデルでシミュレーション(A2-4.asc)

[InstName]と[Value]は回路図上でも変更できます.MOSFETのシンボルは,図3のようになったはずです..include命令でファイルの読み込みを指示します.拡張子を忘れないようにしてください.以上で,他のトランジスタなどと同様に,一つの部品のように利用できるようになります(図4).シミュレーションの処理が遅いときは,Appendix Ⅲを参照してください.

(初出:「トランジスタ技術」 2011年6月号 特集Appendix Ⅱ)

Column: 当たり前! デバイスのモデル定義はサブサーキット・ファイルに書いておく

電子回路シミュレータは,回路データを多くの人と共有して知恵を結集したり,過去のデータを蓄積して再利用したりするのに有効です.ただし,部品ライブラリを上手に管理して,シミュレーション回路の流用性を高めておくことがとても重要です.

会社のような組織なら,部品のモデル・ライブラリを一元的に管理できますが,LTspiceのようなパーソナル・ユースのシミュレータを利用している個人は,思い思いのライブラリを作る傾向があります.すると自分しか使えない回路データばかりができて,他人には利用できない流用性の低い回路ファイルばかりが蓄積されていきます.

LTspiceを個人的に使っているAさんがBさんに「アンプを二つ並べたBTLアンプを作りたいんだけど…手ごろなアンプの回路はない?」と訊いたとしましょう.この場合,AさんはBさんに回路ファイルだけではなく,Aさんが使っている部品ライブラリも一緒に渡さないと,BさんはAさんと同じ性能をもつアンプをパソコンで動かすことができません.AさんはBさんに毎度,回路ファイルといっしょにライブラリ・ファイルを渡すことになります.これは効率の良い共同作業の妨げです.

こんなとき回路ファイルを渡すのと同時にライブラリも相手に渡るように,回路とライブラリをパッケージ化する「サブサーキット化」はとても有効です.

〈川田 章弘〉

Appendix III LTspice Q&A その2
シミュレーションの進行が遅いときの対応

登地 功

電圧の変化が大きい箇所などで計算が収束しなくなり，シミュレーションの進行が異常に遅くなったり，途中で止まることがあります．特にトランジェント解析で起きる症状です．このようなときは次の対策を試してみてください．

● 対策1…動作点解析を飛ばしてみます

トランジェント解析の設定パネルで［Skip Initial operating point solution］にチェックを入れます（図1）．このようにすると，動作点解析（operation point 解析）が実行されなくなるため，シミュレーションが速くなります．ただし，解析が終わってから回路図上にプローブを当てても動作点の電圧や電流は表示されなくなります．

● 対策2…計算精度を落としてみます

［Control Panel］-［SPICE］タブを開いてシミュレーションの設定を変更します．［Default Integration Method］や［Engine］-［Solver］などを変えてみます．図2の右側の［Gmin］，［Absol］などの数値を少し大きくしてみると，計算が速くなります．ただし解析精度が下がります．

動作がよくわかっている回路をシミュレーションしてみて，標準の設定と比較してみるとよいでしょう．設定を元に戻すには［Reset to Default Values］をクリックします．

きわめて入力バイアス電流が小さいOPアンプやFETをシミュレーションするときは，［Gmin］の値を1e^{-15}程度に小さくしないと精度が悪くなります．そのほか，LC回路ではインダクタの直列抵抗分を増やしたりすると効果があることがあります．

(初出：「トランジスタ技術」 2011年6月号 特集Appendix III)

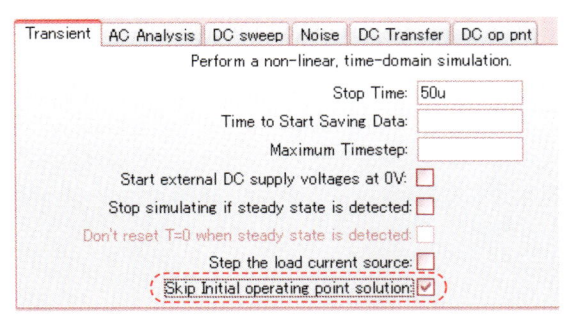

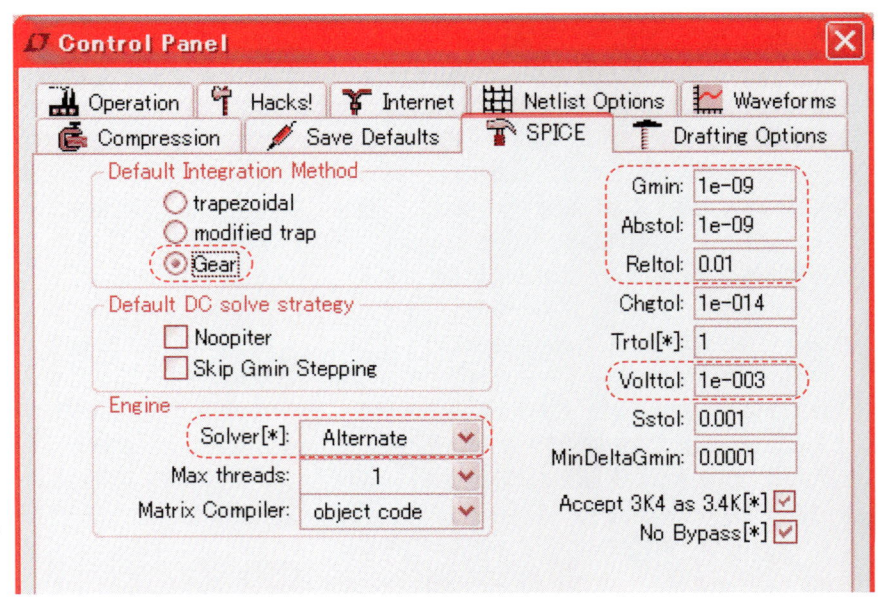

図1 シミュレーションの動きが遅いときの対策①
動作点解析をスキップさせる．

図2 シミュレーションの動きが遅いときの対策②
計算精度を落としてみる．

Appendix IV LTspice Q & A その3
トランスのモデルを作る方法

登地 功

● モデルを作成してみます

トランスのシミュレーション・モデルを作るときは，コイルのシンボルを巻き線数ぶん配置して，さらに相互の結合係数「K」を定義します．ここでは，2巻き線のトランスのシミュレーション・モデルを作ってみます．図1に示すように，コイルを2個配置してそれぞれのインダクタンスを指定します．

SPICEディレクティブを入力します(図2)．「K1 L1 L2 0.99」というふうに指定します．K1は結合係数の変数名，L1とL2は結合させるトランス巻き線のコイル名，0.99は結合係数です．

▶巻き線が3個以上ある場合

結合係数が同じなら「K1 L1 L2 L3.... 0.99」というふうに入力します．巻き線相互間で結合係数が違う場合は，次のように巻き線のすべての組み合わせについて結合係数を指定します．

```
K1 L1 L2 0.99
K2 L1 L3 0.97
K3 L2 L3 0.98
```

SPICEディレクティブ文字列を適当なところに配置します．

● 特性を調べてみましょう

図3に示す接続で，作成した2巻き線コイルのインピーダンスを調べてみます．

信号源のインピーダンスは50Ω，負荷はトランスのインピーダンス比が1:4ですから200Ωです．SPICEは，回路に直流的にグラウンドに接続されていない部分があるとエラーになるため，2次巻き線を動作上無視できる程度の高抵抗R2で接地しています．

図4にシミュレーション結果を示します．巻き線抵抗，寄生容量，コアの特性などはコイルに設定します．詳しくはLTspiceのユーザ・ガイドのインダクタ(inductor)の項を参照してください．

(初出：「トランジスタ技術」 2011年6月号 特集Appendix IV)

図1 2巻き線のトランスのシミュレーション・モデルを作る①
各コイルのインダクタンスを指定する．インダクタンス値はトランスの励磁インダクタンスである．インダクタンス比は巻き数比の2乗．図の例では1次：2次の巻き数比は1：2．

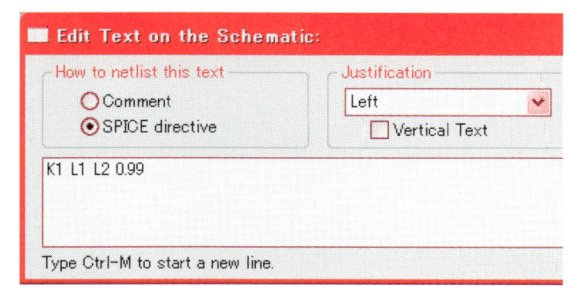

図2 2巻き線のトランスのシミュレーション・モデルを作る②
SPICEディレクティブを入力．

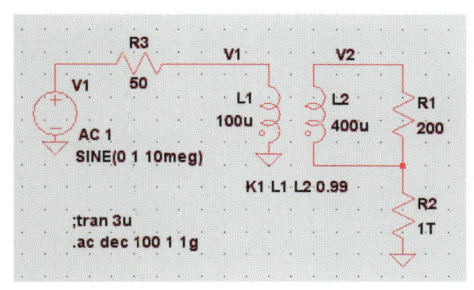

図3 作成した2巻き線コイルのインピーダンスを調べる③(A4-3.asc)
回路図を入力．

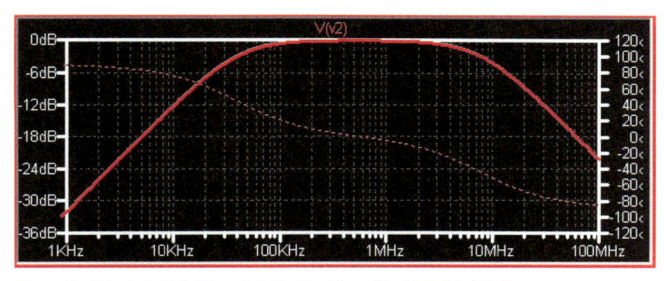

図4 作成した2巻き線コイルのインピーダンスを調べる④
AC解析する．

第2部 OPアンプ回路超入門

第5章 汎用OPアンプでシミュレーションの基本を学ぼう

OPアンプから始める

登地 功

> OPアンプ回路のシミュレーション，最初は汎用OPアンプを使った反転アンプを取り上げます．
> 本章では，回路図入力を行ってから，信号波形をオシロスコープのように表示する「過渡解析」を実行して信号を観測します．

　本章では，アナログ回路を設計するときに避けて通ることのできないIC「OPアンプ」の動作を，LTspiceを使って確認しながらマスタしていきます．LTspiceは，誰でも無償でダウンロードでき，パソコン上で電子回路の設計や学習が可能なシミュレーション・ソフトウェアです．本書付属のCD-ROMに収録されており，すぐにインストールできます．

　気を付けなければならないのは，シミュレーションと現実の回路は必ずしも動作が一致しないということです．第2部では，LTspiceで回路動作を理解したら実験で動作を確認する，という流れで進めます．

今すぐ誰でもパソコンで試せる

● 0円なのに実用にも十分使える「LTspice」

　電子回路シミュレータはいろいろあるのですが，無料で使えるものの多くは，機能や使用期限が限定された「評価版」です．

　ところが，LTspiceはシミュレーションできる回路規模に制限がなく，機能的にも製品版のシミュレータと比較して見劣りしません．ICの内部回路や高周波回路など特殊な用途を除き，アナログ回路シミュレータとして十分に実務で使用できるレベルです．

　どうしてこんなにおいしい話があるかというと，LTspiceの製造元は，アナログICメーカ（リニアテクノロジー）で，あくまでICを販売するサポート・ツールとして位置付けているからです．LTspiceに標準で付属している部品モデルは，リニアテクノロジー社製がほとんどですが，他社のICやディスクリート半導体を組み込んで使うこともできます．

● 無料でどこでも簡単ダウンロードできることのメリット

　LTspiceは，会員登録などの面倒なことも不要で，リニアテクノロジーのウェブ・サイトにアクセスすれば，ツールをダウンロードできます．本書CD-ROMからインストールすればダウンロードも不要です．

　このことで，筆者がパソコン上で検討した結果を，みなさんのところ（パソコン上）で再現できます（**図1**）．

　無料なので，回路設計上困ったときに，相談相手と同じツールを使いながら，疑問点をクリアにしていく

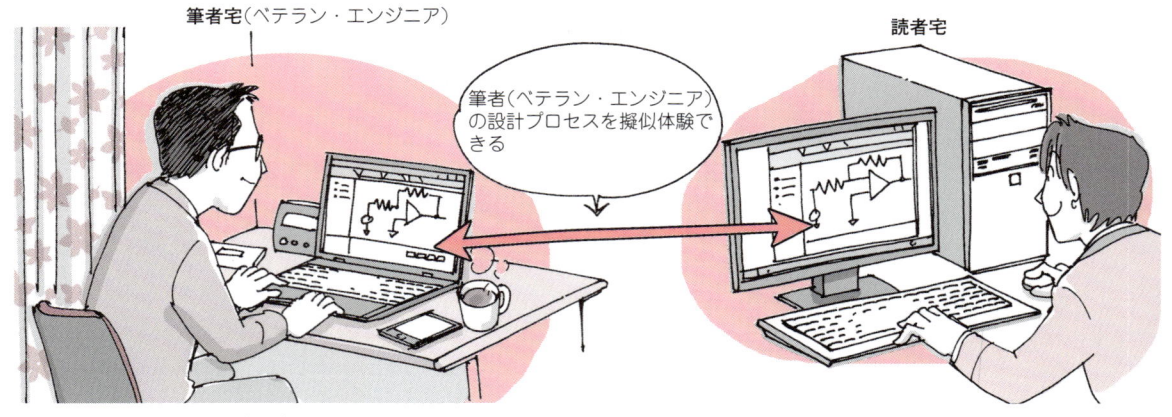

図1 LTspiceを使えばわざわざ回路を作らなくても検討できる
他人の作った回路も再現できる．

アナログICといえば「OPアンプ」

● 計算機として誕生

OPアンプ(Operational Amplifier)は日本語では演算増幅器といいますが，これでは直訳で，よくわかりませんね．

演算といえばコンピュータ，それも数千万個，ときには1億個を超えるトランジスタを集積したディジタル回路が思い浮かびますが，その昔，電子デバイスが真空管しかなかったころ，ディジタル・コンピュータは大きく，重く，信頼性が低いものでした．

そこで演算，特に微分方程式を解くために考えられたのがアナログ・コンピュータでした．

アナログ・コンピュータを構成している基本ユニットである増幅器は，アナログ演算をするためのものなので「演算増幅器＝OPアンプ」と呼ばれました．

● 増幅も演算

アナログ回路でできる演算といえば，代表的なものが加算，減算，定数倍，そして微分，積分といったものです．数学の得意な人はこれらの演算が「線形演算」と呼ばれるものであることにお気づきでしょう．OPアンプでできる演算も，基本はこれら線形演算です．

加減算と定数倍はOPアンプと抵抗でできますし，これにコンデンサを加えれば微積分回路ができます．さらに，ダイオードやトランジスタのPN接合の電圧-電流特性が対数・指数関数になることを利用すれば，対数，指数，乗算，除算，平方根など非線形の演算も可能です．

たとえば，マイクロホンの数mVの信号を増幅してA-D変換する場合を考えてみましょう(**図2**)．入力信号を100倍した信号をA-Dコンバータに供給します．

考えてみれば，増幅というのは定数倍することで，この場合は定数が100ですから，

出力電圧＝入力電圧×100

という演算式で表すことができます．反転増幅なら定数が負になるだけです．差動増幅なら＋入力から－入力を減算して定数倍です．

フィルタなどの時定数回路も微積分回路の応用といえます．ラプラス変換された伝達関数をもつ回路をOPアンプで組んで入出力を観測する，というのは，微分方程式を解いているのと同じことです．

ほとんどのアナログ信号処理は，入出力の関係を関数で表現できます．その関数をOPアンプで構成する

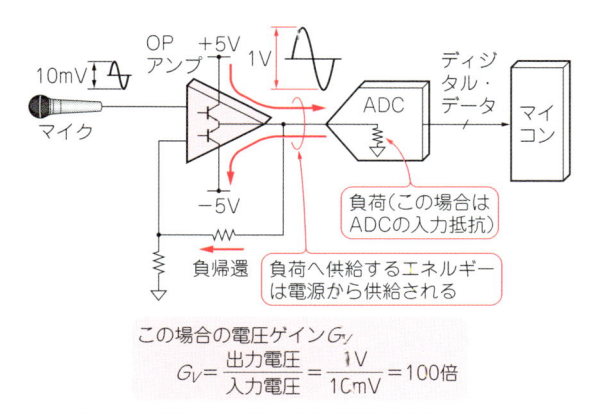

図2 OPアンプはアナログICだけど演算できる
アンプとは定数を乗算する演算．

この場合の電圧ゲインG_V

$$G_V = \frac{出力電圧}{入力電圧} = \frac{1V}{10mV} = 100倍$$

のがアナログ回路設計だ，ということもできそうです．

今ではOPアンプといえば，増幅器の代名詞といった感じで，低周波ではトランジスタなどのディスクリート部品(個別部品)を使った回路に代わって，ごく一般的に使われるようになっています．値段の方も，安価な汎用品，たとえばLM324などは4回路入りで10数円と小信号汎用トランジスタ並みの値段になっています．しかし，もともとはその名のとおり「演算」をするための電子回路だったのです．

反転アンプから始める

● なぜ反転アンプから始めるの？

OPアンプを使った回路にはいろんな種類がありますが，初めての人は反転アンプから入門するとよいでしょう．反転アンプはOPアンプの入力端子の電位が動かないことと，フィードバック回路の抵抗の比と増幅率が同じことから，非反転より少しわかりやすいように思います．

ここでいう反転は，入力が＋なら出力は－になる，という意味です．入力が＋のとき出力も＋になる回路(非反転アンプ)ももちろん作れます．

OPアンプを単体のアンプとして使う場合，おそらく非反転アンプとして使うことのほうが多いのですが，特に複雑な回路の場合は，反転アンプが使われることも多いので，反転アンプの動作を理解しておくことはとても重要です．

▶ 非反転アンプにもメリットがある

「OPアンプは反転で使った方が入力の電位が変化しないので特性が良くなる．できれば反転で使うべきだ」というようなことをときどき耳にします．でも，非反転のバッファ・アンプやゲインが1倍に近いアンプは，抵抗の精度の影響を受けにくいなどメリットも多く，反転アンプが全面的に有利とはいえません．

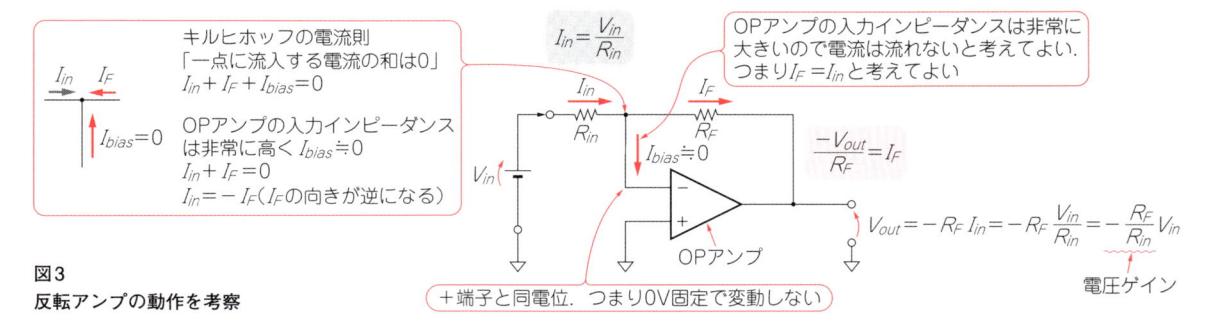

図3
反転アンプの動作を考察

キルヒホッフの電流則
「一点に流入する電流の和は0」
$I_{in} + I_F + I_{bias} = 0$

OPアンプの入力インピーダンスは非常に高く $I_{bias} ≒ 0$
$I_{in} + I_F = 0$
$I_{in} = -I_F$（I_Fの向きが逆になる）

$I_{in} = \dfrac{V_{in}}{R_{in}}$

OPアンプの入力インピーダンスは非常に大きいので電流は流れないと考えてよい．つまり $I_F = I_{in}$ と考えてよい

$\dfrac{-V_{out}}{R_F} = I_F$

$V_{out} = -R_F I_{in} = -R_F \dfrac{V_{in}}{R_{in}} = -\dfrac{R_F}{R_{in}} V_{in}$

電圧ゲイン

＋端子と同電位．つまり0V固定で変動しない

● 反転アンプのふるまい

反転アンプは，その名のとおり，入力信号と出力信号の符号が反転します．交流信号なら位相が180°反転します．反転アンプの動作は図3のようになります．

OPアンプは，非反転入力と反転入力の間の電圧を増幅して出力します．その増幅率（ゲイン）は，例えば10万倍など非常に大きな値です．

反転アンプでは，非反転（＋）入力はGNDに接続されています．反転（－）入力にわずかでも電圧があれば，OPアンプの電圧ゲインは非常に大きいので，出力はプラス，マイナスどちらかに振り切ってしまいます．逆に考えると，OPアンプが正常に動作できる出力電圧範囲であれば，反転入力の電圧は，ほぼ0になっているはずです．出力電圧が10 V，OPアンプのゲインが10万倍なら，反転入力の電圧は10/100000 = 0.0001 Vになります．

具体的に電圧ゲイン10倍の反転アンプの動作を考えてみると，図4のようになって，入力電圧が1 Vのとき，出力電圧は－10 Vになります．イメージは，支点が中にある「てこ」のような感じです．てこの腕の長さが，それぞれ R_{in} と R_F の抵抗値になります．

● 仮想接地点とは？

反転アンプでは，非反転入力端子をGNDに接続することが多いので，先ほど具体例に出したように，反転入力端子もほぼGND電位になります．この場合の反転入力端子をイマジナリ・グラウンド（仮想接地点）といいます．非反転入力端子がGND以外の電位になっていれば，反転入力端子もその電位になります．

反転アンプでは，入力抵抗に流れる電流と，帰還抵抗に流れる電流が等しいこと（$I_{in} = I_F$）も特徴のひとつです．このことは，加算回路やダイオードと組み合わせて絶対値回路などをつくる場合に回路を理解するうえで重要なので覚えておきましょう．

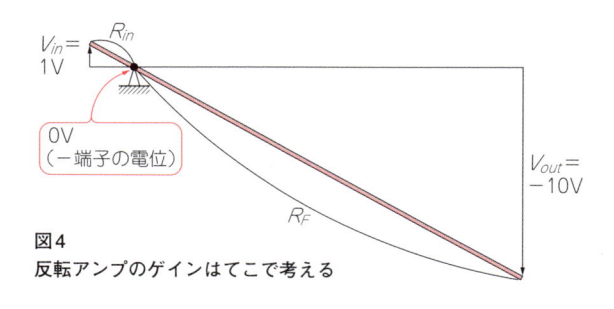

反転アンプをシミュレーションしてみる

過渡解析（トランジェント解析とも呼ぶ）で反転アンプの出力信号をオシロスコープの画面のように観測したり，AC解析でOPアンプの周波数特性を見てみます．

本書の序盤は，LTspiceに付属しているライブラリのモデルを使いますが，その後，他の半導体メーカが提供しているSPICEモデル・ライブラリを使ったシミュレーションをしてみましょう．

● 回路図作成の準備をしましょう

LTspiceを起動します．図5の［New］ボタンで新規回路図ウィンドウを開きます．

回路図の作成に入る前に，ファイル名を決めて保存しておきましょう．シミュレーションごとにフォルダを作っておいたほうが整理しやすいので，OPアンプのシミュレーションのデータを保存する新規のフォルダに保存しましょう．

メニューの［File］-［Save as］で［マイドキュメント］-［LTspice_work］フォルダの下に，新規にOPAMPというフォルダを作成します（図6）．

OPAMPフォルダの下にOP_INVというファイル名で回路ファイルを保存してください（図7）．

● OPアンプのシンボルを配置します

［componentアイコン］（図8）をクリックして，部品選択ウィンドウを開きます（図9）．［Opamps］フォルダをダブルクリックすると，図10のようにOPアンプのリストが表示されます．

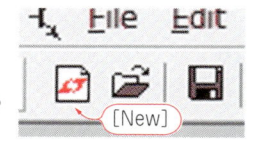

図4
反転アンプのゲインはてこで考える

$V_{in} = 1V$
R_{in}
0V（－端子の電位）
R_F
$V_{out} = -10V$

図5
回路図を新規作成する
［New］を押す．

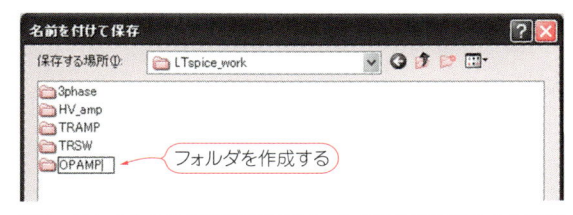

図6 ひとまとまりの実験ごとにフォルダを作成しておくと整理しやすい

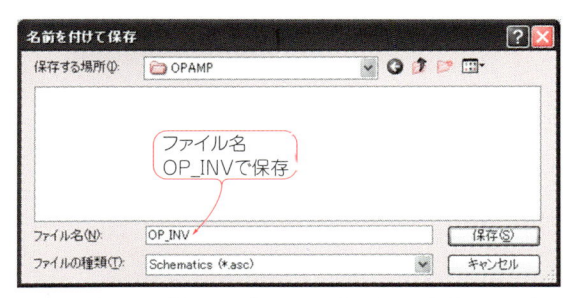

図7 回路図の作成前にまずファイル名を決めて保存しておくのがおすすめ

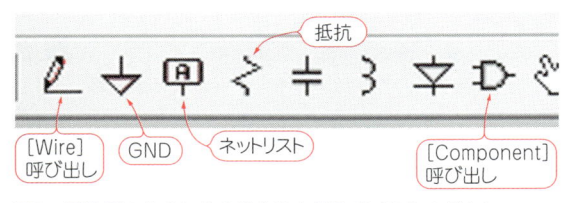

図8 回路図の作成に使う代表的な部品呼び出しのボタン

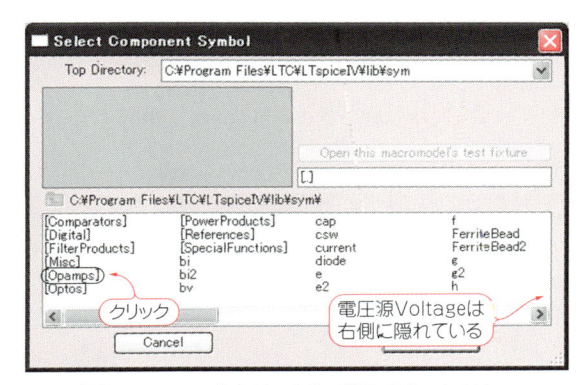

図9 部品componentをクリックして現れるウィンドウ
OPアンプの呼び出しには［Opamps］フォルダを開く．

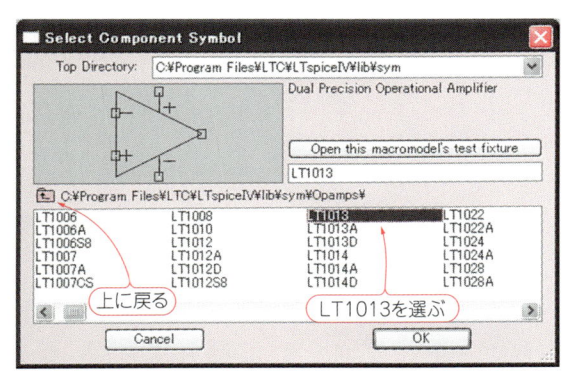

図10 componentから［Opamps］フォルダを開いたところ
今回はLT1013というOPアンプを使ってみる．

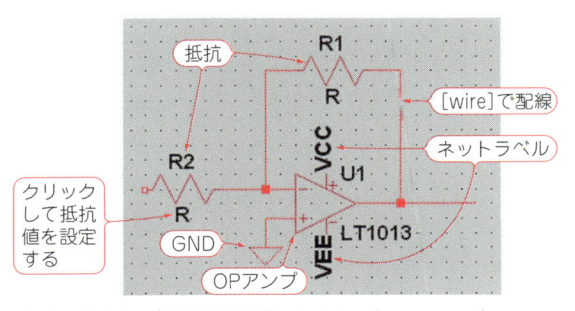

図11 OPアンプと抵抗を配置したところ（N3-1-1.asc）
部品やネットリストの呼び出しは図8のボタンを参照．

　最初は，LTspiceに付属しているライブラリからOPアンプを選んでみましょう．リニアテクノロジー社のデバイスならほとんど用意されています．

　どのモデルを使ってもよいのですが，まずは汎用のOPアンプでシミュレーションしてみましょう．ここではLT1013を使ってみました．

　LT1013はデュアルの精密OPアンプで，古くから広く使われているLM324の高精度版です．入力オフセット電圧が60 μV_{typ} と小さく，ゲインは700万倍$_{typ}$ と比較的大きく，LM324にあった出力のひずみがありません．入力電圧範囲がマイナス電源を含んでいるので片電源でも動作可能ですが，今回は普通に±両電源で動作させます．

● 回路図を入力します

　図11のように，電圧ゲイン10倍の反転アンプを作ります．回路図ウィンドウに抵抗2個を置いて配線します．OPアンプの電源端子にネットラベル「VCC」「VEE」を配置します．配線のwireは使わなくても大丈夫です．

　次に，Componentから電圧源Voltageを選び，3個配置します．V1を信号源，V2を＋電源，V3を－電源にします．V2にVCC，V3にVEEのネットラベルを付け，GNDを接続します．「VIN」「VSUM」「VOUT」というラベルも付けましょう．

　電源電圧はOPアンプ回路でよく使われる±15Vにします．最近では，もっと低い電圧で動作する回路が多くなってきましたが，計装や制御関係では信号レベルが0～10Vや±10Vが多く使われていて，この場合は電源電圧として15Vくらいが必要です．

　V2を右クリックして，DC value［V］に15を設定します．同様にV3には－15を設定します．

　抵抗は$R_2:R_1=1:10$であれば，1k～10MΩくらいのかなり広い範囲の抵抗値を使うことができます．し

反転アンプをシミュレーションしてみる　89

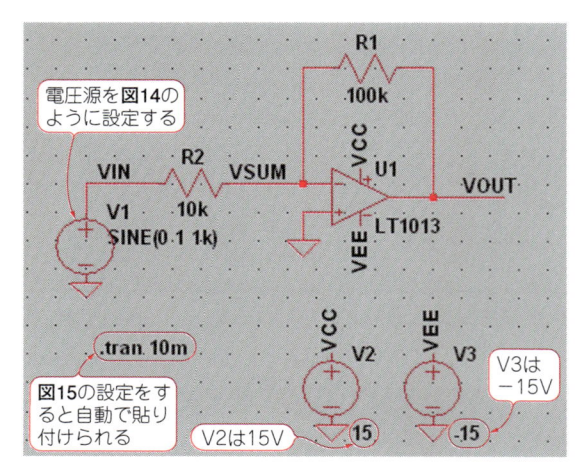

図12 入力と出力の波形を調べる…LTspiceで回路を描く（N3-1-2.asc）
シミュレーションに必要な設定がすべて終わった状態．

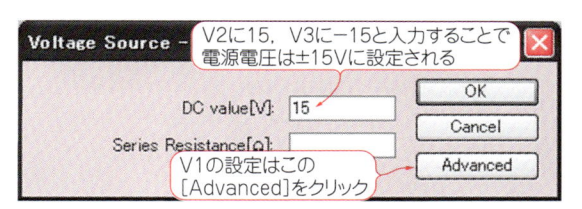

図13 電源の（V2とV3）の設定画面
電圧源voltageはcomponentのウィンドウから呼び出す．右クリックでこのウィンドウが開く．

図14 信号源（V1）の設定画面
右クリックで図13のウィンドウを出し，[advanced] ボタンをクリックするとこのウィンドウが開く．

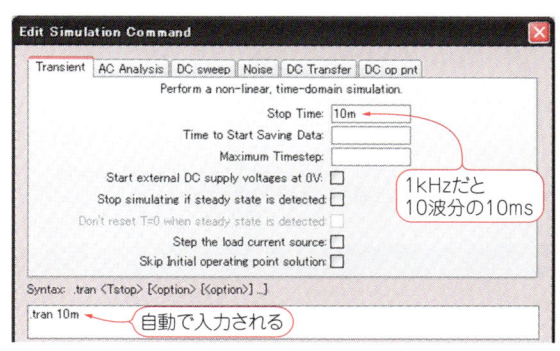

図15 波形を見る解析条件を設定
メニューから [Simulate] - [Edit Simulation Cmd] と選ぶ．

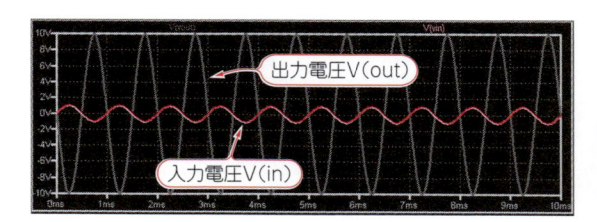

図16 反転アンプの入出力波形（シミュレーション）
設定ができたらメニューから [Simulate] - [Run] と選ぶ．または [Run] ボタンをクリック．

かし，抵抗値が低いと消費電流が増えますし，自己発熱によるドリフトなどの影響も出てきます．抵抗値が高いと，高温時にOPアンプのバイアス電流が増加して誤差が発生したり，OPアンプの入力容量や浮遊容量と帰還抵抗で位相シフトが起きて発振気味になったりするため，汎用のOPアンプでは特に理由がなければ5k〜100kΩが無難です．高速OPアンプでは，位相シフトの影響がより大きいためもっと小さな抵抗値を使います．抵抗の値「R」を右クリックして，抵抗R_1は100k，R_2は10kに設定します．

● 波形が表示される観測モード「過渡解析」に設定

オシロスコープで回路の信号を観測するように，シミュレーションで反転アンプの信号を見てみます．信号源の設定と，解析の設定，両方を適切に行う必要があります．設定が終わった状態が図12です．

信号源V1を右クリックすると，図13のようなダイアログが開きます．右下にある [Advanced] をクリックすると，図14のような電圧源設定パネルが開きます．[Function] の [SINE] にチェックを入れます．

画面が変わるので，1V，1kHzに設定します．

次に，解析の設定です．メニューの [Simulate] - [Edit Simulation Cmd] で [Transient] タブを選び，Stop Timeを10mに設定します（図15）．

[OK] ボタンをクリックして設定すると，.tran 10mという文字列を回路図に配置する状態になります．適当なところに置きます．この文字を置き忘れるとエラーになります．

● 過渡解析を実行して波形を表示させます

準備ができたら，[Run] でシミュレーションを実行します．回路図の「VOUT」と「VIN」をクリックして波形を表示します．図16のような波形になるはずです．反転アンプですから，電圧ゲインは−(100kΩ/10kΩ) = −10倍です．入力電圧1Vで出力電圧は10V，位相も逆です．

（初出：「トランジスタ技術」 2012年1月号）

第6章 反転アンプを使ってさまざまな特性を調べよう
OPアンプ回路を動かしてみる

登地 功

前章に続いて反転アンプ回路のシミュレーションを行います．
アンプに方形波信号を入力して過渡応答特性を観測し，続いて「AC解析」でアンプの周波数特性をネットワーク・アナライザのように表示してみます．
周波数-位相特性から，負帰還アンプの安定性についても考察します．

　図1は，OPアンプを使った反転アンプ回路です．今回は，シミュレータの機能を使いながら，この回路の動作についてもう少し詳しく見てみます．

いろんな信号を入れて出てくる信号の波形を見てみる

■ 正弦波を入れてみる

　回路図を描いたら，信号源を設定します．信号源V1を正弦波出力に設定するには，まず右クリックして現れるダイアログで［Advanced］ボタンをクリックします．
　次に，メニューから［Simulate］-［Edit Simulation Cmd］でダイアログを呼び出します．Transientタブを選び，Stop Timeを10 mに設定し，［OK］をクリックします．回路図ウィンドウに戻るので.tran 10 mというコマンドを適当な位置に張り付けます．

● 入出力の波形は？

　シミュレーションを実行し，回路図上のVOUT，VINをクリックすると，図2のように波形が表示されます．
　出力振幅は10 V，信号源に設定した入力電圧は1 Vでしたから，設計通り10倍のゲインが得られています．

● 0 VであるはずのOPアンプ入力端子の電圧は？

　反転入力端子の電圧を見てみましょう．電圧振幅が非常に小さいので，そのまま波形を追加しても0 Vにしか見えません．別のグラフに表示しましょう．
　波形ウィンドウをアクティブにして，図3のようにメニューから［Plot Setting］-［Add Plot Pane］を選びます．すると，中身のない新しいグラフが上に追加されるので，回路図の「VSUM」をクリックして波形を追加します．図4のように，OPアンプの反転入力端子の電圧が上のグラフ中に表示されます．
　OPアンプの反転入力端子は，仮想接地点と呼ばれて理想的には接地電位なのですが，OPアンプのゲイ

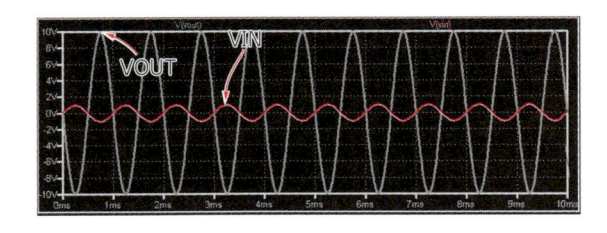

図2 VOUT，VINをクリックしてその2点の波形を表示させる
図1のシミュレーション結果．

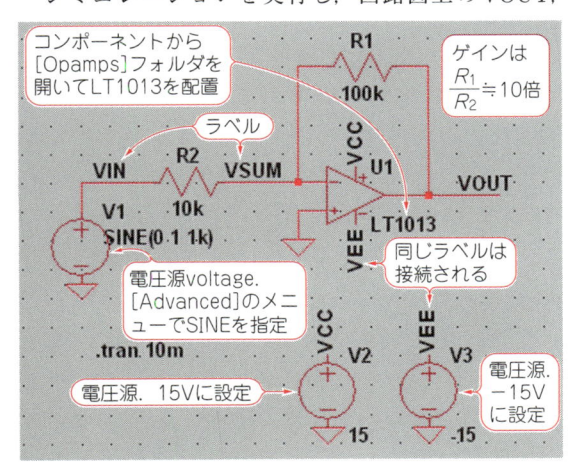

図1 OPアンプを使って構成したアンプ（反転型）（第5章図12と同じ）
電源電圧±15 VはLT1013のデータシートにある特性測定時の条件．

図3 微少振幅の波形を見るためグラフを追加する
波形ウィンドウをアクティブにした状態でメニューを操作．

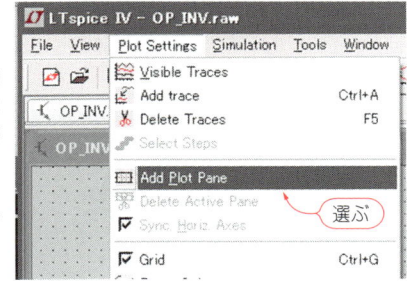

いろんな信号を入れて出てくる信号の波形を見てみる　91

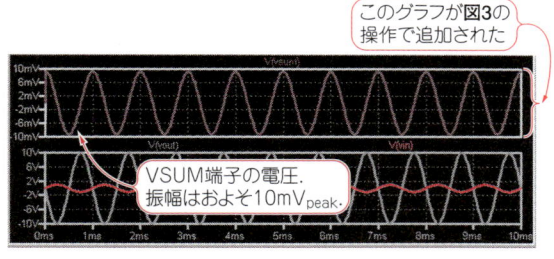

図4 反転入力端子のネットVSUMの電圧を上のグラフに表示
入力電圧などに比べると桁違いに小さく，ほとんどGNDに近い．

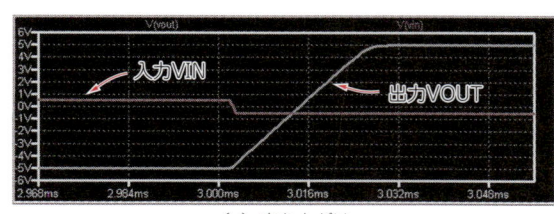

（a）立ち上がり

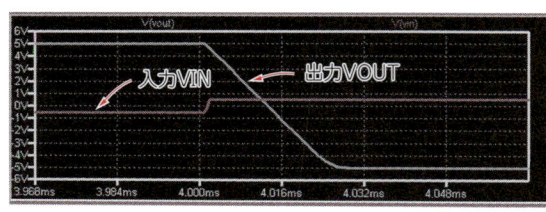

（b）立ち下がり

図6 方形波応答のシミュレーション結果を拡大表示
波形にあばれた部分がない素直な応答．

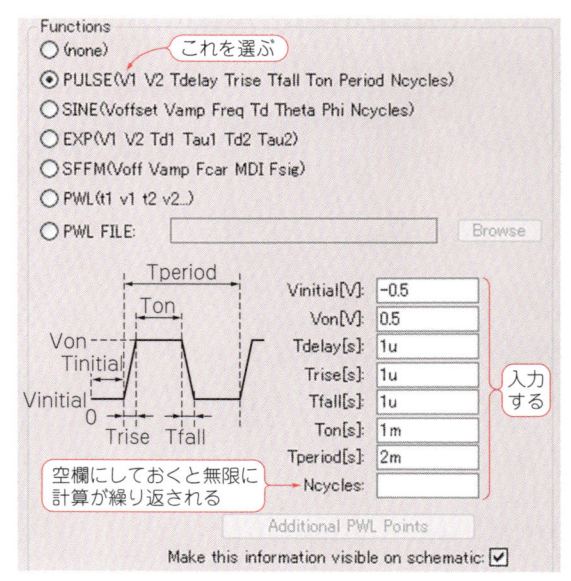

図5 アンプに方形波を入れてみる
信号源を方形波に設定する理想方形波ではTrise，Tfallがゼロだが，あまり小さくしすぎないほうがよい．

ンが有限なので，わずかな電圧が発生します．

シミュレーションでは，反転入力端子の信号レベルは10 mVです．OPアンプへの入力は10 mVで出力は10 Vですから，OPアンプの1 kHzでの電圧ゲインは1000倍と求められます．

■ 方形波を入れてみる

アンプ回路を作ったときは必ず確認しておきたいのが方形波信号に対する応答です．理由は後述します．

信号源に使っている電圧源V1を±0.5 V，500 Hzの矩形波に設定します（**図5**）．立ち上がりは1 μsにしました．1 nsといったようなOPアンプの動作速度に比べて極端に変化の速い信号を入力すると，シミュレーションとはいえ正確な結果が得られないことがありますし，実際の回路でも変な動きをすることがあります．

さて，上記のような信号を入れてシミュレーションしてみると，電圧ゲインは10倍なので，アンプの出力では±5 Vになります．シミュレーションを実行してVOUTを見てみましょう．比較のためVINも表示します．立ち上がり部分を拡大したのが**図6**です．立ち上がり，立ち下がりとも，まったくオーバーシュートがなく，このアンプの特性はとても素直で使いやすいことがわかります．

入力する正弦波の周波数を上げたり下げたりする

今度は周波数特性を見てみます．

アンプは目的によって必要な周波数帯域が異なります．たとえば，音声信号を扱う場合，音楽再生用のオーディオ・アンプなら100 kHz以上の帯域が欲しいところですが，電話や無線機では帯域が広すぎるとかえって了解度が下がってしまうので，4 kHzくらいに制限してしまいます．

映像信号を扱う場合，ふつうのコンポジット・ビデオ信号なら10 MHz程度でしょうか．熱電対など温度計測では，数Hzもあれば十分なことが多いです．

● AC解析の設定を行います

回路図を右クリックするか，メニューから［Simulate］-［Edit Simulation Cmd］で［AC analysis］を選び，**図7**のように，Octaveあたり100点，解析する周波数の範囲を1 Hz～100 MHzに設定します．

シミュレーションする周波数の範囲は，最初は広めにするとよいでしょう．その後，周波数範囲を狭めて細部を観測していきます．

LT1013の小信号帯域（電圧ゲインが0 dBになる周波数）は700 kHzくらいですから，シミュレーションの上限はその2桁ほど上の100 MHzくらいにとれば十分でしょう．

信号源V1を右クリックし，**図8**のように信号の電圧を1 Vに，［Functions］を（none）に設定します．

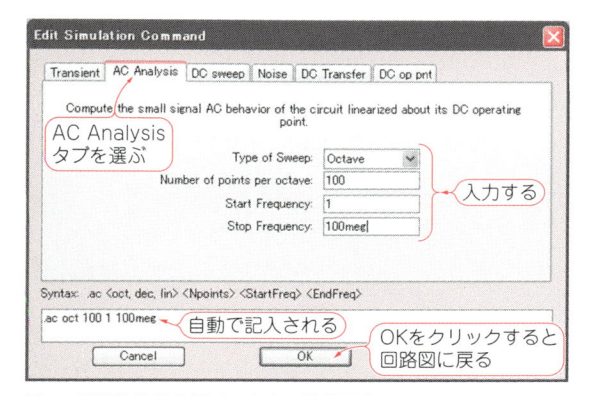

図7 周波数特性を調べるときの計算設定

[OK] ボタンを押して回路図に戻り，.ac oct 100 1 100 meg を適当な位置に貼り付ける．

● 実行

　[Run] でシミュレーションを実行してください．波形ウィンドウが開いたら，表示したい信号を選びます．

　ここでは，アンプの出力を見たいので，回路図のネットVOUTをクリックして波形表示します．**図9**に示すように，波形グラフの横軸が周波数軸になって，ネットワーク・アナライザの画面表示のようになります．

● 増幅率（ゲイン）は周波数で変化する

　グラフの上にあるV(vout)を右クリックすると，ダイアログが表示されます．Attached Cursor で [1st & 2nd] を選び，カーソル1，2の両方を表示させて周波数特性を観測してみましょう．

　入力電圧が1V（0 dBV）なのでY軸の読みは電圧ゲインに等しくなります．低い周波数（10 Hz）での電圧ゲインは20 dB（10倍）です．100 kHz付近から次第にゲインが下がって，－3 dB 周波数は115 kHz くらいでしょうか．音声信号を増幅するのには十分ですが，ビデオ信号などは無理ですね．

■ 動作の不安定なアンプになっていないか確認する

● オープン・ループ特性を見てみる

　まず，このOPアンプの**オープン・ループ特性**（負

図8　図1の回路の周波数特性を調べる…信号源の設定を変更する

帰還をかける前の裸の特性）を見てみましょう．

　オープン・ループ特性は，単にOPアンプの入力電圧と出力電圧の比ですが，OPアンプのゲインが非常に大きいので，出力が飽和していないOPアンプの入力電圧は非常に小さくなります．

　ですから，実際の回路でオープン・ループ特性を測定することは，かなり難しいことになります．

　その点，シミュレーションではOPアンプのオープン・ループ特性を観測するのは簡単です．

　まず，**図1**の回路でAC解析を実行します．

　解析する周波数範囲は少し広めにして，1 mHz ～ 100 MHz くらいにしましょう．

　回路図を右クリックして [Edit Simulation Cmd] で [Start Frequency] を 1 m，[Stop Frequency] を 100 meg に設定します．

　シミュレーションを実行して，とりあえずVOUTを観測してみてください．**図9**と同じで周波数範囲が変わるだけです．

　次に，波形ウィンドウの信号名ラベル V(vout) を右クリックしてダイアログを表示，[Delete this Trace] をクリックして波形を消去します．（**図10**）

　続いてプルダウン・メニューの [Plot Settings] - [Add Trace] で表示する信号を選択します．

　まず，Available data 欄から V(vout) をクリックすると，下の入力欄に V(vout) が表示されますから，信号名の後にカーソルを置いて「/」を入力してください．

　さらに Available data 欄から V(vsum) をクリックします（**図11**）．**図12**のような波形が表示されるはず

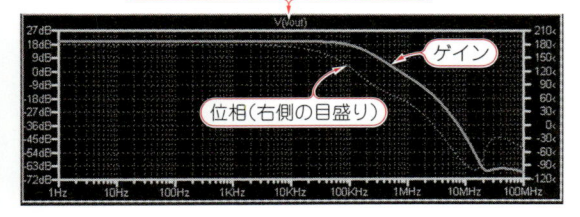

図9　図1のアンプの周波数特性
回路図のVOUTをクリックするとアンプの周波数特性が表示される．入力を1にしてあるので表示は換算なしでゲインに読み替えてよい．

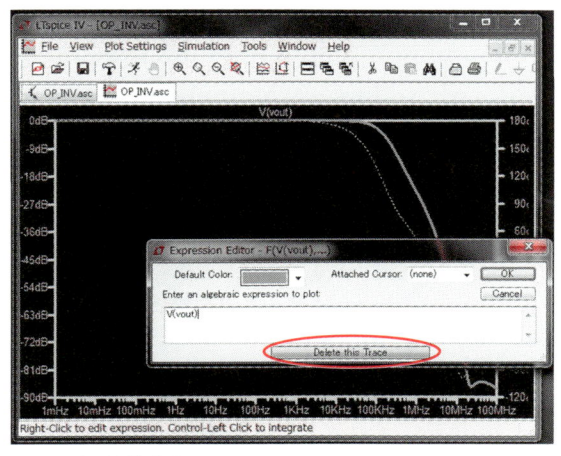

図10　波形を消去する

入力する正弦波の周波数を上げたり下げたりする　93

です．

「/」は割り算の演算子ですから，表示される波形はVOUT÷VSUMということになります．VSUMはOPアンプの反転入力とGND間の電圧ですから，OPアンプの入力電圧そのものです．

つまり，表示されている波形はOPアンプの出力電圧÷入力電圧，すなわち解放時の電圧ゲイン（オープン・ループ特性）ということになります．

● オープン・ループ・ゲイン特性はどうなっているでしょう

波形にカーソルをアタッチして特性を見てみましょう．

まず，低い周波数では電圧ゲインが140 dB近くあります．140 dBというと1000万倍ですから，低周波では非常に大きな電圧ゲインがあることがわかります．

電圧ゲインが3 dB下がる周波数は0.14 Hzと意外と低く，ここから－6 dB/octの傾き，つまり周波数に反比例して電圧ゲインは下がっていきます．

電圧ゲインが0 dBになる周波数は約750 kHzです．

オープン・ループ特性からは，負帰還をかけたときの周波数特性を見積もることができます．

たとえば，電圧ゲイン20 dBのアンプを作った場合の周波数範囲は，カーソルを20 dBの位置に移動して，そのときの周波数を読み取ります．約104 kHzですから，電圧ゲイン10倍のアンプのシミュレーション結果とだいたい一致します（負帰還アンプの周波数特性は完全な折れ線ではなく，角が丸くなるので少し周波数帯域が狭くなります）．

● 位相特性を見てみる

今度は位相特性を見てみます．

存在しない理想OPアンプの使い道

● 理想OPアンプの特性は

(1) 電圧ゲイン-無限大

電圧ゲイン無限大ですから，反転入力と非反転入力の間に少しでも電圧があれば出力電圧は無限大になってしまいます．したがって，負帰還がかかっていて出力電圧が有限の値なら，入力端子間の電圧は0でなければなりません．

電圧ゲインは負帰還回路の分圧比，直流なら抵抗の比だけで決まり，いくらでも大きな値をとることができます．

(2) 入力インピーダンス-無限大

入力に電流が流れないから，まわりの抵抗回路に電圧が発生しません．したがって，いくら大きな抵抗値を使っても誤差の要因になりません．

(3) 入力オフセット電圧-ゼロ

オフセット電圧が0でないと，入力電圧がゼロでもオフセット電圧分の入力があるのと同じことになり，出力に電圧があらわれてしまいます．

(4) 出力インピーダンス-ゼロ

いくら負荷電流を流しても，出力電圧は変わりませんから，出力インピーダンスが回路の特性に影響を与えません．

(5) 周波数特性-無限大

DCからサブミリ波まで，なんでも増幅しちゃいます．周波数特性を考慮する必要がありません．

(6) 入出力電圧範囲-無限大

10億ボルトでも楽々出力．実際にこんなアンプがあったら，危なくて近寄れません．うっかり発振でもさせたら大事故です．

といったところですが，もちろんこんなOPアンプは実際には存在しません．しかし，回路を考案するときには，まず理想OPアンプで考えてみます．

● 初期の機能を設計に使える

理想OPアンプというのは，幾何学で扱う図形のようなもので，たとえば理想的な三角形というものは実際には存在しませんね．紙に書いた三角形は，いくら正確に書いても線に太さはあるし，わずかに曲がってもいるでしょう．しかし，幾何学は長さも幅もないものである「点」，長さだけで幅がない「直線」，そして直線が囲む「面」といったものを組み合わせて複雑な体系を作り上げていて，言ってみれば仮想の体系です．

私たちが現実の世界で出会ういろいろな物事のうち，長さ，面積，体積といったものは幾何学の体系に当てはめると，簡単に見通しよく取り扱うことができます．

複雑な形をした建物の面積を求めるとき，建物の形が直線や円といった単純な幾何学要素の組み合わせでできていると考えれば，面積は簡単に求められます．壁に厚みがあるとか，ちょっと曲がっているとかいったことは，後で補正すればよいことです．

OPアンプ回路を考えるときも同様に，まず理想化した単純なモデルである理想OPアンプを使って，おおまかな回路構成（回路トポロジーなんて言ったりします．コーヒー・カップとドーナツは同じだっていう，あれです）を考えます．

理想OPアンプで考えると，回路の特性はOPア

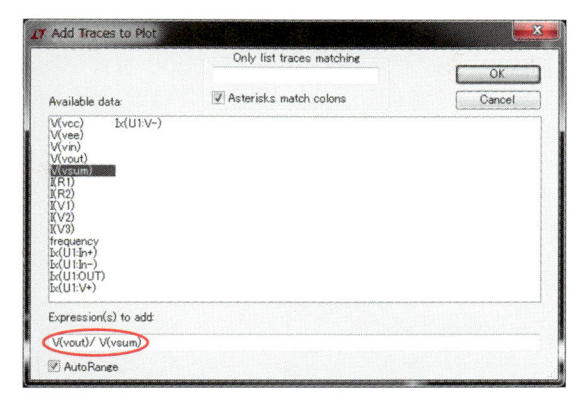

図11 表示する信号を選択

反転入力に信号を入れていますから，出力信号は極性が反転して入出力位相差は180°になるはずです．グラフを見ると低い周波数ではたしかに180°ですが，

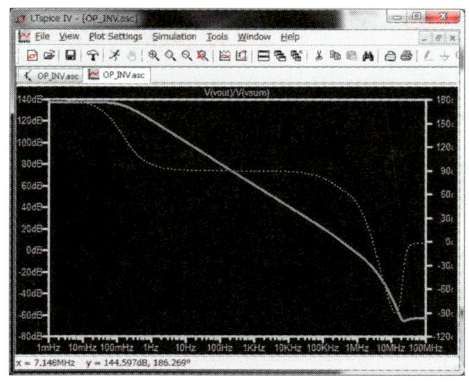

図12 OPアンプのオープン・ループ特性

10 mHzくらいから位相差が小さくなってきて，1 Hzから100 kHzくらいの広い範囲で90°くらいになっています．位相の極性はプラスですから進み位相です．

Column

ンプの特性には依存せず，周辺の回路網だけで決まります．

その後，実際に入手可能なOPアンプに置き換えて，性能が仕様を満たすように回路をチューニングしていきます．

● **性能設計は現実のOPアンプで**

残念ながら，製品のOPアンプは理想的ではありません．たとえば，電圧ゲインについて考えてみると，低周波用なら普通のOPアンプでも100 dB，十万倍くらいあります．

普通の用途には十分なように見えますが，このOPアンプで電圧ゲイン100倍のアンプを設計するとループ・ゲイン（帰還回路の分圧比とOPアンプ単体のゲインをかけたもの）は，帰還回路の分圧比が1/100で，OPアンプ単体のゲインが100000倍ですから，100000×1/100＝1000倍になります．

アンプの入出力特性が直線でなくても，負帰還をかけると直線性がループ・ゲイン分の1に改善されるので，この場合に直線性として期待できるのはおよそループ・ゲイン分の1で，0.1％ということになります．このループ・ゲイン分の1を負帰還量と言います．

A-Dコンバータなどを含むアナログ・システムの精度には，いろいろなパラメータがありますが，直線性に関しては，ΔΣ型や積分型のA-Dコンバータでは1 LSB程度を保証しているものが多くなっています．16ビットの1 LSBは0.0015％ですから，この前段のアンプの直線性として0.1％はまったく不十分です．16ビットで1/2 LSBの直線性をもった

100倍のアンプを設計するのは，かなり難しいことで，高性能のOPアンプを使ったり，ゲインの低いアンプを多段接続にするといった構成にする必要があるでしょう．

周波数特性も広帯域が要求されるなら，さらに難しくなります．図Aのように，OPアンプ単体のゲイン（オープン・ループ・ゲインという）は，かなり低い周波数から低下してしまいます．例えば小信号周波数帯域（ゲインが1になる周波数．GB積ともいう）が1 MHzのOPアンプの場合，10 Hzあたりからオープン・ループ・ゲインが下がり始めて，周波数に反比例してゲインが小さくなります．しかも，広帯域OPアンプの直流特性は一般的にあまり良くないですから，低周波での精度と広帯域を両立させようとすると，より設計は難しくなります．

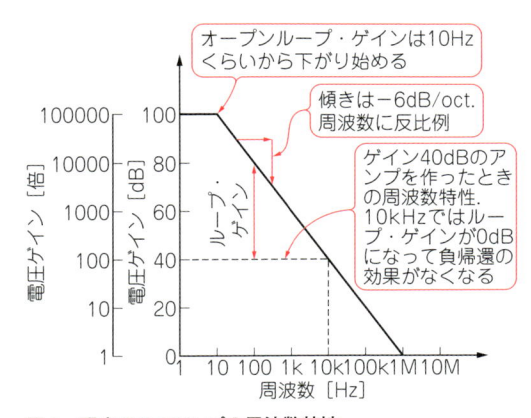

図A 現実のOPアンプの周波数特性
帯域幅は，ユニティ・ゲイン帯域幅，またはGB積とも呼ばれる．

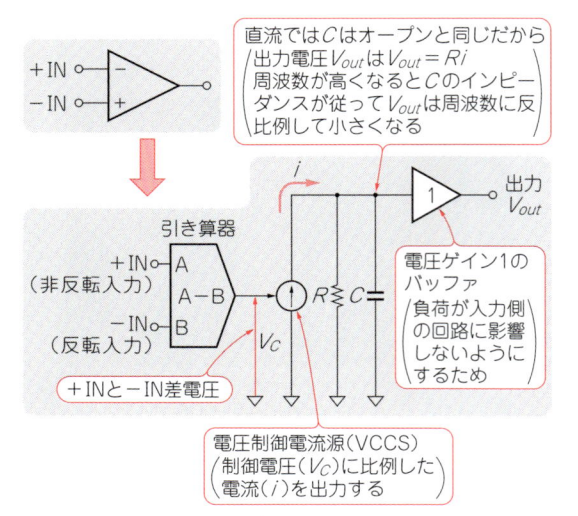

図13 単純化したOPアンプの等価回路

（図中注記）
- 直流ではCはオープンと同じだから出力電圧V_{out}は$V_{out}=Ri$ 周波数が高くなるとCのインピーダンスが従ってV_{out}は周波数に反比例して小さくなる
- 引き算器：+IN（非反転入力）A、-IN（反転入力）B、A-B
- +INと-IN差電圧 V_C
- 電圧制御電流源（VCCS）／制御電圧（V_C）に比例した電流（i）を出力する
- 電圧ゲイン1のバッファ／負荷が入力側の回路に影響しないようにするため

位相差90°の部分は，だいたい電圧ゲインが-6dB/octの傾きで下がっている部分と一致します．ここは，OPアンプの位相補償が効いているのですが，位相補償は通常，電圧増幅段にコンデンサを入れることで積分的な動作をさせています．積分ですから正弦波の位相遅れは90°，もとが反転動作で180°遅れていますから270°遅れ，視点を変えれば90°進みになります．

● **OPアンプの動作はこんなふうに考える**

OPアンプの動作イメージ図を書いてみました（**図13**）．非反転入力と反転入力の電圧差に比例した電流源があって，抵抗とコンデンサがつながっています．DCではコンデンサは無いのと同じですから，抵抗だけで出力電圧が決まります．

周波数が高くなるにしたがってコンデンサのリアクタンスが小さくなって，電圧振幅が小さくなります．

実際のOPアンプでは，他にも多数の時定数をもつ部分がありますから，単純に周波数に反比例して振幅が小さくなるわけではありませんし，位相も90°以上回転します．

シミュレーション波形を見ても，1MHz付近から電圧ゲインの傾きが大きくなっていますし，位相も複雑な変化をしています．

● **位相余裕って？**

負帰還をかけたとき，OPアンプの入力端子に信号を入れてOPアンプで増幅され，帰還回路で分圧されて再びOPアンプの入力端子に戻ってくるまでの電圧ゲインを「ループ・ゲイン」といいます（**図14**）．

左側の反転増幅器の負帰還回路を切り放して書き直すと右側の回路になります．右側の回路の入出力間の電圧ゲインがループ・ゲインです．

ループ・ゲインが1になる周波数で右の回路の入出力位相差が360°以下なら回路は安定で，発振することはありません．逆に言えば，入出力位相差が360°になる周波数でループ・ゲインが1以上だと発振してしまいます．ゲインが1以上あるわけですから，同じ位相で信号が戻ってくれば再び増幅されて，また戻ってきて…．だんだん信号が大きくなって発振するわけです．

また，位相差が360°に近づくにしたがって周波数特性にピークが生じたり，方形波応答のオーバーシュートやリンギングが大きくなりますから，通常は45～60°程度の余裕をとります．この余裕を位相余裕といいます．60度の位相余裕をとった場合，ループ・ゲインが1になる周波数での位相遅れは300度ということになります．

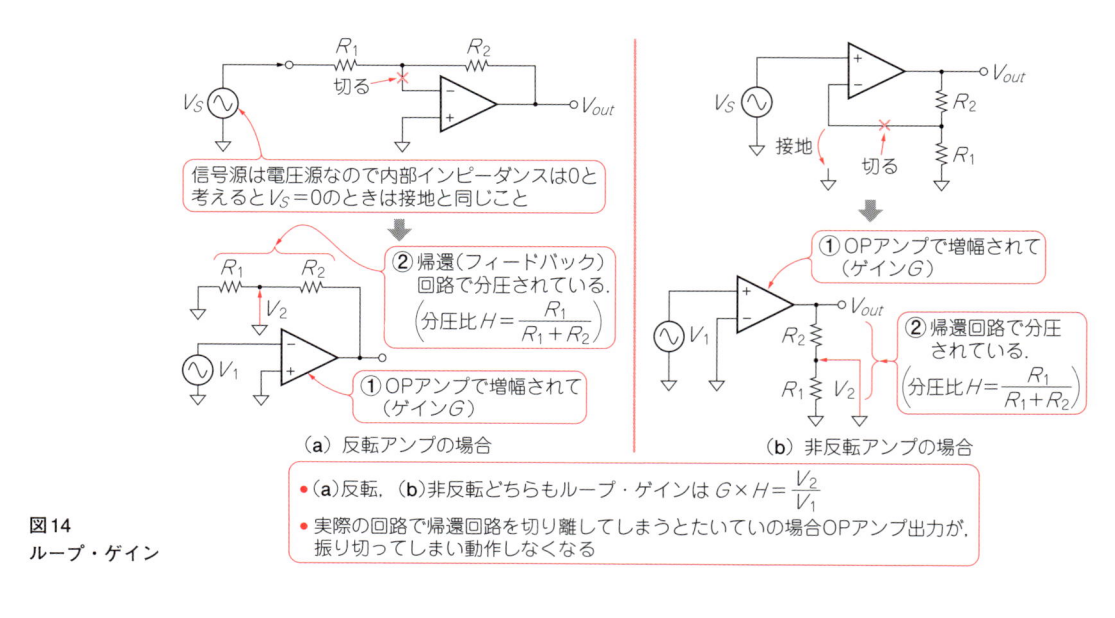

（図14注記）
- 信号源は電圧源なので内部インピーダンスは0と考えると$V_S=0$のときは接地と同じこと
- ① OPアンプで増幅されて（ゲインG）
- ② 帰還（フィードバック）回路で分圧されている．（分圧比 $H=\dfrac{R_1}{R_1+R_2}$）

(a) 反転アンプの場合　　(b) 非反転アンプの場合

- (a)反転，(b)非反転どちらもループ・ゲインは $G \times H = \dfrac{V_2}{V_1}$
- 実際の回路で帰還回路を切り離してしまうとたいていの場合OPアンプ出力が，振り切ってしまい動作しなくなる

図14 ループ・ゲイン

ただ，右図のように負帰還ループを切断してしまうとOPアンプはオープン・ループになってしまいますから，わずかな入力オフセット電圧で出力が飽和してしまったりして，実際に測定することは困難です．そこで，実際の回路で測定する場合は図15のようにトランスなどを使って，負帰還ループを切らずに信号を注入します．トランスの2次巻線を少なくすればインピーダンスが小さくなりますから，回路動作に与える影響は小さくなります．

この場合，OPアンプの出力インピーダンスが帰還抵抗に比べて無視できる程度に小さいということが条件です．OPアンプの出力インピーダンスが高くなると誤差が大きくなります．

● **位相余裕を見てみる**

OPアンプのオープン・ループ特性がわかりましたから，位相余裕を見てみましょう．

電圧ゲイン1の非反転バッファの場合には，ループ・ゲインはOPアンプのゲインそのものですから，オープン・ループ・ゲインが0 dBになる周波数で位相が360度までどの程度余裕があるか見ればよいわけです．

カーソルを0 dBのところに置いて位相を読むと約54°です．位相差0まで54°の位相余裕があることになります．したがって，このOPアンプ(LT1013)は非反転バッファでも発振せずに安定に動作します．

先ほどからシミュレーションしている電圧ゲイン20 dB(10倍)の反転アンプの場合はどうでしょう？

図14の右側の回路では，R_1=100 kΩ，R_2=10 kΩですから，帰還回路の分圧比は，

　　10/(100+10) =0.0909(−20.83 dB)

になります．

分圧回路で−20.83 dBのロスがあるわけですから，アンプの方は+20.83 dBのゲインがあればアンプと分圧回路を直列にした場合のトータルのゲイン，つまりループ・ゲインは0 dBということになります．分圧回路は抵抗だけですから，入出力位相差は0°です．

ですから，ループ・ゲイン0 dBのときの位相余裕は，OPアンプのオープン・ループ特性のゲインが20.83 dBのときの入出力位相差です．

図12の波形から，電圧ゲイン20.83 dBのときの位相を読み取ると約80°になりますから，位相余裕は80°ということになります．

一般に負帰還増幅器ではゲインを小さくする，つまり帰還量を多くするほど位相余裕が小さくなります．

入力側に返す量が大きくなるわけですから，より発振しやすくなるというのは直感的にもお分かりいただけると思います．

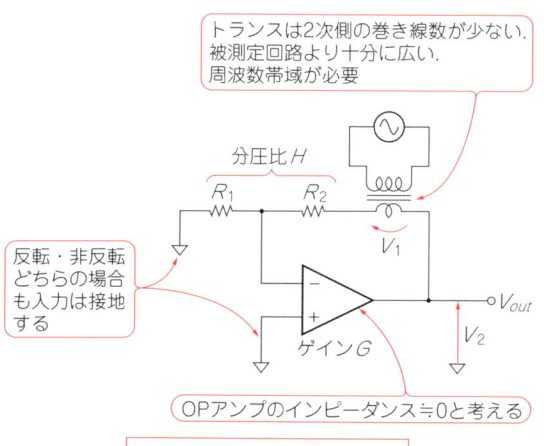

図15 実回路でループ・ゲインを測定する
ネットワーク・アナライザや周波数レスポンス・アナライザ(FRA)などを使って測定する．これが一例で，他にもいろいろな方法が提案されている．

● **安定度はステップ応答でもわかる**

電圧ゲイン0 dBの周波数で，位相が360°まで，どのくらい余裕があるかというのを位相余裕といいます．位相余裕は回路の安定度の目安として重要なものです．位相余裕が0°に近づくにしたがって，ステップ応答には，電圧が行き過ぎるオーバーシュートや，行き過ぎのついでに振動するリンギングが発生します．さらに位相余裕が0°以下になると，回路が発振してしまいます．

安定な動作には，少なくとも45°くらいの位相余裕が欲しいところです．このアンプの位相余裕は60°でした．位相余裕60°はやや大きめの値ですが，図6に示すステップ応答にも，オーバーシュートはありませんでしたね．

オーバーシュートやリンギングがどの程度許容できるかは，回路の用途によって異なります．工作機械などのサーボ制御系でオーバーシュートがあったら，加工時に削りすぎてしまいますから，これは禁物です．オシロスコープの増幅器などでは，多少のオーバーシュートは許容して速度を優先する場合が多いです．

反転アンプのことをもっと知ろう

● **非反転アンプと何が違う？**

(1) 反転アンプは入力信号の極性を反転させて出力します．交流なら位相が反転します．それに対して，非反転アンプでは入出力の信号極性(位相)は同じです．

(2) 帰還抵抗の比によって，電圧ゲインを1未満にできます．非反転アンプでは入出力いずれかで信号

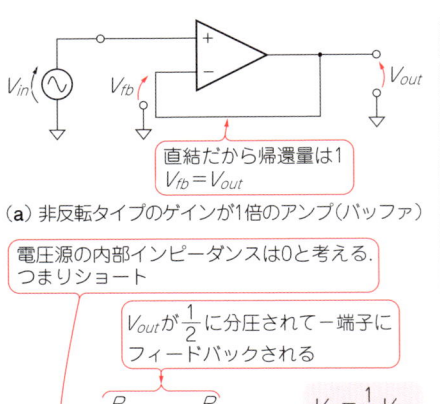

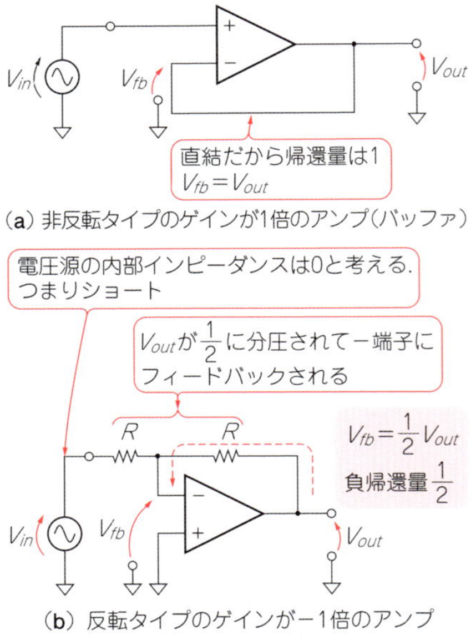

図16 非反転アンプと反転アンプの帰還量の違い
ゲイン（の絶対値）はどちらも1倍だが，反転アンプのほうが負帰還量が少なく，方形波応答などに違いが出ることもある．

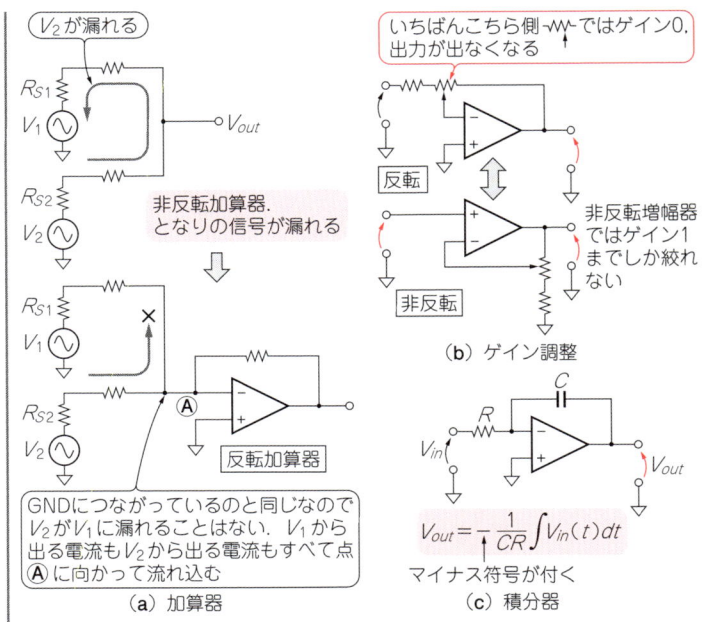

図17 反転アンプの応用例
OPアンプを多数使う複雑な回路の一部に使われることが多い．

を分圧しないかぎり電圧ゲインの最小値は1です．

(3) OPアンプの入力端子は，信号電圧によらず非反転入力と同じ一定の電位に固定されています．非反転入力がGND電位なら，反転入力もGND電位になります．これを仮想接地点（イマジナリ・グラウンド）といいます．非反転アンプの入力端子電圧は，入力信号の電圧と同じです．シミュレーションで見た通り，実際には－入力端子にわずかな電位があります．

(4) 反転アンプの入力インピーダンスは，入力側の抵抗に等しい．非反転アンプの入力インピーダンスは極めて高いのと対照的です．

(5) ゲイン－1倍のアンプでも負帰還量は1/2です．非反転の1倍アンプ（バッファ）では負帰還量は1です．

反転アンプと非反転アンプの負帰還量の違いは，**図16**のようになります．

非反転バッファ（ユニティ・ゲイン・バッファ）の方が負帰還量が多く，安定に動作する条件が厳しいので，非反転バッファで使用可能なOPアンプであれば，帰還回路に位相シフトがないかぎり，どんなゲインで使っても発振したりはしません．

高速アンプは負帰還量によってオーバーシュートの大きさが違いますから，同じゲイン1でも，反転アンプと非反転アンプでは安定性が違います．

● **反転アンプの応用**
主な応用を**図17**に示します．

(1) 信号の極性（位相）を反転する
入力信号の極性を反転する目的で使われます．

(2) 加算器
抵抗だけでも信号を加算できますが，反転アンプを使えば計算式が簡単になります．反転入力は仮想接地点になっているので電圧は0V一定です．その結果ほかの入力への信号の漏れがなくなり，干渉が少なくなります．

(3) ゲイン調整
非反転アンプでは，信号を分圧でもしなければゲインを1以下にできませんが，反転アンプなら任意のゲインにできます．ただし，入出力の極性は反転します．

(4) 微積分器
CRだけでは不完全積分器しかできませんが，反転アンプを使えば，ほぼ理想に近い積分器を作ることができます．微分器のほうは，高い周波数でゲインが高くなるため，ノイズが増えたりして理想的とはいかず，限界があります．

(5) 非線形回路
ダイオードやトランジスタと組み合わせて，整流回路，リミッタ，対数変換器，指数変換器などを作ることができます．

＊

次章は，いろいろなメーカのOPアンプをシミュレーションする方法を紹介します．

（初出：「トランジスタ技術」2012年2月号）

第7章　定番から高速OPアンプまで自由にシミュレーションしてみよう
各社のOPアンプを動かしてみる

登地 功

本章では，デバイス・メーカが提供しているOPアンプのSpiceマクロ・モデルを使って，LTspiceでシミュレーションする方法を紹介します．

汎用OPアンプに続いて，高速OPアンプを使った回路をシミュレーションして，高速OPアンプを使う上での注意点を検証します．

　LTspiceに標準で添付されているOPアンプの部品モデルはすべてリニアテクノロジー製です．しかし，OPアンプのメーカは他にもたくさんありますから，リニアテクノロジー社以外のメーカのOPアンプを使ってみたいという方も多いでしょう．

　LTspiceは，太っ腹にもリニアテクノロジーの製品に限らず，他社の製品でもSPICEマクロ・モデルが入手できれば，そのモデルを組み込んでシミュレーションできます．

　本章では別のメーカから提供されているシミュレーション・モデルを使ってみましょう．

新日本無線のOPアンプでシミュレーション

● セカンド・ソースあり！ 定番NJM324を使ってみる

　汎用OPアンプとしてよく使われている，新日本無線（JRC）のNJM324を使ってシミュレーションしてみます．モデル・ファイル名は"njm324.lib"です．

　NJM324は，定番OPアンプ LM324のセカンド・ソースです．ナショナル・セミコンダクター社がオリジナルですが，多くの半導体メーカがセカンド・ソース品を生産しています．とりたてて大きな欠点がない八方美人的な性能，入手性の良さ，そして低価格が受けていて広く使われています．

▶要注意！ 電源電圧範囲を超えてしまっていても動いてしまう

　NJM324のファミリには，動作温度範囲が広いNJM2902もあります．オリジナルはLM2902です．こちらも多数のメーカが製造していますが，電源電圧の許容範囲がメーカによって違う場合があります．NJM2902は32Vまで使用可能ですが，メーカによっては26Vまでしか許容していない場合がありますから，データシートでよく確認しておきましょう．

　残念ながらLTspiceでは，過大な電源電圧が加わったときの信頼性テストまではシミュレーションできません．

● シミュレーション・モデルをダウンロードする

　新日本無線のホームページ（http://semicon.njr.co.jp/jpn/product）からシミュレーション・モデルをダウンロードします．図1のように「ホーム・製品情報」のページからPSpice用のマクロ・モデルがダウンロードできます．ユーザ登録すれば，OPアンプの他にもコンパレータや電源用ICなど，いろいろな製品のシミュレーション・モデルをダウンロードすることができます．

　シミュレーション・ライブラリはPSpice用ということになっていますが，試してみた限りではLTspiceでの使用に問題はないようです．ただし，提供元はシミュレーション結果についての保証はしていないので，自己の責任の元で使ってください．

　ダウンロードしたzipファイルを解凍すると，品種ごとにたくさんのファイルができます．拡張子が.libのファイルがシミュレーション・モデルです．

図1　新日本無線のホームページからNJM324のモデルをダウンロードする

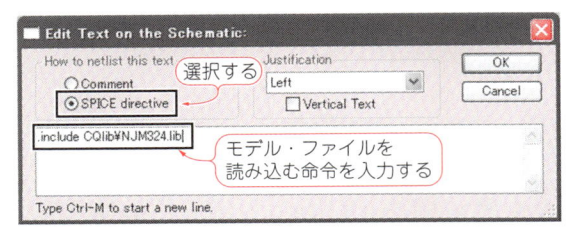

図2 ダウンロードしたモデル・ファイルを読み込む
SPICE directive で ".include CQlib¥NJM324.lib" を入力する.

図4 NJM324.lib ファイルをチョッとのぞいてみる…
OPアンプの中身について記述している部分は NJM324_ME.

● シミュレーションの準備

ダウンロードしたシミュレーション・モデルのファイルは，LTspice をインストールした次のフォルダに置いてください．トランジスタのモデル・ファイルと同じところです．

¥LTC¥LTspiceIV¥lib¥sub¥CQlib

¥sub の下がデフォルトのディレクトリです．それ以外のディレクトリにシミュレーション・モデルのファイルを置いた場合は，ドライブ名からのフルパス指定が必要になります．

▶ NJM324 を使ったアンプ回路

LTspice を起動し，ツールバーの [.op] アイコンをクリック（またはショートカット [S]）して，図2 のように SPICE directive を ".include CQlib¥NJM324.lib" と入力します．これは CQlib フォルダ内の NJM324.lib ファイルを読み込む命令です．文字列は回路図の適当なところに置きます．回路図は図3 のようになります．

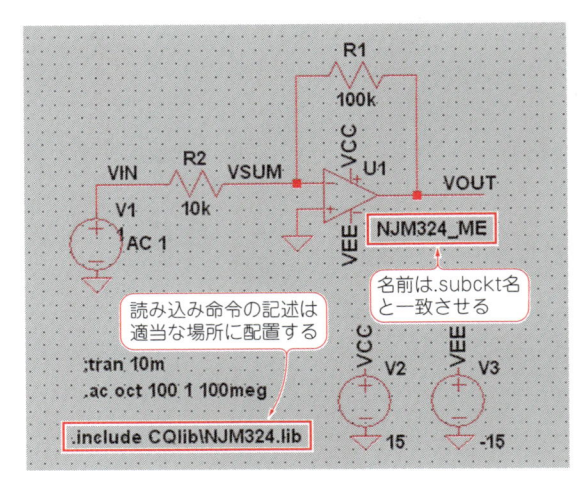

図3 NJM324を使ってOPアンプ回路を描く（N3-3-1.asc）
OPアンプの名前は .subckt名と同じにする．

回路図のOPアンプ名を変更しますが，シミュレーション・モデル・ファイルのサブサーキット（.subckt）名と一致していなければなりません．

図4 に示すように NJM324.lib ファイル中には .subckt の記述が二つありますが，最初のほうは4回路あるアンプの割り当てのための記述です．OPアンプの中身を記述している二つ目の"NJM324_ME"がシミュレーション・モデルのサブサーキット名です．

● シミュレーション結果とデータシートの特性と比べてみる

シミュレーションを実行すると，図5 のような波形グラフになります．入力電圧は1Vにしましたから，Y軸の値が電圧ゲインになります．

帰還抵抗"R1"を1MΩにして，電圧ゲインを100倍にすると，図6 のような感じになります．入力電圧が1Vでは出力電圧は100Vになってしまって大きすぎますから，入力電圧は10mVにしました．10mVは－40dBですから，グラフ左側のdBスケールに40dBを加えたものが電圧ゲインになります．低周波では20dBになっていますね．－3dB帯域は7kHzくらいになりました．図7 に示すデータシートと同じような

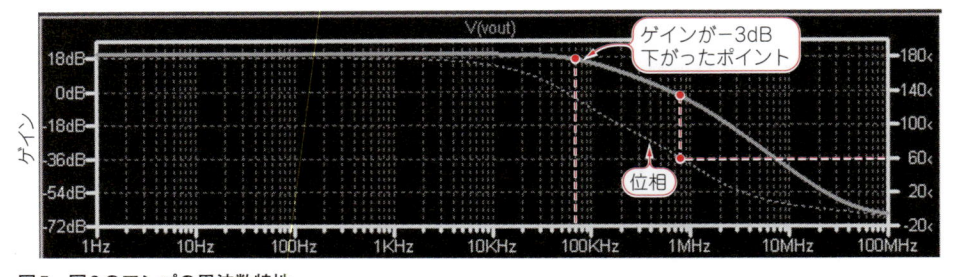

図5 図3のアンプの周波数特性
入力を1Vにしてあるので，Y軸の表示がそのまま電圧ゲインとなる．－3dB周波数は約70kHz．

100　第7章　各社のOPアンプを動かしてみる

図6 電圧ゲインを100倍にしたアンプの周波数特性
入力を10 mVとしているので、Y軸の表示に40 dB加えた値が電圧ゲインになる。−3 dB周波数は約7 kHz。

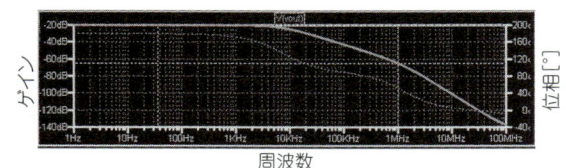

波形になりました。

図6より，電圧ゲインと周波数帯域が反比例の関係にあることがわかります．1 MHz付近でグラフが曲がっています．ここに2番目のポール(伝達関数の極)があるようです．

テキサス・インスツルメンツの OPアンプでシミュレーション

● 高速OPアンプTHS4271を使ってみる

今度はテキサス・インスツルメンツの高速OPアンプTHS4271を使ってみます．電圧ゲイン1倍のとき，−3 dB帯域幅が1.4 GHzもある高速OPアンプです．スルー・レートも1000 V/μsもあります．

● シミュレーションの準備
▶ モデルをダウンロードする

テキサス・インスツルメンツのサイトから，高速OPアンプのTHS4271のシミュレーション・モデルをダウンロードします．図8に示すように，ICの製品ページから1品種ごとのシミュレーション・モデルをダウンロードします．拡張子は.libです．他社のものでも，SPICE用シミュレーション・モデルならたいていのものが使えるかと思います．

▶ THS4271を使ったアンプ回路

ダウンロードしたシミュレーション・モデルのファイル"THS4271.lib"を，NJM324のときと同じディレクトリ(¥LTC¥LTspiceIV¥lib¥sub¥CQlib)に置きます．
次にOPアンプのシンボルにシミュレーション・モデルを割り付けます．シンボルは"opamp2"です．

図8 テキサス・インスツルメンツのサイトからTHS4271のモデルをダウンロードする
各製品のページの下の方にあるシミュレーション・モデルからダウンロード．品種によってはモデルがない場合もある．

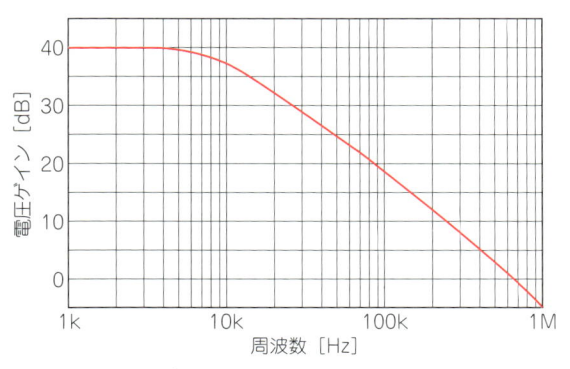

図7 NJM324のデータシートの電圧ゲインの周波数特性
−3 dB周波数は約7 kHz。

回路図がNJM324のシミュレーションをしたときのままなら，回路図上の文字列".include CQlib¥NJM324.lib"を".include CQlib¥THS4271.lib"に変更します．新規回路図なら，[.op]アイコンをクリックしてSPICE directiveで".include CQlib¥THS4271.lib"と置いてください．

サブサーキット名はTHS4271ですので，OPアンプの名前を右クリックして"THS4271"に変更します．THS4271の電源電圧は16.5 Vまでですから，電源電圧を+5 Vと−5 Vに変更します．入力電圧も1 Vでは大きすぎますから，0.1 Vにします．帰還抵抗は100 kΩに戻しておいてください．図9のような回路図になります．

● シミュレーション結果とデータシートの特性と比べる

シミュレーションを実行して，VOUTを表示してください．図10のような波形グラフになりました．

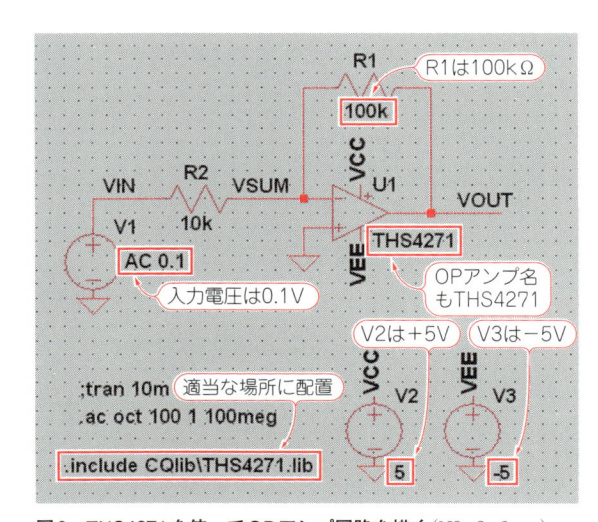

図9 THS4271を使ってOPアンプ回路を描く (N3-3-2.asc)
電源電圧は16.5 Vまでのため，電源電圧を+5 Vと−5 Vとする．入力電圧も0.1 Vにする．

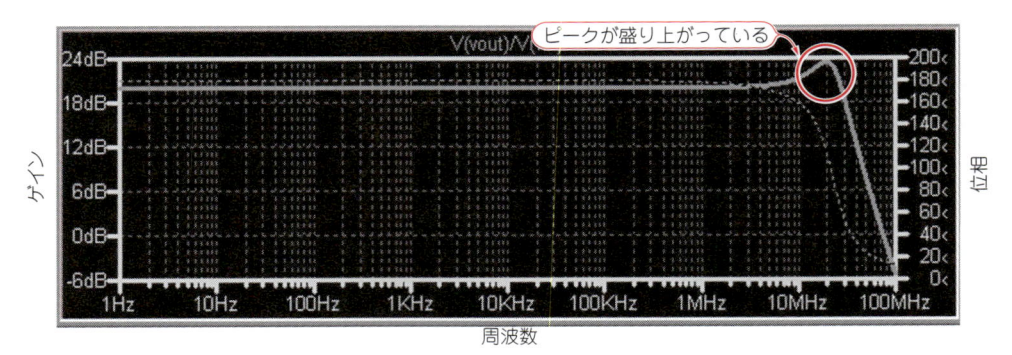

図10 図9のアンプのゲイン-周波数特性
20 MHz付近でゲイン特性にコブができた．

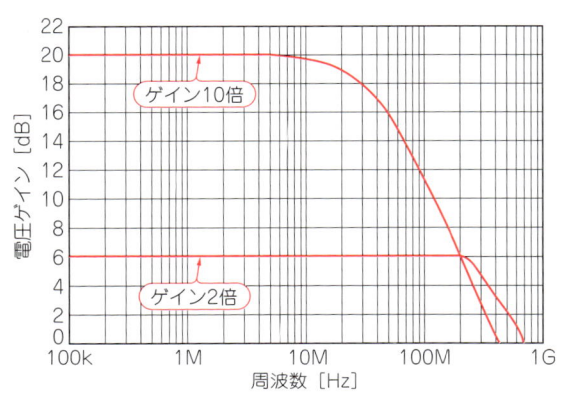

図11 THS4271のデータシートの電圧ゲインの周波数特性
ゲインを下げるとゲイン一定の周波数帯域が広がる．

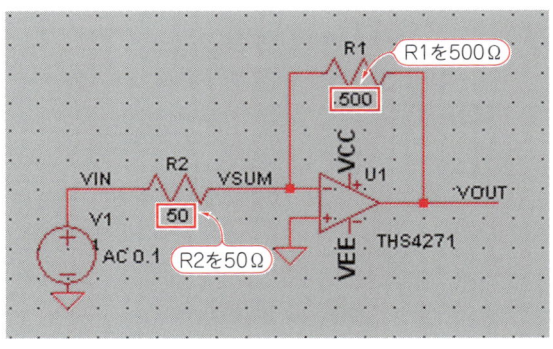

図12 抵抗値を下げて入力容量の影響をなくすと，図10のゲイン特性はどう変わるだろうか？（N3-3-3.asc）
帰還抵抗を1 kΩより小さくする．

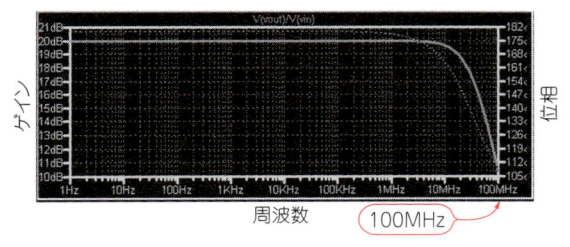

図13 抵抗値を変えるとピークがなくなった
−3 dB周波数は約34 MHz．

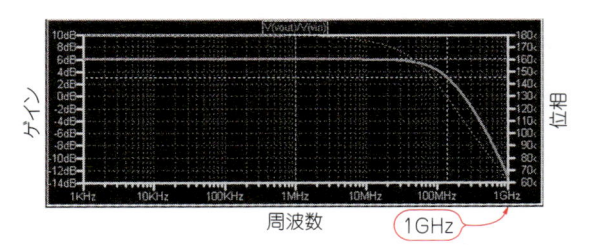

図14 ゲインを下げるとゲイン一定の帯域が広がる
入力抵抗は200 Ω，帰還抵抗は400 Ω．−3 dB周波数は約14 MHz．

20 MHz付近にコブのようなピークがあります．なんだか変ですね．図11に示すように，データシートの特性にはこのようなコブはありません．

● 回路定数を見直す

図10のようにコブが出ているのには理由があります．回路の抵抗値が大きすぎるのです．高速OPアンプを使用する場合，ICの入力容量や配線の浮遊容量が大きく影響してきます．シミュレーションでは浮遊容量はありませんから，ICの入力容量の影響でピークが発生しているものと思われます．

電圧ゲインを10倍と，高速OPアンプ回路としては大きくとっているので，帰還抵抗はあまり小さくできませんが，1 kΩ以上は難しいでしょう．ここで図12のように，入力抵抗を50 Ω，帰還抵抗を500 Ωにしてみます．図13のように，今度はデータシートの特性に近づきました．−3 dB周波数は34 MHz付近です．

もっと広帯域にしたい場合は，電圧ゲインを下げます．入力抵抗を200 Ω，帰還抵抗を400 Ωとすると，図14のように−3 dB周波数が140 MHz近くになります．

◆参考文献◆
(1) NJM324 データシート，新日本無線㈱．
(2) THS4271 データシート，テキサス・インスツルメンツ㈱．

（初出：「トランジスタ技術」 2012年3月号）

第8章 広帯域アンプを作って実験！
高速アンプを試作してシミュレーションと比べる

登地 功

本章では，前章でシミュレーションした高速OPアンプによる反転アンプを実際に組み立てて，シミュレーション結果と比較してみます．高速，広帯域の増幅回路を組み立てるためのノウハウも紹介します．

前章では汎用OPアンプNJM2902と高速OPアンプTHS4271で作った反転アンプをシミュレーションしました．

本章では，この回路を実際に作ってみます．ゲイン20 dBで帯域が40 MHzもある広帯域アンプの実験に挑戦します．40 MHzという高い周波数の信号を扱う回路を作ったりシミュレーションしたりするときは，これまで扱ってきた低周波回路では必要のなかった「高周波センス」が欠かせません．

● 帯域400 MHzのアンプを作ってみます

汎用OPアンプの応用回路は，シミュレーションをしなくてもほぼ設計値どおりに動作します．ここでは高速OPアンプであるテキサス・インスツルメンツのTHS4271を使い，図1に示す電圧ゲイン10倍の広帯域アンプを試作して，前回のシミュレーション結果と比べてみます．

データシートによれば，電圧ゲイン10倍のとき−3 dB帯域幅は約40 MHz，ゲインが0 dBになる周波数は約400 MHzです．

一般に，このくらいの広い帯域を持ったアンプで電圧ゲインを10倍も取ることはあまりないのですが，シミュレーション結果と比べてみるために，あえてゲインを10倍にしてみました．

このような広帯域のアンプは，ブレッドボードに実装するとまったく動きません．測定するときも高周波特有の技術が必要です．

高周波ならではのこと三つ

● 一つ目…目に見えないものにも気を配る

実際に回路を組み立てるときは，シミュレーションでは考慮しなかったパスコンなどを加えなければなりません．

とくに部品や配線のインダクタンスの影響が大きく，長さ5 mmのリード線のインダクタンスを5 nHと仮定すると，1 GHzでは31 Ωのインピーダンスを持ちます．

シミュレーションでは，電源は内部インピーダンス0の理想的な電圧源として扱えます．実際の基板には電源から伸びる長い配線があるので，高周波ではとても電圧源として見なすことができません．高周波で電源として電気エネルギーを供給するのは，電源とGNDの間に入れるバイパス・コンデンサ（パスコン）です．図1では$C_1 \sim C_4$がパスコンです．

部品も理想的なものとは見なせません．チップ・セラミック・コンデンサのインダクタンスは，サイズによりますが，0.3 n～1 nHくらいあります．

パスコンなどは，なるべく小さなサイズのものをOPアンプの電源ピンの直近に取り付けます．コンデンサは自己共振周波数以上ではインダクタンスに見えますから，複数並列にしてインピーダンスを下げるとともに，インピーダンスにピークが生じないよう配慮しなければなりません．

● 二つ目…接続するものどうしのインピーダンスを合わせる

ほとんどの高周波の測定器の入出力インピーダンスは50 Ωなので，被測定回路の入出力インピーダンスも50 Ωにしなければなりません．インピーダンス整

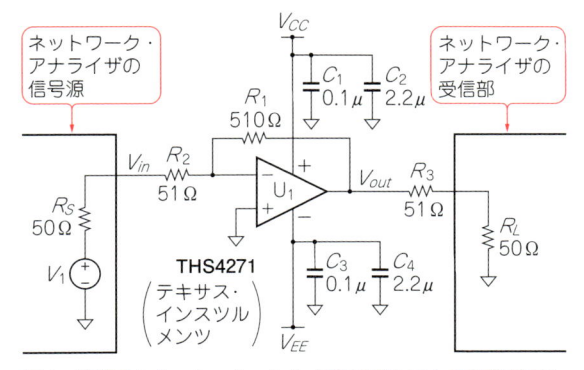

図1 前章でシミュレーションした帯域400 MHzの広帯域アンプを実際に試作して周波数特性を確認する

写真1　インピーダンスの低いGNDを作るために銅箔テープを活用

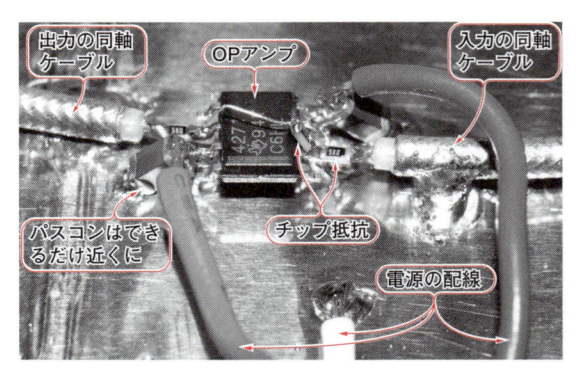

写真2　高速広帯域なアンプ回路はこのように小さく実装する

合がとれていないと，信号が反射して，その影響で周波数特性に「うねり」が出てしまいます．

　反転アンプですから，OPアンプの反転入力端子は仮想接地点になります．入力インピーダンスはR_2の51Ωと見なせます．ほぼ50Ωとしてよいでしょう．

　出力インピーダンスは，OPアンプの出力端子では理想的には0Ω，実際にもかなり低いインピーダンスになりますから，ここには抵抗を入れてインピーダンスを整合します．

　と言いつつも，OPアンプの出力に直列に入れる抵抗R_3は，これがなくても周波数応答に影響はありません．測定器の受信部の整合はかなり良いですし，信号レベルを調整するために20 dBのアッテネータを入れるので，反射はほとんどないからです．しかし，THS4271のスペックから，測定器の入力インピーダンス（50Ω）を直接負荷とするには少し重すぎます．このR_3と合わせた100Ωなら，まず問題ないでしょう．

　OPアンプの出力電圧は，R_3と負荷の50Ωで分圧されますから，測定器で観測した電圧ゲインは半分（－6 dB）になるはずです．

● 三つ目…グラウンドを面状にして広く

　帯域が数百MHzに及ぶ回路を安定に動作させるためには，1 GHz以上の周波数を意識しなければなりません．

　組み立てる基板はGNDが特に重要で，普通は高い周波数までインピーダンスが低くなるように，一面銅箔のグラウンド・プレーンを使います．

　試作では加工していない生基板を使うことが多いのですが，生基板の銅箔面は熱が伝わりやすく，熱容量が小さいはんだごてでは，はんだ付けが難しくなります．

　ここでは，簡易な方法として写真1のような銅箔テープをダンボールに貼り付けたものを使ってみました．

　ダンボールは断熱性がよいので，はんだ付けが楽です．工作もカッタ・ナイフとはさみがあれば十分です．

使った銅箔テープの銅箔の厚さは30 μmですから，だいたいプリント基板の銅箔の厚さと同じくらいです．

　入出力は同軸ケーブルを使って，ケーブルから回路までは最短で配線します．この例では，はんだ付けしやすいようにマイクロ波用のセミフレキシブル・ケーブルを使っていますが，安価な1.5D-2Vなどの普通の同軸ケーブルでもかまいません．

　写真2のようにコンパクトに組み立てます．最近，細かいものが見えづらくなってきた筆者ですが，この程度ならまだ肉眼でなんとかなります．ものが立体的に見える実体顕微鏡があると楽ですね．

試作して性能を測ってみた

● 測定器を校正する

　周波数特性はネットワーク・アナライザ（ネットアナ）で測定します．使用した測定器はヒューレット・パッカード（現在はアジレント・テクノロジー）の8753Dという，ちょっと前の業界標準機で，3 GHzまで測定できるものです．

　電圧ゲインが20 dBと大きいので，アンプの出力側にネットアナの保護も兼ねて整合改善用の20 dBのア

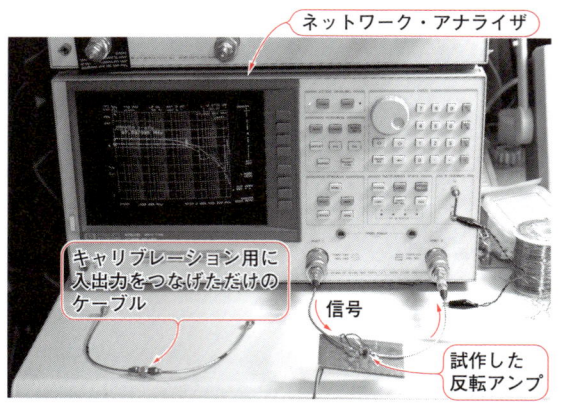

写真3　測定のようす

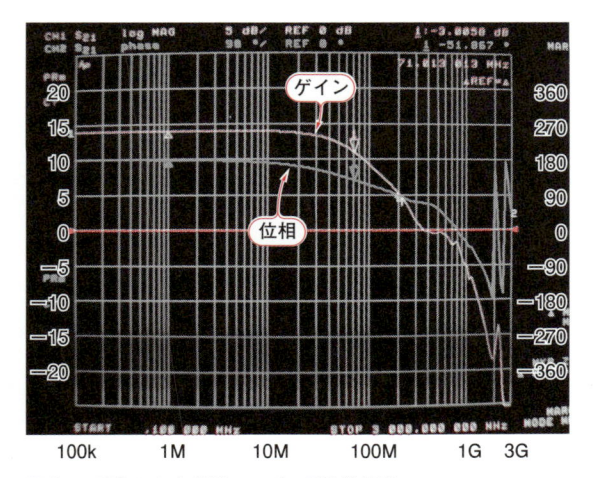

写真4 試作した広帯域アンプの周波数特性

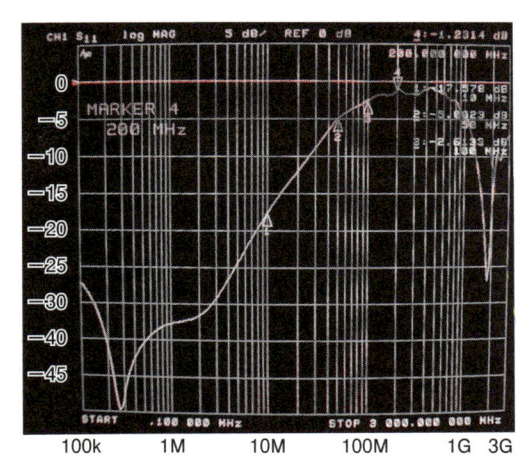

写真5 試作した広帯域アンプの入力リターン・ロス

ッテネータを入れました.

写真3が測定しているところです.

試作基板の左側に,中央でジョイントした同軸ケーブルが見えますが,これは校正用の基準で,試作基板の同軸ケーブルと同じ長さになっています.

被測定回路の代わりに,このケーブルとアッテネータをネットアナのポート間につないで,0 dBの基準としてキャリブレーションをとると,アッテネータの減衰量も補正係数に含まれますから,被測定回路のゲインが直読できるようになります.

これを「レスポンス校正」といいますが,ネットアナのキャリブレーションとしては,もっとも簡単な方法です.

● **シミュレーションは34 MHz,実測は71 MHz**

測定結果は**写真4**のようになりました.

太い曲線がゲイン,細い曲線が位相です.周波数軸は100 k〜3 GHzです.

回路の電圧ゲインは20 dBですが,OPアンプの出力に51 Ωを入れましたから,この抵抗での減衰が6 dBあって,計算上の全体の電圧ゲインは14 dBになります.実測でも10 MHz以下では,ほぼ14 dBになっています.

−3 dB周波数帯域は約71 MHzになりました.前章で行ったシミュレーションでは34 MHzくらいでしたから,2倍くらいになっています.

OPアンプの特性の中でも,周波数特性は特にばらつきが多くなりやすいパラメータなので,この程度なら許容範囲といえるでしょう.

● **30 MHz以上の信号は反射してしまう**

ネットアナでアンプ入力のリターン・ロスを観測してみました.

リターン・ロスというのは,負荷インピーダンスの不整合による反射の大きさの表し方の一つで,別の表現にVSWRがあります.ネットアナの測定項目ではSパラメータの表現でいうS_{11}になります.

呼び方がいろいろあって紛らわしいですが,どれも負荷インピーダンスがどのくらい基準値(通常50 Ω)から離れているかを表す量で,本質は同じものです.

一般的に,リターン・ロスとVSWRは大きさだけで表示しますが,S_{11}は大きさと位相角で表示します.

反射(リターン)するときの損失(ロス)ですから,反射が大きいほどリターン・ロスは小さくなって,完全なオープンまたはショートでは,リターン・ロスは0 dBになります.逆に反射のない完全終端(理想状態)では,リターン・ロスは無限大です.

ネットアナの画面(**写真5**)で見ると,リターン・ロスは10 MHzでは17 dBとまずまずの値ですが,100 MHzでは2.6 dB,200 MHzでは1.2 dBとほとんど整合がとれていません.

アンプとして使えるのは,せいぜい30 MHzくらいまででしょうか.

OPアンプの位相シフトが大きくなって負帰還がうまくかからなくなり,入力の仮想接地が崩れているのが原因のようです.

広帯域のアンプの場合は,振幅特性だけでなく,入出力インピーダンスの周波数特性などにも注意をはらう必要があります.ここでは,電圧ゲインを20 dBと大きくとりましたが,電圧ゲインをもっと小さくすれば特性は改善できるはずです.

(初出:「トランジスタ技術」 2012年4月号)

第9章 非反転アンプのシミュレーション

非反転アンプの特徴をシミュレーションで理解しよう

登地 功

本章では,もう一つの基本増幅回路である非反転アンプを解説します.非反転アンプの特徴のひとつである高入力インピーダンス特性を生かすために,CMOS OPアンプのマクロモデルを使ってシミュレーションしてみました.

よく使われるOPアンプ増幅回路には次の2種類あります.
(1) 非反転アンプ
(2) 反転アンプ(第6章)

本章では,(1)の非反転アンプの特徴と応用を紹介します.低消費電力のOPアンプTLV2252をシミュレーションで動かしてみます.

非反転アンプの特徴

● 動作のイメージ

図1に非反転アンプの動作を示します.OPアンプの反転入力と非反転入力の電位差(電圧のちがい)は,アンプが飽和していない限りほぼ0Vです.もし電位差があれば,OPアンプの電圧ゲインは非常に大きいので,出力がプラスかマイナスのどちらかに振り切れます.このOPアンプの性質のおかげで周辺抵抗の比で電圧ゲインが決まります.

イメージとしては,支点が端にある「てこ」のような感じです.

交流信号の場合は,低周波では入出力の位相は同じで,位相差0°です.したがって,入力信号がそのまま定数倍されて出力に現れます.

周波数が高くなるとOPアンプの中で信号の位相が遅れるため,入出力の位相差が生じます.これは反転アンプでも同様ですが,反転アンプの場合は低周波での入出力位相差が180°でした.

● 使い方の基本

非反転アンプの低周波での入力インピーダンスは非常に高くなっています.回路の入力インピーダンスは,OPアンプの入力バイアス電流を流す抵抗でほぼ決まります.

JFET入力やCMOS入力のOPアンプを使った回路で,特に高入力インピーダンスが必要な場合は,絶縁に注意するとともに,ガード・パターンなどを設けるといった配慮が必要です(図2).

周波数が高くなると,アンプや配線の静電容量の影響が出てきて,入力インピーダンスが下がります.また負帰還抵抗が高いと,位相が遅れて回路が発振した

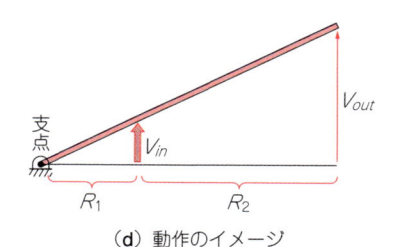

抵抗分圧の式から,
$$V_{in} = \frac{R_1}{R_1 + R_2} V_{out}$$
V_{out}について解くと,電圧ゲインG_Vが求まる
$$G_V = \frac{V_{out}}{V_{in}} = \frac{R_1 + R_2}{R_1} = 1 + \frac{R_2}{R_1}$$

(c) ゲインの計算式

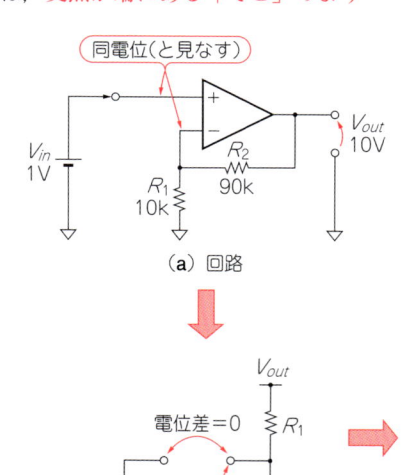

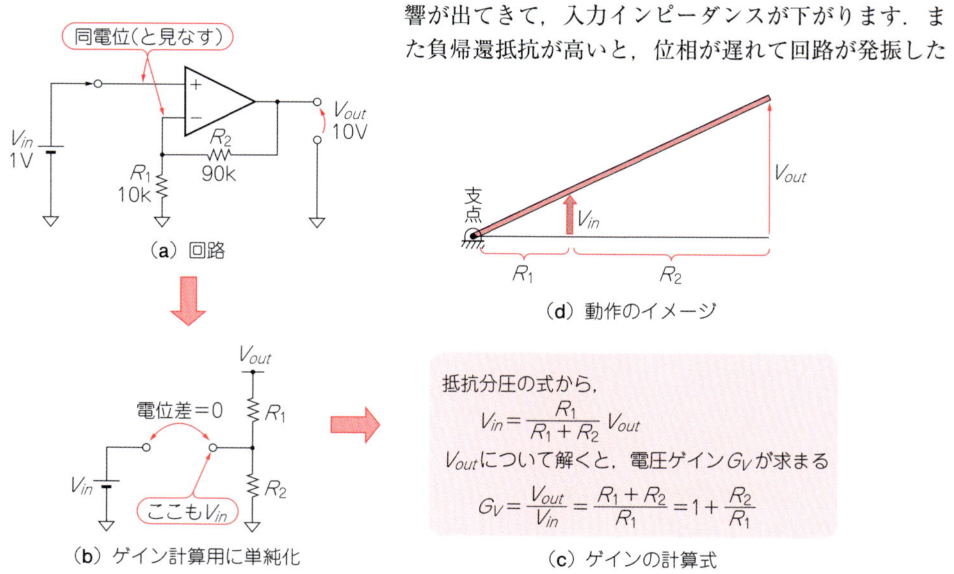

図1 非反転アンプの動作とゲイン設定
(a) 回路
(b) ゲイン計算用に単純化
(d) 動作のイメージ

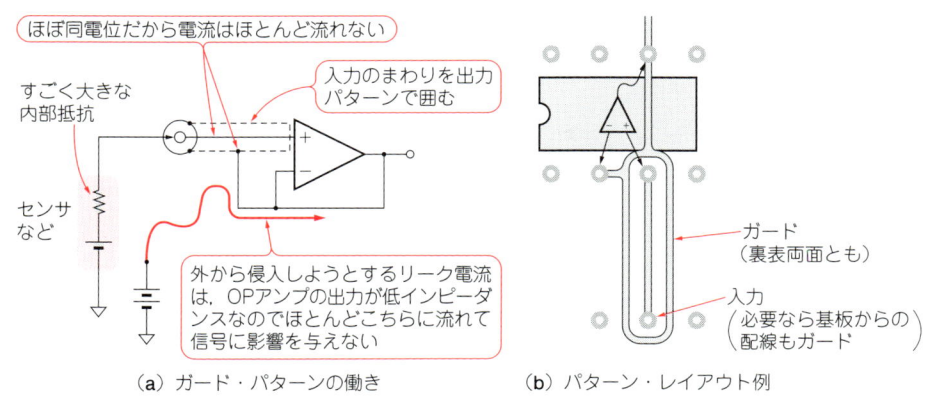

（a）ガード・パターンの働き　　（b）パターン・レイアウト例

図2　信号源インピーダンスが大きいときはガード・パターンを追加する

り，オーバーシュートが発生したりします．
　高速OPアンプの帰還回路には高抵抗は使えません．どうしても高抵抗が必要な場合は，帰還抵抗と並列に小さなコンデンサを入れて位相遅れを補償します．

● 電圧ゲインが1倍の非反転アンプ「バッファ」
　図3（b）に示すように，電圧ゲイン1の非反転アンプのことをユニティ・ゲイン・バッファ，または単にバッファといいます．おもにインピーダンス変換に使用します．
　ユニティ・ゲイン・バッファの特徴の一つは，電圧ゲインが抵抗値に依存しない点です．抵抗を使わない回路なので，当たり前といえばそうですが，高精度の抵抗はOPアンプより高価だったりするため，回路中で電圧ゲインを決める抵抗は最小限にして，あとはなるべくユニティ・ゲイン・バッファにすると，ロー・コストで高精度の回路が実現できます．
　電圧ゲインが1でなくても，1に近い値であれば帰還抵抗の精度がゲインに与える影響は小さくなります．

● バッファを使うときの注意点
　バッファは負帰還量が1（出力電圧が100％帰還する）ですから，回路を安定に動作させるのが難しくなります．
　OPアンプの電圧ゲインが0dBになる周波数で十分な位相余裕がないと，発振したりリンギングが現れたりします．
　位相余裕を大きくとるためには，低い周波数から位相補償を効かせなければならないので，OPアンプの周波数帯域が狭くなります．しかし，高速OPアンプの中には，位相補償を少なくして速度を稼いでいるものがあります．
　例えば，OP27，OP37という兄弟のようなOPアンプがあります．OP27はゲイン1倍のバッファを構成しても安定に動作します．OP37の方は，同じ内部回路のまま位相補償だけ控え目にしてあり，OP27に比べて周波数帯域が8倍も広いですが，電圧ゲイン5以上でないと安定に動作しません．このようなOPアンプでゲイン1倍のバッファを構成すると発振します．
　高速OPアンプを小さな電圧ゲインで使うときには，安定に動作することができるかデータシートで確認しておきましょう．"Unity Gain Stable"などと書かれているタイプなら，バッファに使っても大丈夫です．

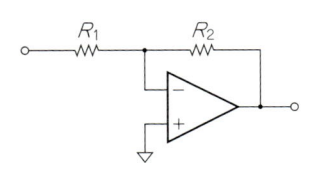

$G_V = \dfrac{R_2}{R_1}$
抵抗値の温度変化などが，直接ゲインに影響してしまう

（a）ゲイン-1の反転アンプ

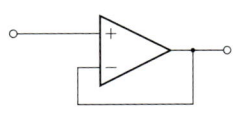

$G_V = 1$
OPアンプのオフセット・ドリフト以外に出力に影響する要因はない

（b）ゲイン1の非反転アンプ

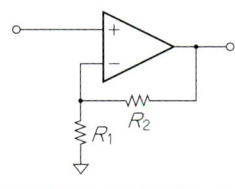

$G_V = 1 + \dfrac{R_2}{R_1}$
ゲインが1に近ければ $\dfrac{R_2}{R_1} \ll 1$ なので抵抗値の温度変化の影響は小さい

（c）抵抗の影響が少ないアンプ

図3　三大OPアンプ増幅回路

シミュレーション

● CMOS OPアンプTLV2252を例に

非反転アンプのシミュレーションをしてみましょう．使うOPアンプはどれでも良いのですが，せっかくですから非反転アンプの高入力インピーダンスを生かせるように，低バイアス電流のCMOS OPアンプを使ってみます．

今回は，TLV2252（テキサス・インスツルメンツ）を試してみます．2個入りのCMOSタイプで，小信号帯域は200 kHz程度とあまり高速ではありませんが，消費電流が標準値で34 μA/個と小さく，2.7～8 Vで動作します．

このOPアンプは出力電圧がマイナス電源（－のレール）からプラス電源（＋のレール）まで，ほぼいっぱいまで振れます．低い電源電圧でも信号振幅を大きくとれるので，3 Vや5 Vなどの単電源システムでA-Dコンバータの前段のアンプに好適です．

一般に，低消費電力のCMOS OPアンプはノイズが大きいものが多いですが，TLV2252はかなり低ノイズで，熱電対やひずみゲージなどの微小信号の増幅にも十分使えます．

出力電流は多くとれません．負荷抵抗が小さいと出力振幅が小さくなってしまい，レール・ツー・レール出力のメリットが生かせません．負荷抵抗は100 kΩ以上にします．帰還抵抗ももちろん大きくします．

● シミュレーション・モデルのダウンロード

テキサス・インスツルメンツ社のHPから，TLV2252のシミュレーション・モデルのzipファイルをダウンロードして解凍すると，**図4**のように5個のファイルができます．

図の上の二つが電源電圧3 Vのモデル，下の二つが5 Vのモデルです．

二つのモデルのうち，拡張子が_1の方が簡単なモデル，_2の方が高精度モデルです．高精度モデルの方がシミュレーションに時間がかかりますが，今回のような簡単な回路では，それほど問題にならないでしょう．今回はTLV2252.5_2を使ってみます．

● 回路図を作成する

作った回路図を流用します．［File］-［Save as］で適当なファイル名をつけてセーブします．新規に作成する場合は，［File］-［New Schematic］で同じく適当なファイル名を付けてください．ここでは**OP_NONINV.asc**にしました．

電源電圧は，5 V単一電源にしました．OPアンプのV_{EE}ピンはGNDに接続します．マイナス電源の電圧源（V_3）は残したままでもかまいません．**図5**のように回路図を作成します．

負帰還抵抗は負荷抵抗と並列になりますから，負荷にならないよう大きめにします．ここでは電圧ゲインが10倍になるよう，180 kΩと20 kΩにしました．

入力信号の信号源抵抗（R_3）は1 MΩにして入力バイ

図4 TLV2252のシミュレーション・モデルが含まれたファイルを解凍したところ（メーカのウェブページからダウンロードした）

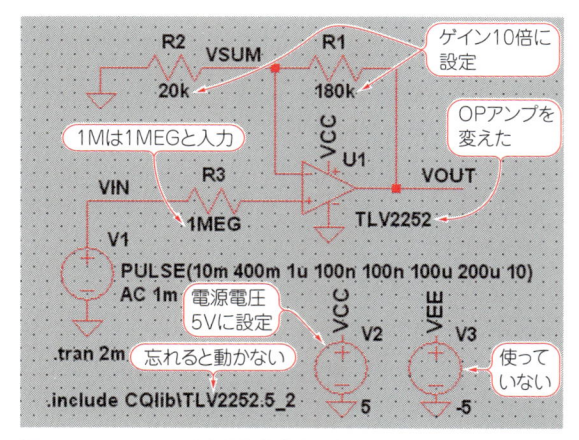

図5 LTspice上で回路図を作成する（N3-4-1.asc）

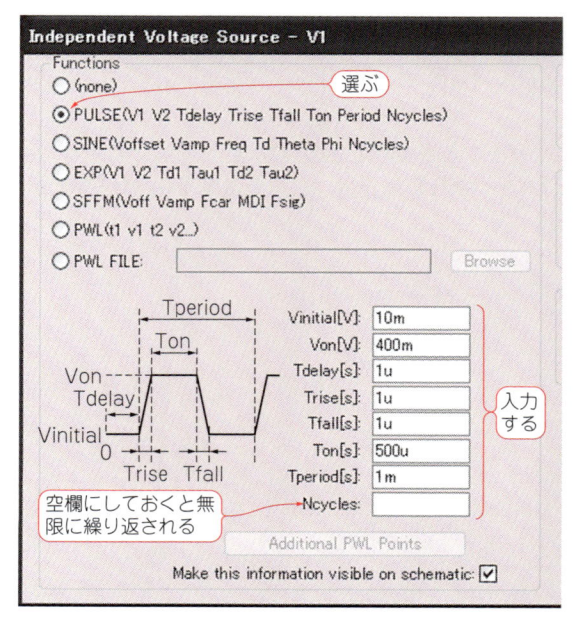

図6 方形波信号源を設定する

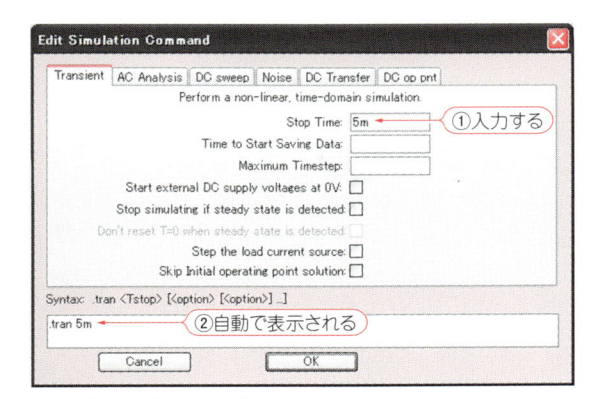

図7 波形を見るための設定

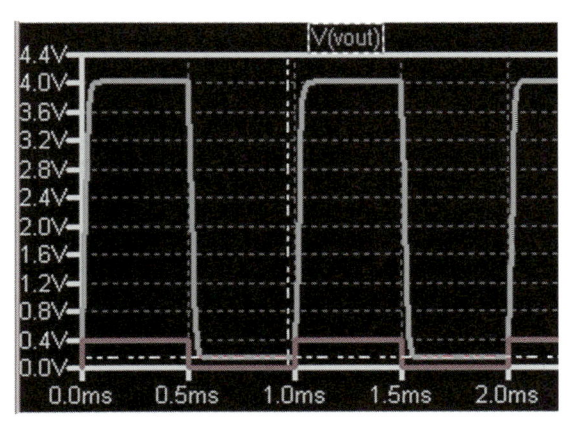

図8 図5の非反転アンプの出力（シミュレーション）

アス電流の影響を見てみます．1 MΩは1 Mではなくて，1 MEGです．1 Mでは，1 mΩになってしまいます．

● 波形を解析する設定

矩形波を入力して立ち上がり特性を見てみましょう．
信号源V_1の設定はPULSEにして，図6のようにパラメータを入力します．出力電圧は4 Vくらい振りますが，0 Vは出力できないので，少しだけオフセットをかけて，入力信号の振幅は10 m～400 mV，電圧ゲイン10倍ですから出力電圧は100 m～4 Vになるはずです．信号の周波数は1 kHz，立ち上がり時間と立ち下がり時間は1 μsにしました．

立ち上がり時間などを極端に小さくすると，応答が正常でなくなったり，シミュレーションが収束しなくなったりします．実際の回路でも，OPアンプが応答できないような高速信号を入力すると，おかしな動作をすることがあります．簡単な*CR*ローパス・フィルタなどで，回路動作に影響しない程度に信号の立ち上がりをなまらせておくとよいでしょう．

信号源の設定が終わったら，回路図上で右クリックして［Edit Simulation Command］ウインドウを開いて，［Transient］タブをクリックします．

［Stop Time］を5 mに設定して［OK］ボタンをクリックします．続けてマウス・カーソルを回路図上でクリックすると.tran 5 mという文字列が配置されます．これでシミュレーションの準備完了です（図7）．

● 解析を実行する

［Run］でシミュレーションを実行します．エラーがなければ波形ウィンドウが開きます．回路図の信号名「VIN」，「VOUT」をクリックして波形を表示します．

図8のような波形になったでしょうか？いままでやってきたように，カーソルをアタッチして立ち上がり時間を測ってみてください．

例えば，0.1%のセトリング・タイムは，信号振幅が3.9 Vで，高い方の出力電圧の最終値が4 Vですから，入力が立ち上がってから4 V±3.9 mVに入るまでの時間です．

● シミュレーションの限界

信号源の抵抗（R_3）を1000 MΩにしてみると，1 MΩのときの図8とあまり変わらない波形が表示されます．アナログ回路設計のベテランなら，「おや？」と思うでしょう．

TLV2252のデータシートでは，入力の静電容量が8 pF$_{typ}$になっています．単純に入力ピンとGNDまたは電源の間に8 pFが入っていると仮定すると，信号源抵抗が1000 MΩのときには，出力電圧が50%に達する立ち上がり時間は5.5 msにもなります．

実際には，もっと複雑な応答になるかもしれませんが，少なくとも1 kHzの矩形波は相当になまった波形になるはずです．つまり，このシミュレーション波形は，現実とかけ離れています．

アナログ回路シミュレータのシミュレーション・モデルは，実際のデバイスを完璧に表しているものではありません．モデルの精度を高めれば，モデルはどんどん複雑になって，シミュレーションに時間がかかるようになりますから，精度にも限界があります．モデルを作った会社や人によって，精度を上げたい部分もある代わりに，少しばかり目をつぶるところもあるはずです．

少し特殊な使い方をする場合などは，モデルを作った人が意識していなかったような使い方をしているかもしれません．こんなときには，シミュレーションだけでなく実験してみることが大切です．

（初出：「トランジスタ技術」 2012年5月号）

第10章 単電源アンプの過渡応答と周波数特性

実験＆シミュレーション！単電源非反転アンプの特性を調べる

登地 功

本章もLTspiceを使ってアンプの動作をシミュレーションで考察し，試作して実験します．アンプのタイプは，単電源で動作する非反転型です．OPアンプは，非反転アンプの高入力インピーダンスをより生かせるよう，入力インピーダンスが高いCMOS型からTLV2252を選びました．電源電圧2.7～8Vで動かします．

正弦波を入力して出力信号の波形を調べる

● 単電源型は入力信号が少しぐらいなら負になっても大丈夫

TLV2252は入力ピンの電圧（コモン・モード入力電圧範囲．データシートではV_{ICR}という項目）がマイナス電源を含んでいますから，単電源でも0V，実力としては-0.3Vくらいの信号を扱えます．単電源用のOPアンプというのは，このように0V付近の入力信号を許容するものが一般的です．

逆にプラス側の入力電圧範囲は，電源電圧5Vのときに3.5Vまでしか保証されていませんので，プラス電源に近い入力電圧は扱うことができません．

OPアンプのマイナス電源はGNDですから，入力電圧は-0.3Vくらいまで許容範囲です．入力信号が0.1Vならそのままでも大丈夫なはずです．

● 正弦波を入力してみると…波形がおかしい？

図1に示すように，教科書どおりに非反転アンプを構成して，正弦波（1kHz，0.1V）を入力してみましょう．回路の電圧ゲインは10倍ですから，出力は1Vの正弦波になるはずです．信号源のV_1を1kHz正弦波に設定します．図2のように設定を変えてください．

トランジェント解析（過渡解析）で5msまでシミュレーションしてみると，出力は図3のような波形になります．これでは正弦波ではありませんね．正弦波の上半分しかないようです．

入力信号に設定した振幅0.1Vの意味は，正弦波の振幅は+0.1V～-0.1Vです．

これを10倍に増幅するのですから，出力電圧の振幅は+1V～-1Vになります．ところが，OPアンプのマイナス電源はGND（0V）です．マイナスの電圧は出力できません．そのため，出力がマイナスになる正弦波の下半分がなくなってしまったのです．

● 単電源アンプに入力する信号の電圧は少し持ち上げてやる

それではきれいな出力信号を得るにはどうしたらよ

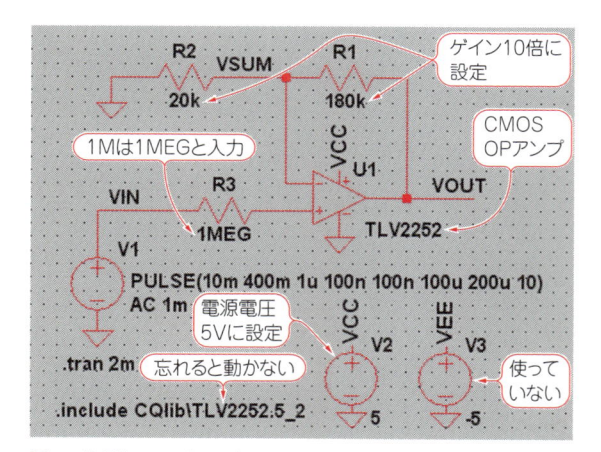

図1 非反転アンプのシミュレーション（N3-5-1.asc）
TLV2252を5V単電源で動かすゲイン10倍のアンプ．AC解析時V3があると未接続エラーが出る．消去するかダミーで抵抗などを付けておく．

図2 信号源を正弦波に設定する
V_1を右クリックで選択して出てくるダイアログで［Advanced］ボタンをクリックすると設定画面が出てくる．

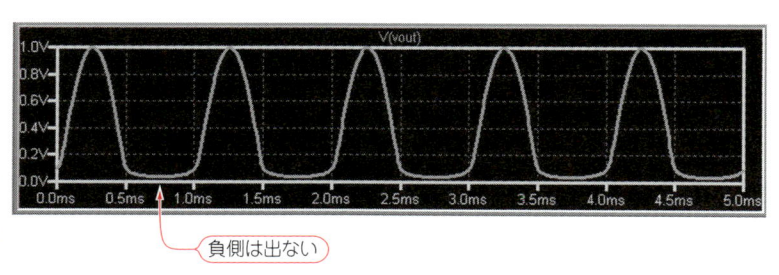

図3 図1の回路に正弦波(+0.1〜−0.1V)を入力したらこんな形になって出力された
OPアンプの−電源は0Vなのでそれより低い電圧は出力できない．

いでしょうか？初めから出力電圧を電源電圧の半分くらいのところにしておけば良さそうです．

トランジスタ回路のバイアスと同じような考え方ですね．電圧源の設定に［DC offset］という項目があります．ここに電圧を設定すると，交流信号の中心が，直流的にオフセット(ずれること)します．

電源電圧が5Vですから，出力電圧は半分の2.5Vを中心に振れれば良さそうです．増幅回路の電圧ゲインは，交流でも直流でも10倍ですから，オフセット電圧は出力の1/10の0.25Vにします(図4)．

V_1の設定を図5のようにしてシミュレーションを実行してみます．

今度は，図6のようにきれいな正弦波になりました．設計どおりに正弦波の中心は2.5V，振幅は±0.1Vを10倍した±1Vになっています．

ゲインの周波数特性を調べる

● AC解析モードを利用する

今度は，AC解析で周波数特性を観測してみます．

TLV2252は小信号帯域幅が約200 kHzと狭いOPアンプです．電圧ゲイン10倍の非反転アンプを作ったときの周波数特性は，どんな感じになるのでしょうか．

● シミュレーションの設定

解析を実行する前に信号源の設定をします．

V_1を右クリックして信号源設定パネルを開き，図7のように

［Function］＝ none
［DC value］＝ 250 m
［AC amplitude］＝ 100 m

に設定します．トランジェント解析のときと同様に，信号に250 mVのオフセット電圧を加えて，OPアンプの出力が2.5 Vを中心に振れるようにします．

続いて，回路図の何もないところで右クリックして［Edit Simulation Command］パネルを開き，［AC

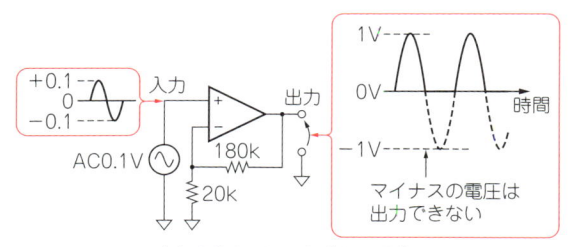

(a) DCオフセットがない場合

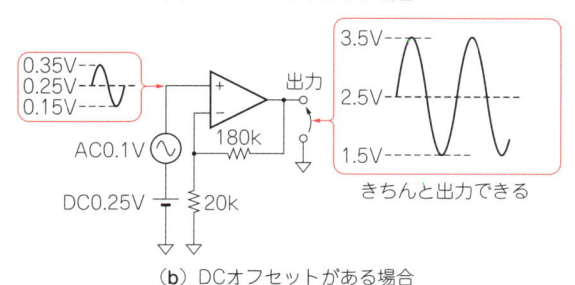

(b) DCオフセットがある場合

図4 単電源アンプで交流信号を増幅するためには入力信号に直流電圧を少し加えてやる必要がある

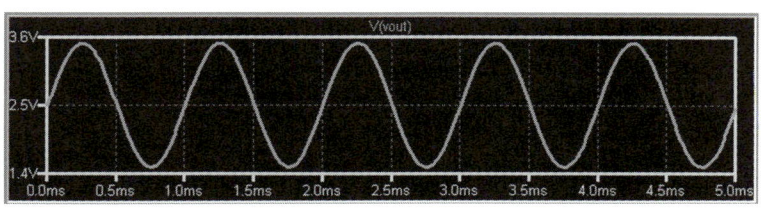

図5 図1の信号源にオフセット電圧を設定すれば図3の正弦波の下側クリップ現象をなくせる
出力電圧が電源電圧の1/2である2.5Vになるように，その1/10の250 mVを設定する．

図6 図5の設定でオフセットを加えると確かに図3の下側クリップ現象はなくなる
2.5V中心に正負の振幅が見られる．

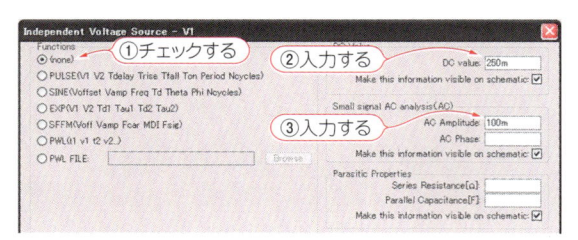

図7 AC解析用に信号源を設定する
過渡解析のときと同様にDCオフセットも設定する.

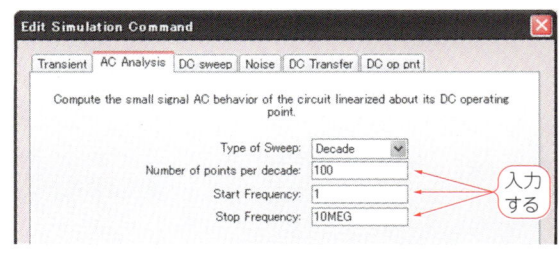

図8 AC解析用のシミュレーション設定
[OK]をクリックして画面に貼り付ける.

図9 図1の回路のゲイン周波数特性
AC解析の実行結果. OPアンプの性能からすると妥当.

analysis]タブの設定をします.

OPアンプの小信号帯域が200 kHzですから, 周波数の上限は10 MHzくらいでいいでしょう. 図8のように設定してください.

[OK]をクリックすると, ".ac dec 100 1 10MEG"という文字列が現れますから, 回路図の適当なところに配置してください.

● AC解析の実行

これで準備ができたので, [Run]でシミュレーションを実行します.

回路図エディタ上でV_{OUT}をクリックすると, 図9のようなグラフが表示されるはずです. 回路図のV_{OUT}にカーソルを置いて, 電圧プローブの形になると, LTspiceのウィンドウの左下にDC動作ポイントの電圧が表示されます. 約2.5 Vになっていることを確認してください.

カーソルを使って−3 dB周波数を読んでみると, 約20 kHzでした. OPアンプの電圧ゲインが0 dBになる周波数が小信号帯域で, データシートで約200 kHzでした. −3 dB周波数から上の電圧ゲインが−6 dB/oct(=−20 dB/dec)とすると, 周波数と電圧ゲインは反比例の関係です. 電圧ゲインを10倍にしたときの−3 dB周波数が20 kHzになるのは妥当な値ということになります.

実験で確かめる

実際に非反転アンプを組み立てて動作を確かめてみます. 電圧ゲインはシミュレーションと同じ10倍にします.

● 回路設計

シミュレーションでは, OPアンプの出力にオフセットを与えるために, 信号源に直流オフセット電圧を与えました. しかし, 実際の回路では, 信号源に直流オフセット電圧を加えることが難しい場合もあります. そこで, 電源電圧(5 V)を1/2に分圧した基準電圧を作って, ここを基準に回路を動作させることにします.

▶ オフセット電圧を作る

回路は図10のようになります. 基準電圧は電源電圧をR_4とR_5で1/2に分圧して作ります. 抵抗で分圧しただけでは分圧点の等価抵抗が50 kΩになっていて, ここに電流が流れ込むと電圧が変化してしまいます. 基準電圧が変動しては困りますから, U_2によるバッファを入れてインピーダンスを下げることにします. U_2の出力は低インピーダンスですから, ここ(V_{COM})に電流が流れ込んでも電圧は変化せず, V_{COM}の電圧は常に電源電圧の1/2が保たれます.

非反転入力の方も, V_{COM}を基準にしますから, 信号がないときにはV_{COM}の電圧に等しくなければなりません. そこで, R_6を入れてU_1の非反転入力をV_{COM}に等しくします.

入力をつないだときに, 入力側に電流が流れてしまうと, 非反転入力の直流電圧レベルが変わるので, C_1を入れて直流をカットします. このコンデンサが入っているので, この回路は交流増幅回路になっていて, 直流は扱えません.

シミュレーションでは必要がなかった電源のパスコン(C_2)も必要です.

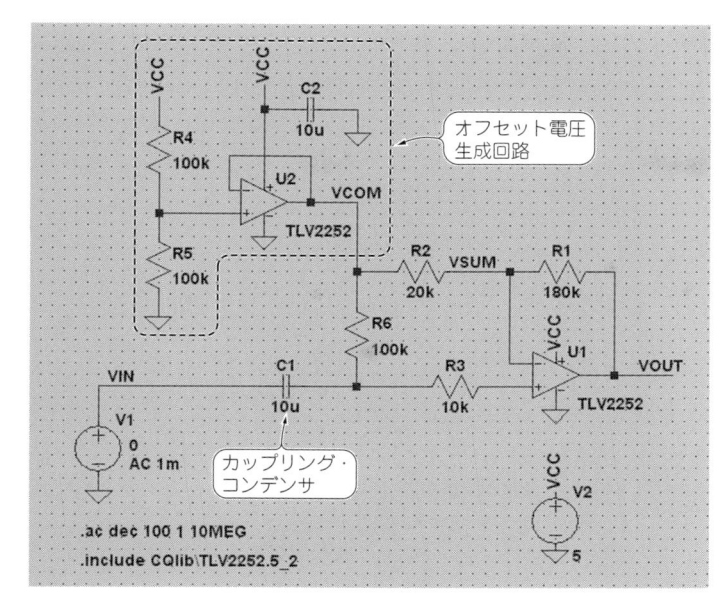

図10 シミュレーション結果（図6と図9）を確認するために試作した実験回路
バッファ・アンプ（U_2）を使ってDCオフセットをOPアンプ（U_1）に供給する．

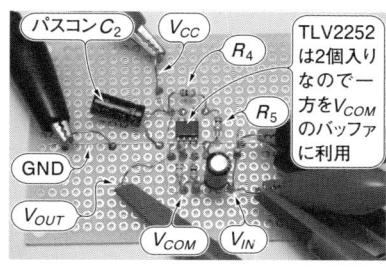

写真1 実験回路
(a) 全体のようす
(b) IC付近を拡大

R_3も回路動作上は必要がないのですが，入力に高周波信号が混入するとOPアンプが誤動作してオフセットが発生するため，実際の回路では必要になることが多いです．この抵抗がないと，回路の近くで携帯電話を使うと，出力電圧がふらつきます．

この回路でもシミュレーションはできますから，V_{COM}，V_{OUT}が約2.5 Vになっていることや，その他の部分の電圧などを確認してみてください．

● 回路の組み立て

回路のインピーダンスが高いこともあるのですが，TLV2252がSOPなのでブレッドボードでは一工夫しないと実装できません．今回はユニバーサル基板に組み立ててみました（写真1）．

SOPパッケージなので，2.54 mmピッチのユニバーサル基板とは足の間隔が合いません．細い銅線（より線をほぐしたもの）をICの足にはんだ付けして取り付けました．

入出力や電源は，わにぐちクリップでくわえやすいように，抵抗のリード線の切れ端を丸めたものをはんだ付けしてあります．

この基板の組み立ては1時間弱といったところでした．抵抗やコンデンサは，ふつうのリード部品を使っていますが，このように銅箔面に取り付ける場合は，チップ部品でも大丈夫です．チップ部品なら，シリーズ一揃いを缶に入れたり，バインダに綴じ込んだりしたサンプル・キットが市販されています．

● 正弦波を入力

オシロスコープで出力波形を観測して，トランジェント解析の結果と比較してみましょう．1 kHz 100 mV_{P-P}の正弦波を入力して，出力波形を観測した結果が写真2です．上が出力，下が入力波形です．

ほぼ10倍になっているのがわかります．波形の中心も2.5 Vになっていますね．使っているのが5 %のカーボン抵抗ですから，多少の誤差は許容範囲です．オシロスコープの電圧軸精度もマルチメータほどに良くはないので，それも誤差になります．

▶参考…矩形波を入力

写真3が矩形波の立ち上がりです．オーバーシュートやリンギングのない，きれいな立ち上がりになっています．90%応答で10 μsくらいですから，あまり速

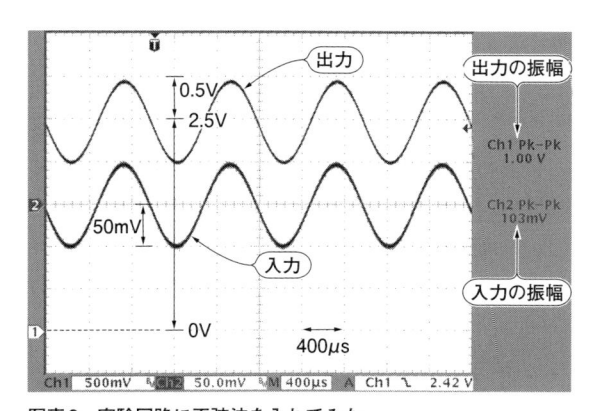

写真2 実験回路に正弦波を入れてみた
シミュレーション（図6）どおり，クリップのない正弦波が増幅されて出力された．

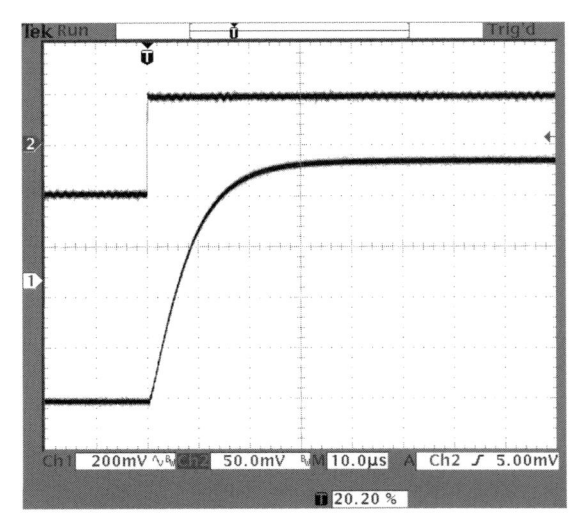

写真3 方形波応答もチェックしてみた

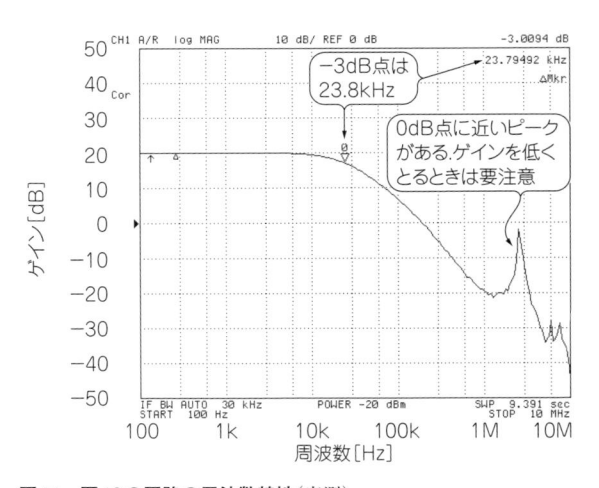

図11 図10の回路の周波数特性（実測）
図9のシミュレーション結果とほぼ一致．

くはありません．立ち下がりも同様でした．出力波形は，だいたいシミュレーションと同じとみて良いでしょう．

　入門の範囲を超えるので詳細は記しませんが，過渡応答特性の中でもセトリング時間などを測定するには，ノウハウが要ります．リニアテクノロジー社，アナログ・デバイセズ社といったアナログICの老舗メーカからは，アプリケーションノートなど各種の技術情報が発表されています．

● 周波数特性の測定

　ネットワーク・アナライザ（4395A）で周波数応答を測定してみました．図11が測定結果です．周波数は100 Hz ～ 10 MHzです．

　-3 dB周波数は23.8 kHzで，シミュレーションでは20 kHzでしたから，ほぼ一致しています．帯域内では周波数応答にピークもなく素直な特性ですが，電圧ゲインが0 dB以下になった帯域外の2.5 MHz付近に大きなピークがあります．

　実はこのOPアンプ，ほんとうにこのあたりにピークがあります．ネットワーク・アナライザの応答を見るとピークが0 dBより少し低いあたりにあります．この測定系では，OPアンプの負荷はFETプローブの約2 pFだけですが，もう少し，10 pFくらいに容量が増えて，さらに温度変化があったりすると，ピークが0 dBより上に出ることがあります．

▶バッファなどで使う時は発振に注意！

　このピーク付近の周波数では，位相は大きくまわっています．バッファなど帰還量の多い回路で，0 dBより上にピークが出てしまったら，発振する可能性があります．TLV2252は低消費電力，低バイアス電流，低ノイズと優秀なOPアンプですが，この点だけは要注意です．

（初出：「トランジスタ技術」 2012年6月号）

第3部 やってみよう！電子回路シミュレーション

第11章 無難な周波数特性で一番よく使う
バターワース型ロー・パス・フィルタ

川田 章弘

これまで，OPアンプ回路などの基本的なアナログ回路の設計にシミュレーションを生かす方法を紹介しました．この第3部では，フィルタ回路や高周波回路，アナログ回路など，実際の設計にLTspiceを役立てる方法を紹介します．

■ 遮断周波数100 MHz，7次タイプを設計する

● オーソドックスな周波数特性

バターワース（Butterworth）型ロー・パス・フィルタは，減衰量とパルス応答の両方が「ほどほど」なフィルタが欲しいときに使います．LPFが必要になったときに，まず最初に検討します．

チェビシェフ特性やエリプティック特性と比較すると群遅延特性は良好ですが，それでもパルス応答特性を調べると波形が崩れます．

いっぽう次章のベッセル・フィルタはパルス応答は良好ですが，同じ次数で比較したときに，バターワース・フィルタなど他のフィルタほど減衰量が得られません．

● 正規化フィルタを使って設計する

ベッセルLPF（次章で詳述する）と同じように，正規化フィルタを使えば簡単に設計できます．フィルタの次数は7次，遮断周波数は100 MHzです．

図1に，バターワース型ロー・パス・フィルタの設計手順を示します．シミュレーションは計算値をもとに行いますが，参考までに実際に製作するときに使える定数をカッコ内に示しました．

■ 周波数特性と方形波応答

設計した回路をもとに作成したシミュレーション回路を図2に示します．

シミュレーションを実行すると，Sパラメータを表示させることができます．結果は，図3のようになりました．群遅延特性は図4のとおりです（Sパラメータと群遅延の表示法についてはp.121のColumnを参照）．

阻止域で$|S_{11}|$が0 dBに近づく点は，次章のベッセル・フィルタと同じです．ベッセルLPFと異なるのは，減衰量（減衰傾度）がベッセルLPFよりも大きいことです．逆に，群遅延の平坦性はベッセルLPFよりも悪いです．

【図1の内容】

7次バターワース-正規化LPF

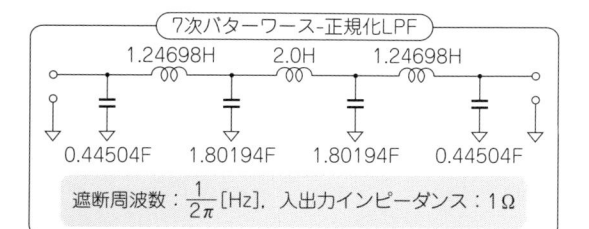

1.24698H　2.0H　1.24698H

0.44504F　1.80194F　1.80194F　0.44504F

遮断周波数：$\frac{1}{2\pi}$[Hz]，入出力インピーダンス：1Ω

設計手順

遮断周波数f_0=100MHzとすると，周波数スケーリング係数Mは，

$$M = \frac{f_0}{\frac{1}{2\pi}} \approx \frac{100 \times 10^6}{0.159155}$$

$$\approx 628.32 \times 10^6$$

インピーダンス・スケーリング係数Kは，

$$K = \frac{Z_0}{1} = \frac{50}{1} = 50$$

各LCを以下のようにスケーリングする

$$L = L_{nom} \times \frac{K}{M}, \quad C = C_{nom} \times \frac{1}{KM}$$

したがって，

1.24698H → $1.24698 \times \frac{50}{628.32 \times 10^6} \approx 100$nH

2.0H → $2.0 \times \frac{50}{628.32 \times 10^6} \approx 160$nH

0.44504F → $0.44504 \times \frac{1}{50 \times 628.32 \times 10^6} \approx 14$pF (15pF)

1.80194F → $1.80194 \times \frac{1}{50 \times 628.32 \times 10^6} \approx 57$pF (56pF)

となる

図1　7次バターワースLPFの設計手順

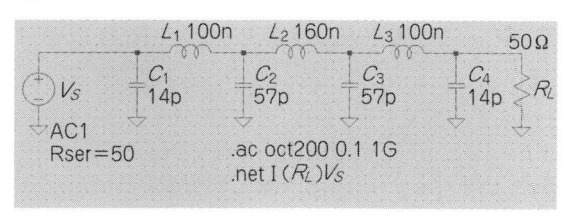

【図2の内容】

L_1 100n　L_2 160n　L_3 100n　50Ω

V_S　C_1 14p　C_2 57p　C_3 57p　C_4 14p　R_L

AC1
Rser=50　　.ac oct200 0.1 1G
　　　　　　.net I(R_L)V_S

図2　設計し終えた7次バターワースLPF（f_C = 100 MHz）（J3-1-2.asc）

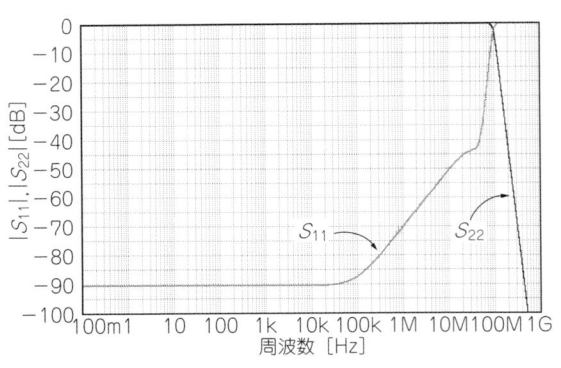

図3 設計したバターワースLPFの反射特性 $|S_{11}|$

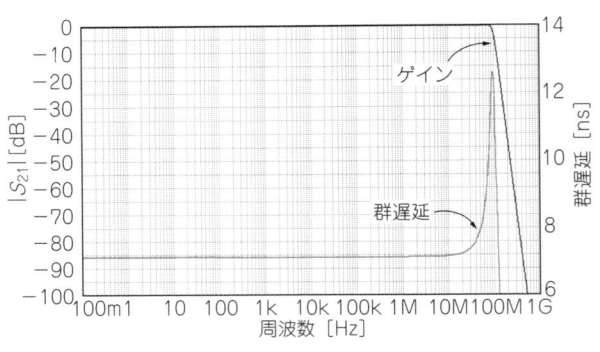

図4 設計したバターワースLPFの通過特性 $|S_{21}|$

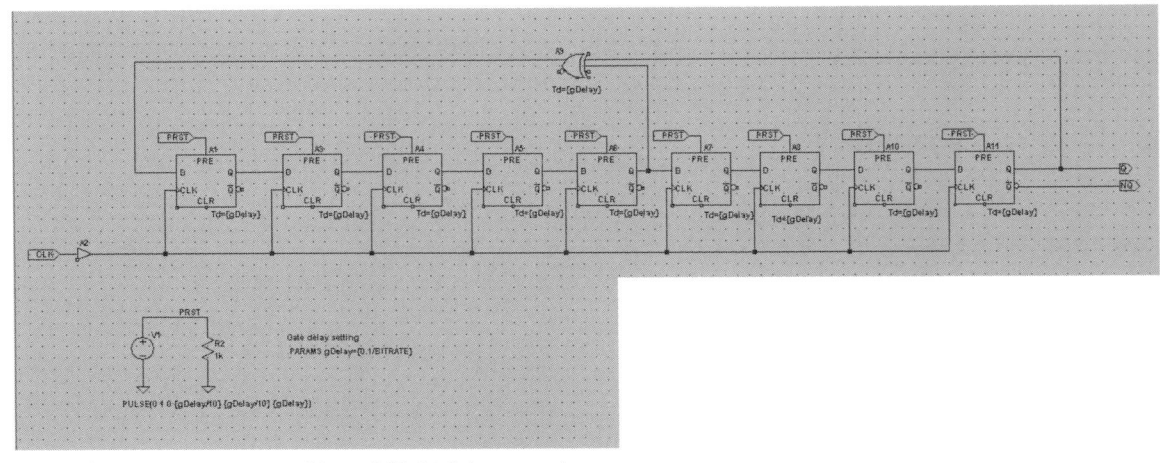

図6 シミュレーションでアイ・パターンを調べる②（PRBS9.asc）
9次のPRBS発生器の回路を用意する．

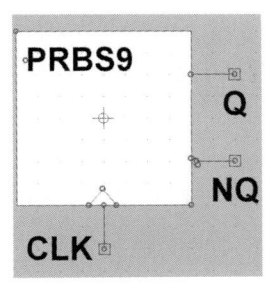

図5 シミュレーションでアイ・パターンを調べる①
9次のPRBS発生器のシンボルを用意する．

図7 シミュレーションでアイ・パターンを調べる③
シンボル（図5）と回路（図6）を関連付ける．

attribute	value
Prefix	X
SpiceModel	
Value	PRBS9
Value2	
SpiceLine	BITRATE = {BR}
SpiceLine2	
Description	
ModelFile	PRBS9.sub

（PRBS生成回路，Pseudo Random Bit Stream）をLTspiceに組み込む必要があります．ここでは章末に示す参考文献(5)で公開されているPRBS回路をアレンジしました．

LTspiceのロジック部品は，デフォルトで信号振幅が $V_{OL}=0\,\mathrm{V}$，$V_{OH}=1\,\mathrm{V}$ なので，必要に応じて外部に振幅とオフセット電圧が変更できる仕組みを付けます．

今回は，9次のPRBS発生器を使用しました．LTspiceのシンボル・ファイルは，prbs9.asyです．このファイルをLTspiceで開くと，**図5**のような部品が現れます．このシンボルに対応する回路はPRBS9.ascファイルで，内容は**図6**のとおりです．

LTspiceに組み込むにあたって，PRBS9.ascからSPICEネットリストを出力させ，PRBS9.subファイルを作成しました．PRBS9.subファイルは次のフォルダに置きます．

¥LTC¥LTspiceIV¥lib¥sub

prbs9.asyファイルは次のフォルダに置きます．

¥LTC¥LTspiceIV¥lib¥sym¥Prbs

prbs9.asyを開いて，［Edit］-［Attributes］-［Edit Attributes］を選択すると，シンボル・ファイルのア

■ アイ・パターンのシミュレーション

LTspiceのアイ・パターン表示機能を利用して，ランダムなデータ・ビット列に対する応答を調べます．

● ランダムなビット列を生成する信号源を組み込む

アイ・パターンを調べるには，周期性をもったランダムなビット・ストリームを発生させる信号源

図8
方形波状のディジタル信号が通過したときの波形の乱れを調べる回路

(J3-1-8.asc)

LPFから出力される方形波をオシロスコープなどで重ね書き表示すると，人の目が開いたような波形（アイ・パターン）が現れる．アイ・パターンの波形のない部分が多く，大きく目が開いているほど，方形波の乱れが少ない回路であることがわかる．

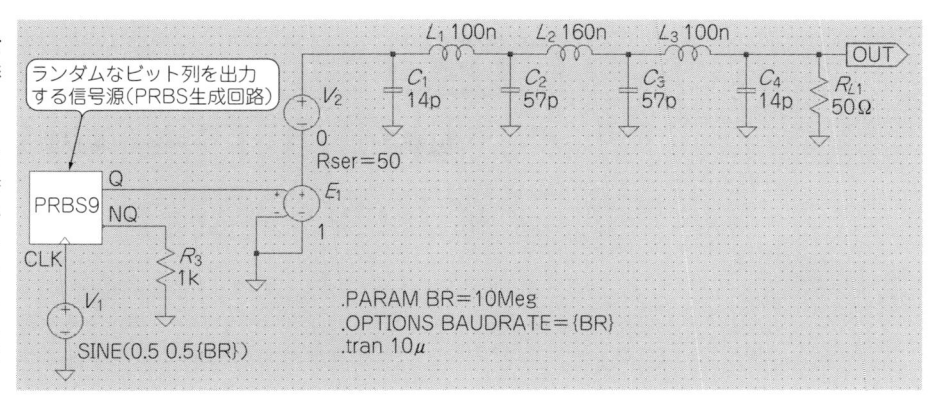

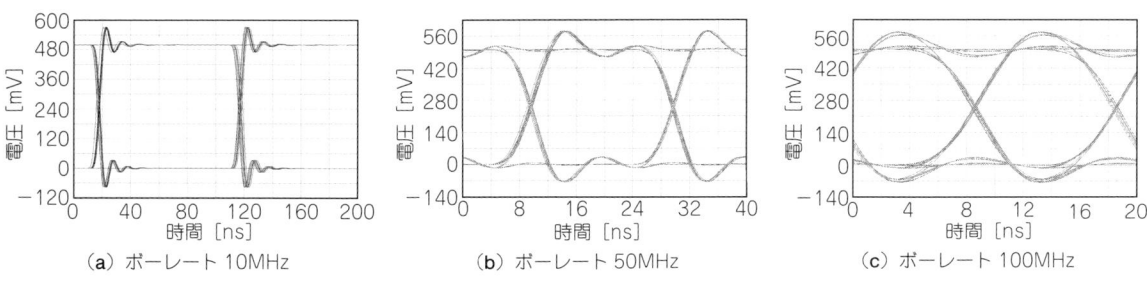

図9　ランダムな方形波を通過させたときの波形の乱れ具合い

(a) ボーレート 10MHz　　(b) ボーレート 50MHz　　(c) ボーレート 100MHz

トリビュートを設定できます．prbs9.asyには，**図7**のような設定をしました．ModelFileには，SPICEサブサーキットのファイルを指定します．今回はsubフォルダに入れたので，ファイルの存在するフォルダを指定せず，ファイル名だけを設定すればOKです．SPICELineには，サブサーキット・ファイルが使用するパラメータを指定します．サブサーキットが使用するBRパラメータはシミュレーション元のファイルで指定します．

{BR}として与えているBRパラメータによってPRBS発生器のボーレートが決まります．シンボル・クロックの周波数と考えてもらってもよいでしょう．

● 解析を実行する

シミュレーション・ファイルに，
　　.options baudrate = <VALUE>
を指定して過渡解析を実行します．

シミュレーション回路を**図8**に示します．ボーレートの設定を10MHzにして実行すると，結果は**図9(a)**のようになりました．10MHzでは，信号減衰は生じないのですが，アイ・パターンの波形に大きなオーバーシュートが生じていることがわかります．

セトリング特性も悪く，リンギングが生じています．

ボーレートが50MHzのときのアイ・パターンを**図9(b)**に示しました．ボーレートは通過帯域内の値ですが，群遅延特性の影響からオーバーシュートとリンギングが生じ，それがアイ・パターンを悪化させています．高速シリアル信号の伝送には，伝送路の通過帯域とともに群遅延特性にも配慮する必要があります．

図9(c)は，参考までに調べてみたボーレート100MHzのときのアイ・パターンです．

◆参考・引用＊文献◆
(1) 森 栄二；LCフィルタの設計＆製作，CQ出版社，2001.
(2) Anatol I. Zverev；Handbook of Filter Synthesis, John Wiley & Sons,Inc., 2005.
(3) 神崎康宏；電子回路シミュレータLTspice入門編，CQ出版社，2009.
(4) 木下 淳（木下電機）；LTspice活用のおぼえがき(http://www.kdenki.com/divelop/LTSPICE.html).
(5)＊ 中村 利男；LTspiceによるシミュレーション例(http://homepage1.nifty.com/ntoshio/rakuen/spice/index.htm)
(6) ベルが鳴っています；http://www7b.biglobe.ne.jp/~river_r/bell/
(7) LTspice/SwitcherCADIII を使ってみる；http://picmicom.web.fc2.com/ltspice/

(初出：「トランジスタ技術」 2011年7月号)

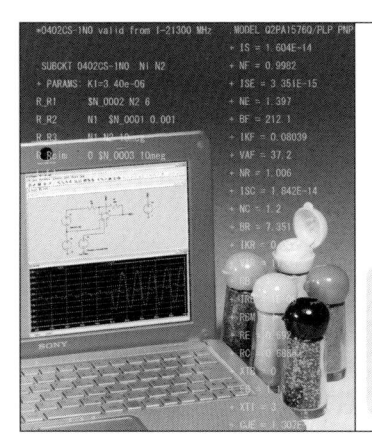

第12章 素直なパルス応答が得られてディジタル信号伝送に最適
ベッセル型ロー・パス・フィルタの設計

川田 章弘

前章は，減衰量とパルス応答の両方が「ほどほど」なバターワース・フィルタをLTspiceを使って設計し，LTspiceのアイ・パターン表示機能を利用して，ランダムなデータ・ビット列に対する応答を調べました．本章は，パルス応答が良好で，ディジタル信号の通信ラインによく利用されているベッセル・フィルタを設計してみます．

■ 素直なパルス応答が得られるフィルタ

● パルス信号の波形はフィルタを通過するとゆがむ

昔は，多数の音声を1本の信号線に乗せるために，複数の周波数の信号を重ね合わせていました．この多重化を行うには，一つの音声の周波数帯域をフィルタを使って狭くする必要がありました．

このような狭帯域のフィルタは一般に群遅延特性が乱れがちで，このようなフィルタに，音声ではなくパルス信号を通すと波形がひずみます．パルス状の信号を扱うディジタル回路は，ある電圧しきい値を基準にして"L"になったり"H"になったりしています．パルス波形がひずむと，しきい値をまたぐタイミングやレベルが変動し，高速パルス伝送ではビット誤りを生じる可能性があります．

● ディジタル信号の波形を崩さずに伝送するには

ディジタル回路が出力するパルス信号は，さまざまな振幅と位相をもつ正弦波信号の集合体です．正弦波信号の位相は時々刻々と直線的に増加しています．その位相変化を時間で微分したものが周波数です．周波数成分によって複数の正弦波を切り分けることが可能です．

パルス信号の波形を保つには，各正弦波信号（複数の周波数）間の位相（時間的な位置）関係を崩さないようにしなくてはいけません．タイミングを狂わさずに時間軸上での位置関係を一定に保ったまま複数の正弦波（周波数）を伝送することができれば，パルス波形はひずみません．

各正弦波信号の周波数差が，$d\omega$で，位相関係は$d\theta$で表されます．これらの比は，$d\theta/d\omega$と表すことができます．この値の前に負の符号を付けた$-d\theta/d\omega$を群遅延と呼びます．

群遅延が一定ということは，複数の正弦波信号間の位相関係が変化しないということです．

■ 手計算で設計

ベッセル応答は，波形品質が重要になる用途で使われる伝達特性です．ここでは，$-3\,\mathrm{dB}$遮断周波数$50\,\mathrm{MHz}$のLC型ベッセルLPFを設計し，アイ・パターンなどを確認してみます．

7次ベッセル正規化LPF

1.105164 H 0.702009 H 0.325888 H
2.265901 F 0.869027 F 0.524893 F 0.110562 F

遮断周波数：$\dfrac{1}{2\pi}$ Hz，入出力インピーダンス：$1\,\Omega$

設計手順

遮断周波数$f_0 = 50\,\mathrm{MHz}$とすると，周波数スケーリング係数Mは，次のとおり．

$$M = \frac{f_0}{\dfrac{1}{2\pi}} = \frac{50 \times 10^6}{0.159155} \fallingdotseq 314.16 \times 10^6$$

インピーダンス・スケーリング係数Kは，次のとおり．

$$K = \frac{Z_0}{1} = \frac{50}{1} = 50$$

各LCを以下のようにスケーリングする．

$$L = L_{nom} \times \frac{K}{M}, \quad C = C_{nom} \times \frac{1}{KM}$$

したがって，次のように求まる．（試作時の値／計算値）

$1.105164\,\mathrm{H} \rightarrow 1.105164 \times \dfrac{50}{314.16 \times 10^6} \fallingdotseq 176\,\mathrm{nH}$ $(0.18\,\mu\mathrm{H})$

$0.702009\,\mathrm{H} \rightarrow 0.702009 \times \dfrac{50}{314.16 \times 10^6} \fallingdotseq 112\,\mathrm{nH}$ $(0.1\,\mu\mathrm{H})$

$0.325888\,\mathrm{H} \rightarrow 0.325888 \times \dfrac{50}{314.16 \times 10^6} \fallingdotseq 52\,\mathrm{nH}$ $(0.056\,\mu\mathrm{H})$

$2.265901\,\mathrm{F} \rightarrow 2.265901 \times \dfrac{1}{50 \times 314.16 \times 10^6} \fallingdotseq 55\,\mathrm{pF}$ $(56\,\mathrm{pF})$

$0.869027\,\mathrm{F} \rightarrow 0.869027 \times \dfrac{1}{50 \times 314.16 \times 10^6} \fallingdotseq 33\,\mathrm{pF}$

$0.110562\,\mathrm{F} \rightarrow 0.110562 \times \dfrac{1}{50 \times 314.16 \times 10^6} \fallingdotseq 7\,\mathrm{pF}$

図1 遮断周波数50 MHzの7次ベッセルLPFの定数が決まるまで

正規化フィルタをもとに，任意のインピーダンスと遮断周波数のフィルタを作れる．

フィルタの次数は7次としました．文献に示されている7次の正規化フィルタの定数を使って設計する手順を図1に示します．

設計したフィルタは図2のとおりです．カッコ内は，実際に試作するときの定数を示しました．シミュレーションは，カッコ内の値ではなく，計算値で行ってみました．

■ シミュレーションで特性を確認

● Sパラメータ

Sパラメータをシミュレーションするための回路を図3に示します．結果は，図4と図5です．

図4の$|S_{21}|$からわかるように－3 dB遮断周波数は50 MHzであり，設計どおりです．阻止域で$|S_{11}|$が上昇し，最終的に0 dBになっています．

一般のLCフィルタは阻止域で全反射が生じており，信号を減衰させています．

● 群遅延特性

ベッセル・フィルタは群遅延特性に優れると言われています．そこでグラフの右軸を群遅延に変更して表示させると，図5のようになります．

特性に若干の変動が見られます．これは計算した素子値を丸めた影響でしょう．遮断周波数ぎりぎりまで群遅延特性が平坦になっているのは，ベッセル・フィルタの大きな特徴です．

● パルス応答

前章のバターワース・フィルタと同様に，アイ・パターンをシミュレーションで確認してみましょう．シミュレーション回路を図6に示します．シミュレーション設定は，バターワース・フィルタと同様で，異なるのはフィルタ部分のみです．

アイ・パターンを図7(a)に示します．一般にベッセル・フィルタは，オーバーシュートが出ないと言われていますが，群遅延特性のシミュレーション結果からもわかるとおり，実際には素子定数の丸め誤差などによって特性に変動が生じます．計算での誤差を極限まで小さくしても，やはりオーバーシュートが生じます．

確実にオーバーシュートの生じないフィルタを作るには，次章で紹介するトランジション・タイム・コンバータと呼ばれる回路が適しています．トランジション・タイム・コンバータは，RCフィルタの立ち上がり特性を応用していますから，定抵抗回路の条件を大きく損ねないかぎり本質的にオーバーシュートを生じません．

ボーレートが50 MHzのときのアイ・パターンを図7(b)に示します．きれいな立ち上がり／立ち下がりになっています．

図2 図1の計算結果を反映した回路
実際に作るときは，計算結果の素子値を丸める．

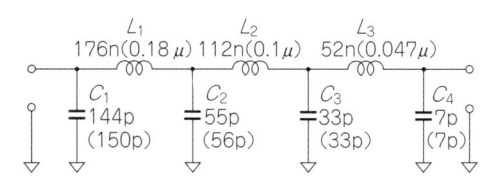

遮断周波数50MHz　入出力インピーダンス50Ω
7次ベッセルLPF

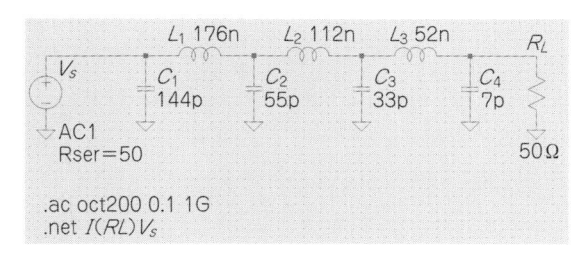

図3 図2の回路のSパラメータをシミュレーション(J3-2-3.asc)
解析結果は図4と図5.

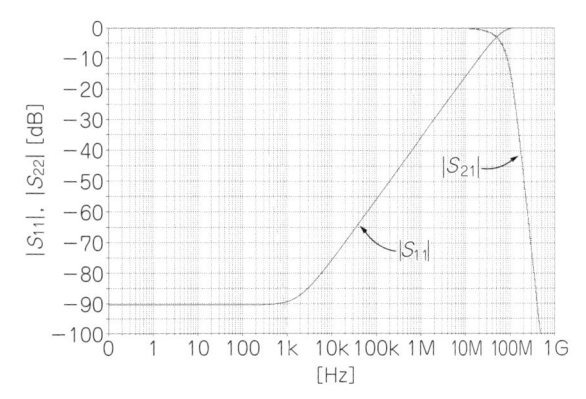

図4 設計したベッセルLPF(図2)の反射特性$|S_{11}|$, $|S_{21}|$
カットオフ周波数100MHz以下で，反射量$|S_{11}|$が小さくなっている．つまり，100MHz以下では信号が通過する．

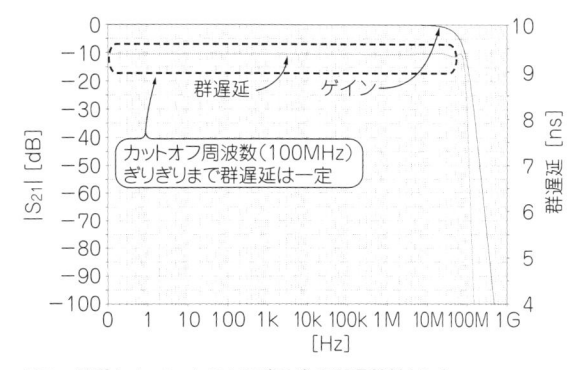

図5 設計したベッセルLPF(図2)の通過特性$|S_{21}|$
群遅延特性が平坦なことが見て取れる．

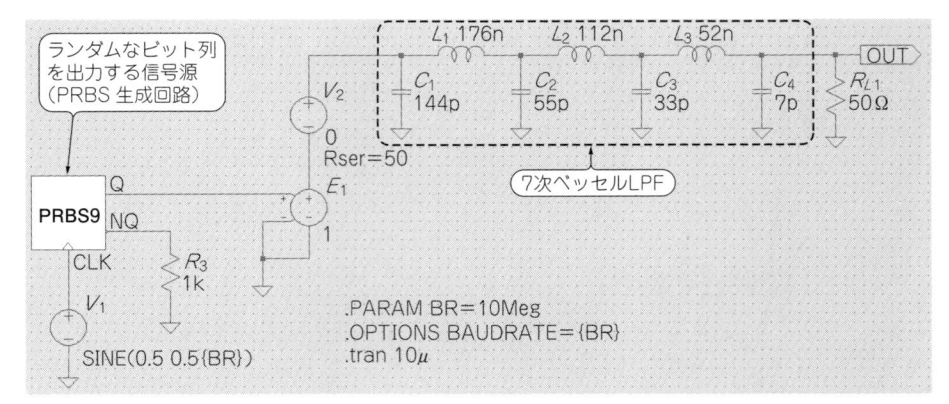

図6 パルス信号の波形がどのくらい乱れるかを調べるアイ・パターンのシミュレーション回路（J3-2-6.asc）
さまざまなビット列で応答に問題がないか簡単に調べられる．

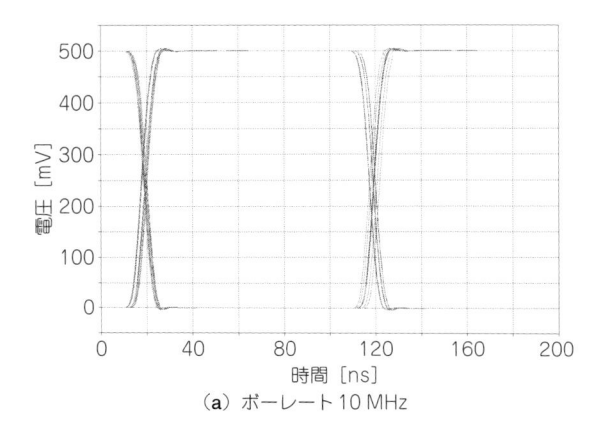

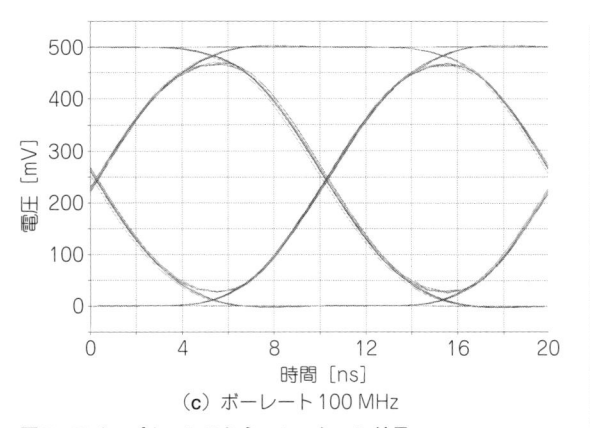

(a) ボーレート10 MHz

(b) ボーレート50 MHz

(c) ボーレート100 MHz

図7 アイ・パターンのシミュレーション結果
ランダムに繰り返されるデータを重ね書きして表示．

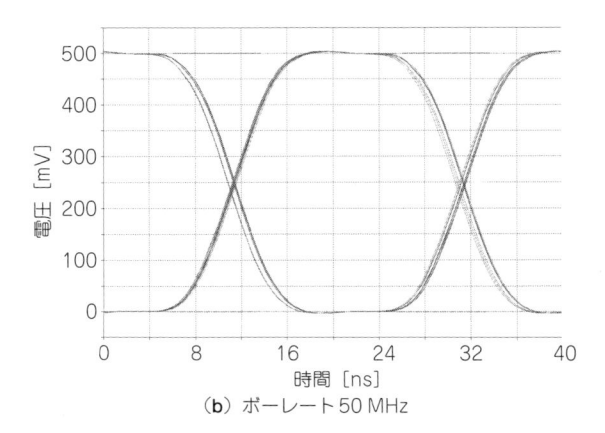

ベッセル型フィルタの立ち上がり時間を求めるには，煩雑な計算が必要です．立ち上がり時間を要求仕様にした設計は容易ではありません．立ち上がり時間をもとにフィルタを設計する場合は，トランジション・タイム・コンバータが適しています．

図7(c)は，ボーレートが100 MHzのときのアイ・パターンです．波形ひずみはなく，アイは十分に開いています．

◆参考文献◆
(1) 森 栄二；LCフィルタの設計＆製作，CQ出版社，2001．
(2) Anatol I. Zverev；Handbook of Filter Synthesis, John Wiley & Sons,Inc., 2005.

（初出：「トランジスタ技術」 2011年8月号）

通過特性や反射特性がわかるSパラメータのシミュレーション　Column

● 高周波信号に対する応答を調べるときは通過特性と反射特性を考慮する

インピーダンスが異なる回路ブロックや伝送線路がつながっている場合，信号周波数が高くなると，信号が一部しか伝わらず残りが戻ってくる「反射」という現象が発生します．高周波信号を扱うときは，反射特性も考慮に入れた設計をしないと，思ったような特性が得られません．

反射特性を含めて回路ブロックの特性を表すには，Sパラメータがよく使われます．入力をポート1，出力をポート2として，通過特性は，入力から出力，すなわちポート1から入ってポート2へ出てくる信号なのでS_{21}特性となります．入力の反射特性は，ポート1から入ってポート1へ出てくる信号なのでS_{11}特性となります．

● Sパラメータを表示させるには

回路上に，Sパラメータを表示させるSPICEコマンド(.netディレクティブ)を記述します．

　　.net I(RL) VS

ただし，R_L：負荷抵抗，V_S：入力信号源

このように，シミュレータ側に負荷抵抗R_Lと入力信号源V_Sを与えることで，LTspiceはSパラメータを計算します．

このままシミュレーションを実行すると，何も表示されていないグラフ・ウィンドウが開きます．

普段なら回路上にマウス・カーソルをもっていき，各ノードや各部品をピックアップして，それぞれの電圧／電流特性を表示させますが，Sパラメータを表示させる方法は少し異なります．

グラフ・ウィンドウを選択して，グラフ・ウィンドウ上で右クリックしてください．すると，**図A**のようなウィンドウが開きます．ここで［Add Trace］を選択すると，**図B**のウィンドウが表示されます．

前述した.netステートメントを記述しておくと，**図B**のようにS(11)というようなSパラメータを選択できます．フィルタの入力ポート(ポート1)の反射特性($|S_{11}|$)と，ポート1からポート2への通過特性($|S_{21}|$)が知りたいので，S11(vs)とS21(vs)を選択して［OK］ボタンを押します．

グラフ・ウィンドウに，選択した二つの特性カーブが表示されます．鎖線で表示されているカーブは位相特性です．LTspiceは，デフォルトで振幅特性(Magnitude)と位相特性(Phase)を表示するようになっています．$|S_{11}|$などを確認する際に，位相特性が表示されているとグラフが見にくくなります．

グラフの右側の縦軸にカーソルをもっていくと，**図C**のようにカーソルの形が定規形に変化します．ここで左クリックすると，**図D**のウィンドウが表示されます．［Don't plot phase］ボタンをクリックすると，位相特性を消すことができます．

位相特性ではなく群遅延特性を表示させたいときは，このウィンドウで［Group Delay］を選択すれば，右側縦軸の表示が群遅延に切り替わり，群遅延特性を確認できます．

図A　グラフ・ウィンドウ上で右クリックすると現れるポップアップ・メニュー
［Add Trace］を選択する．

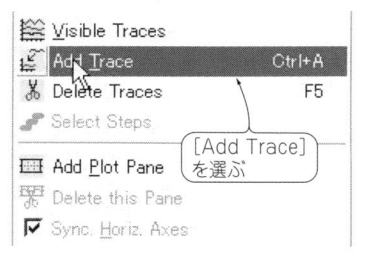

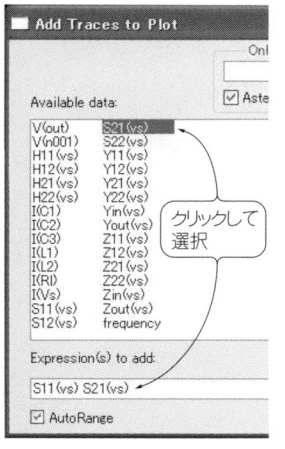

図B　Add Traces to Plotダイアログ
S11(vs)とS21(vs)を選択する．

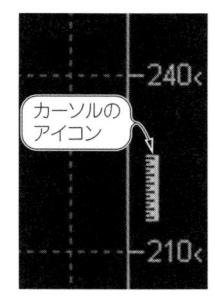

図C　カーソルを縦軸部分に持っていくと形が自動的に定規形に変化する

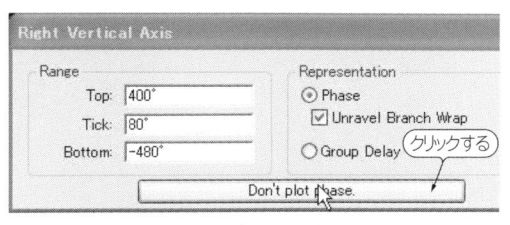

図D　Right Vertical Axisダイアログ
［Don't plot phase］ボタンをクリックする．

ベッセル型ロー・パス・フィルタの設計

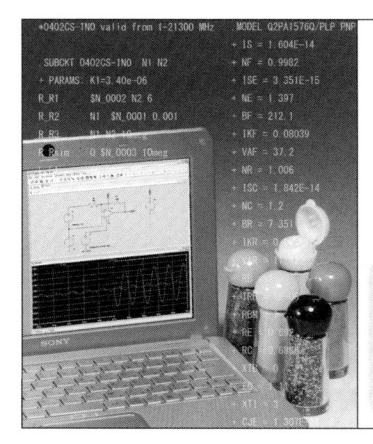

第13章 トランジション・タイム・コンバータの設計

高速パルス信号の立ち上がりを思いのままに

川田 章弘

不要な周波数成分をカットする帯域制限フィルタとしては，第11章，第12章で解説したバターワース型やベッセル型が有名です．
本章で紹介するのは，ベッセル・フィルタと同様にパルス波形に乱れが生じないようにして，立ち上がりだけ鈍らせるフィルタ「トランジション・タイム・コンバータ」です．パルス波形の整形にとても便利な回路です．

● トランジション・タイム・コンバータとは

図1に示すのは，トランジション・タイム・コンバータ(transition time converter)の基本形($n=4$)です．特徴は，「定抵抗回路」を使っていることです．周波数によらず抵抗値が一定になる理由を図2に示します．

トランジション・タイム・コンバータは，アジレント・テクノロジーの信号の立ち上がり時間を調節できるモジュールの製品名です．ライズ・タイム・リミッタと書いている文献もあります．

私がトランジション・タイム・コンバータの回路を知ったのは参考文献(1)を通してです．参考文献(1)に示す文献が発表されたころ，私はまだ大学生でした．その後，社会人となり高速パルス信号を扱うにあたってアジレント・テクノロジーのトランジション・タイム・コンバータを使うこともありました．参考文献(4)で紹介している実験の一部にもトランジション・タイム・コンバータを使っています．

どんなメリットがあるの？

● メリット1…乱れた波形に含まれる高調波を取り除いてくれる

計測器では，低ジッタな(タイミングのゆらぎが少ない)クロック回路にECL(Emitter-Coupled Logic；エミッタ結合論理)デバイスが使われています．このECLデバイスが出力する立ち上がり時間が数百psの高速パルス信号を，良質な波形のまま伝送するには高度な回路技術が必要です．というのは，ほんの少し線路インピーダンス間のミスマッチングがあるだけで，波形にオーバーシュートなどが乗ったりするからです．

オーバーシュートやリンギングがある劣化したパルス波形は，信号に含まれる高調波成分を減らす(波形を鈍らせる)ことで改善できます．トランジション・タイム・コンバータは，高調波を減らす低域通過フィルタとして機能します．そのパルス応答は，RCフィルタと同様な特性($Q=0.5$)であるため，本質的にオーバーシュートなどのフィルタ固有の波形品質の劣化

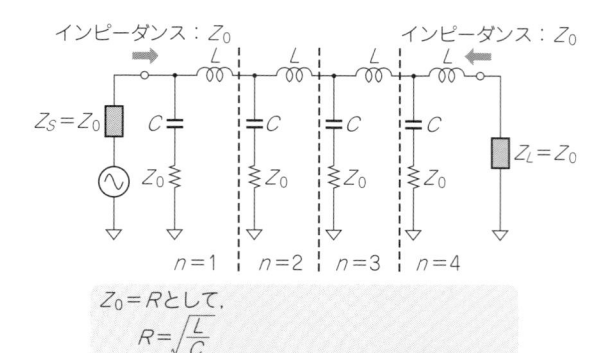

図1 トランジション・タイム・コンバータの基本形($n=4$)

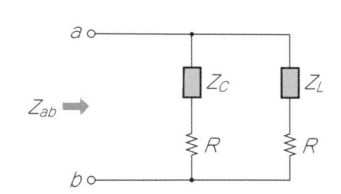

$Z_0=R$として，
$$R=\sqrt{\frac{L}{C}}$$
となるようにLとCを決めると定抵抗回路になる

図2 トランジション・タイム・コンバータの原理(定抵抗回路)
周波数特性はもつが，入出力インピーダンスが一定の回路網．

上図において端子a，bから見たインピーダンスZ_{ab}は，
$$Z_{ab}=\frac{(Z_C+R)(Z_L+R)}{Z_C+Z_L+2R}$$
$$=\frac{Z_CZ_L+R^2+R(Z_C+Z_L)}{Z_C+Z_L+2R}$$
ここで，$Z_CZ_L=R^2$ならば，
$$Z_{ab}=\frac{2R^2+R(Z_C+Z_L)}{Z_C+Z_L+2R}$$
$$=\frac{R(Z_C+Z_L+2R)}{Z_C+Z_L+2R}=R$$
となり，Z_{ab}は定抵抗Rとなる．
$Z_C=\frac{1}{j\omega C}$，$Z_L=j\omega L$とすると，
$$R^2=\frac{j\omega L}{j\omega C} \quad \therefore R=\sqrt{\frac{L}{C}}$$
とすればよい

がありません．オーバーシュートが含まれる立ち上がりの速いパルス信号からオーバーシュートを除去することができます．

● メリット2…パルス信号の立ち上がり時間を任意に調節できる

　立ち上がり時間の計算がベッセル応答と比較して容易ですから，意図的に波形を鈍らせる，つまり高速な立ち上がりを鈍らせて任意の立ち上がり時間にすることにも適しています．高速シリアル信号を意図的に鈍らせてISI(InterSymbol Interference)を発生させる用途(ISI発生回路)にも使えます．

▶ ISIとは

　符号間干渉のことです．広義には，無線通信におけるマルチパスなどで生じる隣接符号同士の干渉も含みますが，高速シリアル通信ではアイ・パターンが閉じているような状態のことを指すこともあります．

　高速シリアル通信は，時間領域でビット列を伝送することにより通信を行っています．伝送線路の周波数帯域が不十分なときや，伝送線路に反射(ミスマッチング)が起こっているとISIを生じます．

　伝送線路の帯域が不足しているとき，幅の狭いパルス信号は鈍ります．この場合，受信デバイスから見れば，入力されたパルス信号の振幅がしきい値電圧まで十分に上昇しないまま，次のパルス信号を受信することになります．これは，前のパルス(前の符号)の変化が不十分なまま，次のパルス(後の符号)を受信していることにほかなりません．これを符号間干渉と呼んでいます．

　伝送線路で生じる反射は，パルス波形にリンギングを生じさせます．立ち上がりが高速なパルスでは，しきい値電圧付近に階段状の電圧変化を生じることもあります．この波形品質劣化は，ビット誤りを生じさせる原因となり，前後のビット(符号)間に干渉を生じます．

● メリット3…阻止域で高調波成分の信号源側への反射が少ない

　トランジション・タイム・コンバータは阻止域でも信号の反射が少ないため，パルス波形に含まれる高調波成分の信号源側への反射が小さくなります．

　通常のフィルタ(ベッセル・フィルタを含む)では，高調波成分の多くは信号源側に全反射します．信号源抵抗にも周波数特性がありますから，高調波の含まれる高周波領域まで完全なZ_0(50Ω)となっていることはありません．信号源抵抗とフィルタ入力インピーダンスのミスマッチングが原因で，信号源とフィルタ入力間に多重反射が生じます．この多重反射により，低域通過フィルタを入れているにも関わらず，波形にオーバーシュートが生じます．

　トランジション・タイム・コンバータを使えば，多重反射が抑えられ，理想的に波形を鈍らせることが可能です．

＊

　トランジション・タイム・コンバータはガウシャン応答[2]に近いパルス応答が得られるLC型の低域通過フィルタと考えることもできます．前章のベッセル・フィルタとの違いは，反射特性が通過域から阻止域に至るまで特性インピーダンスZ_0のまま大きく変化し

送電線用の鉄塔もトランジション・タイム・コンバータも定抵抗回路　　Column

　メーカ製のトランジション・タイム・コンバータの中身はどうなっているのだろう…大学を出たばかりで好奇心旺盛だった私は，会社の先輩に頼んでコンバータを分解させてもらいました．中身はとても簡単で，まさに図1と同様な回路が組まれていました．

　定抵抗回路を応用していることに気がついた当時の私に，遠い記憶がよみがえってきました．定抵抗回路については，高専の2～3年生(16～18歳)のときに学んだ電気回路の教科書[3]に書かれています(学校の勉強が社会でも十分に役に立つ証拠)．

　この定抵抗回路をなぜ社会人になっても覚えていたのかというと，講義を担当していた先生の言葉が印象に残っていたからです．それは，「高圧送電線用の鉄塔などの設計時には，構造計算以外に回路網も計算して共振周波数をもたないようにしなくてはならない．落雷時に共振点で高電圧が発生して放電が起こったりするからだ．定抵抗回路となるように設計するのが理想的だ」というような説明でした．

　この説明の真偽(鉄塔の等価回路を定抵抗回路化する？)は確認していませんが，電気回路の世界が巨大な鉄塔と結びつくなんて，スケールが大きいなと思いました．その感動から月日を経ても妙に心に残っていたのです．

　トランジション・タイム・コンバータが定抵抗回路ということに気がついても，その設計方法がわかりません．私の自宅本棚には複数のフィルタ関連書が，和書，洋書含めて並んでいます．しかし，どれを手にとってもこのフィルタの設計法を見つけることはできませんでした．

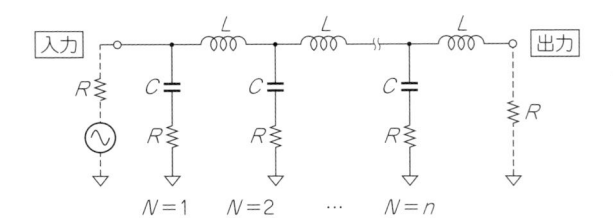

図3 トランジション・タイム・コンバータの簡易設計法
立ち上がり時間のわかっている回路を直列接続する．

設計手順

入出力インピーダンスをZ_0とすると，
$$Z_0 = R \quad \cdots (1)$$
となるようにRを決める．
n段のトランジション・タイム・コンバータの立ち上がり時間t_{rn}は，次のとおり．
$$t_{rn} \fallingdotseq K \times t_r \quad \cdots (2)$$
ただし，$t_r \fallingdotseq 2.2CR$
式(2)のKは，表1に示したとおりである．トランジション・タイム・コンバータの段数nから該当する補正係数値を選ぶ．
式(1)，(2)によりCの値を求め，
$$R = \sqrt{\dfrac{L}{C}} \quad \cdots (3)$$
上記式(3)によりLの値を決める

設計例

nが増えるほどフィルタとしての減衰量が大きくなる．一般には$n=4$で十分な減衰特性となるので，ここでは，$n=4$として設計する．
要求仕様：入出力インピーダンス50Ω，
　　　　　立ち上がり時間10ns≡t_{rn}
$$t_{rn} \fallingdotseq K \times t_r \quad \cdots (1)$$
式(1)，および表1の補正係数K($n=4$)から，
$$t_r = \dfrac{t_{rn}}{K} = \dfrac{10 \times 10^{-9}}{2.2465} \fallingdotseq 4.451\text{ns}$$
が求まる．ここで，
$$t_r \fallingdotseq 2.2CR \quad \cdots (2)$$
上記式(2)からCを求める．
入出力インピーダンスの要求仕様50ΩをE24系列で求め，$R=51$Ωとすると，
$$C = \dfrac{t_r}{2.2R} = \dfrac{4.451 \times 10^{-9}}{2.2 \times 51} \fallingdotseq 39.7\text{pF}$$
したがって，$C=39\text{pF}$とする．
$$R = \sqrt{\dfrac{L}{C}} \quad \cdots (3)$$
上記式(3)から，
$$L = R^2C = 51^2 \times 39 \times 10^{-12} \fallingdotseq 101\text{nH}$$
よって$L=100\text{nH}$とする．
式(1)，(2)，(3)により求まった回路定数は，
$R=51$Ω，$C=39\text{pF}$，$L=100\text{nH}$である．

n段のトランジション・タイム・コンバータの-3dB遮断周波数のおよその値は次式で求まる．
$$f_C \fallingdotseq \sqrt[n]{\sqrt{2}-1} \times \dfrac{1}{2\pi\sqrt{LC}}$$
ここで$\sqrt[n]{\ }$はn乗根．
図の定数の場合，
　$n=4$
　$L=100\times 10^{-9}$
　$C=39\times 10^{-12}$
なので，
$$f_C \fallingdotseq \sqrt[4]{\sqrt{2}-1} \times \dfrac{1}{2\pi\sqrt{100 \times 10^{-9} \times 39 \times 10^{-12}}}$$
$$\fallingdotseq 0.43498 \times 80.59 \times 10^6 \fallingdotseq 35.1\text{MHz}$$

図4 トランジション・タイム・コンバータの-3dB遮断周波数の計算法
立ち上がり時間を決めているのでそこから周波数特性が決まる．

立ち上がり時間はRC時定数で決まる

図3に設計法を示します．
トランジション・タイム・コンバータの立ち上がり時間を規定しているのは，RCの時定数です．この回路は，LCフィルタのような形をしていますが，立ち上がり時間はRCフィルタと同様に考えることができます．
一方，周波数特性は，図4のようにLCフィルタと同様に考えます．LCR回路網を複数段接続した場合の-3dB遮断周波数は，RCフィルタの多段接続（バッファ付き）と同様に変化します．RCフィルタと考えたり，LCフィルタと考えたり，二つの考え方が混在しているのが，この回路の特徴です．
　　　　　　　　　＊
ここで紹介したのは，参考文献(5)に基づいて私が自分で考えて実際に使っている設計法です．シミュレーションと照らし合わせても計算精度に問題がないことを確認しています．実用十分な設計法です．

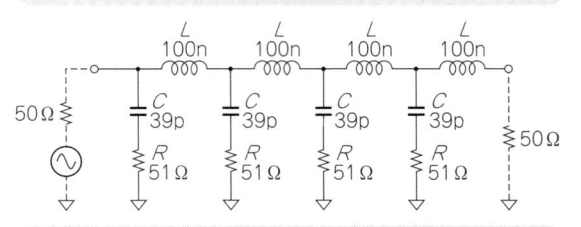

周波数特性と過渡応答特性

● 反射特性と伝達特性

図3に基づいて設計した立ち上がり時間10nsのト

表1 トランジション・タイム・コンバータの立ち上がり時間補正係数

n	1	2	3	4	5	6	7	8	9	10	11	12	13	14	15
補正係数：K t_{rn}/t_r	1	1.528	1.921	2.246	2.531	2.787	3.021	3.238	3.442	3.634	3.817	3.991	4.158	4.318	4.473

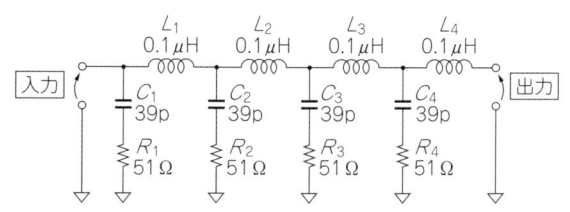

図5 立ち上がり時間10nsのトランジション・タイム・コンバータの回路

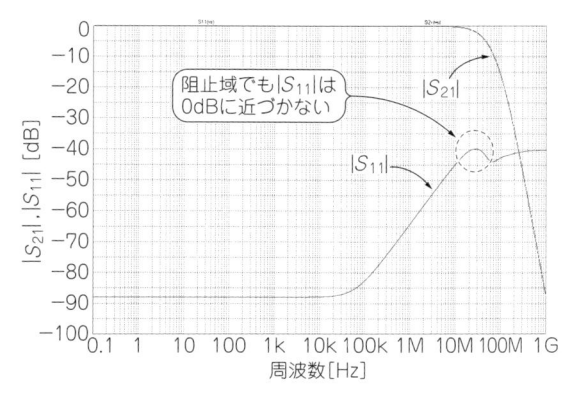

図7 図5の反射特性 $|S_{11}|$ と伝達特性 $|S_{21}|$ (LTspice)

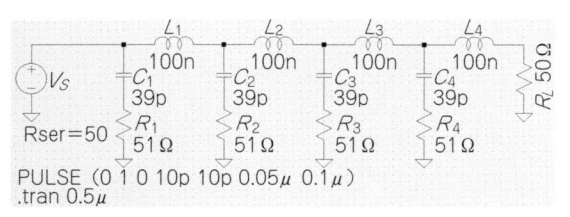

図9 過渡解析を行うシミュレーション回路 (J3-3-9.asc)

ランジション・タイム・コンバータを**図5**に示します。**図5**をシミュレーションするためにLTspiceに入力したのが**図6**です。.netディレクティブを使ってSパラメータを計算します。

図7に反射特性 $|S_{11}|$ と伝達特性 $|S_{21}|$ を示します。−3dB遮断周波数は約35MHzです。これは、**図4**で説明した計算結果とほぼ一致します。

図7で注目してほしいのは、$|S_{11}|$ 特性です。一般のLCフィルタは阻止域で $|S_{11}|$ が0dBに近づき、信号を反射させることで減衰量が大きくなるという特徴があります。トランジション・タイム・コンバータは、阻止域でも $|S_{11}|$ が良好に保たれていることから、高調波が多く含まれる立ち上がりの速いパルス信号でも、入力信号源側に大きな反射波は生じません。

● 群遅延特性

図8のとおりです。RCの1次フィルタと似た特性になっています。群遅延特性の平坦性については前章のベッセル・フィルタのほうが優れていますが、パル

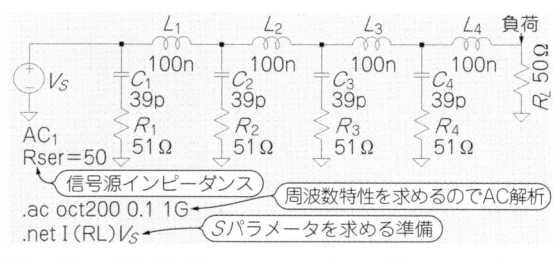

図6 図5の回路をシミュレーションする回路 (J3-3-6.asc)

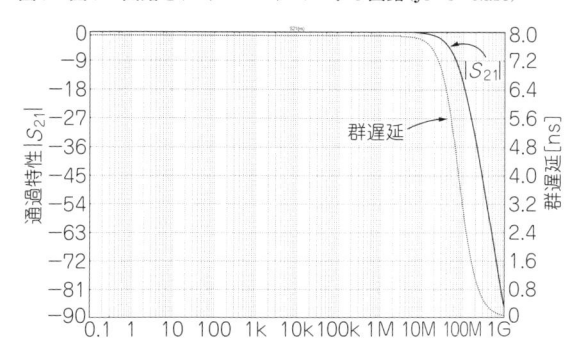

図8 図5の群遅延特性 (LTspice)
フィルタとしては十分に良い特性。

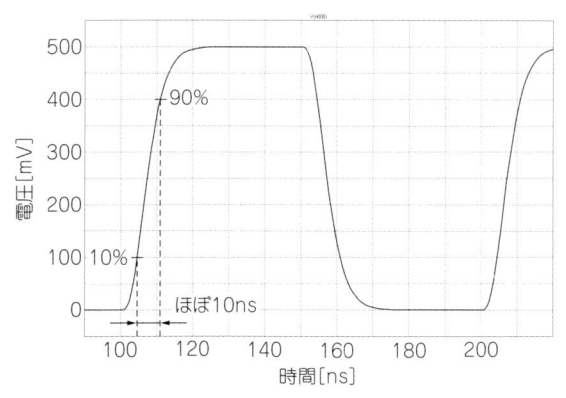

図10 過渡解析のシミュレーション結果
立ち上がり時間は図3の計算どおり。

ス信号を扱うフィルタとしては必要十分な特性です。

● パルス応答特性

図9に示すシミュレーション回路で過渡解析を行ってみたところ、**図10**のようになりました。立ち上がり時間は約10nsで**図3**の計算どおりです。

ディジタル信号を通したときの出力波形

● アイ・パターンを表示

図11のように、第11章で解説したPRBS信号源を用意してシミュレーションを実行します。出力ネットOUTをピックアップすると**図12**のようにアイ・パターンが表示されます。

過渡解析のシミュレーションでアイ・パターンが見

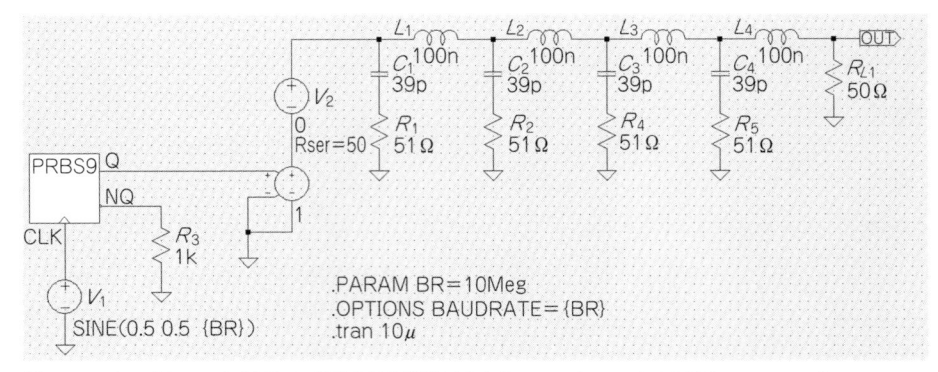

図11 アイ・パターンを利用し伝送路の周波数特性をシミュレーションする回路(J3-3-11.asc)

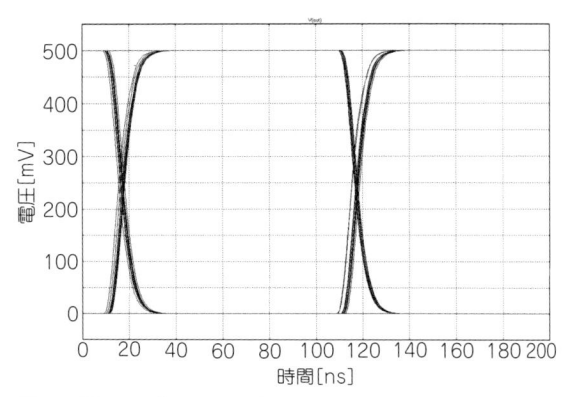

図12 図5の回路のアイ・パターン
入力信号の周波数は10 MHz.

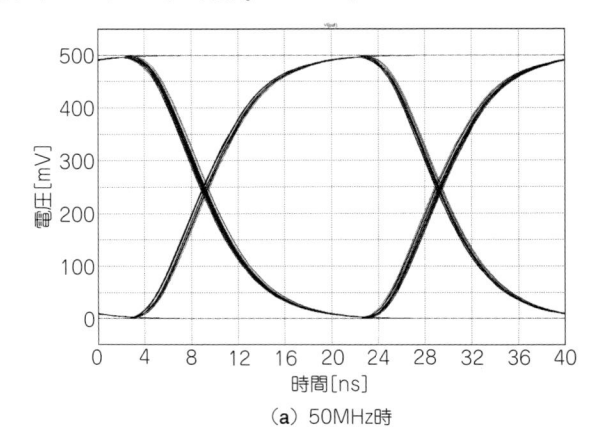

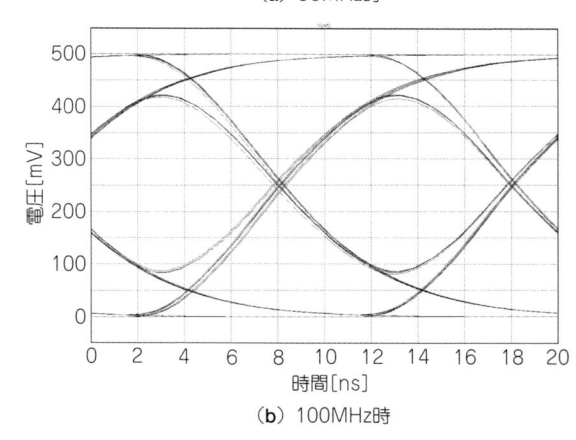

(a) 50MHz時

(b) 100MHz時

図13 入力信号の周波数を上げていくとISIの生じた信号が出てくる
ISIの生じた信号はテスト信号などに利用できる.

えるのはとても便利です．伝送線路の帯域が不足して発生するアイ・パターンのようすも試作/実験することなくシミュレータ上で確認できるからです．

● ボーレートを上げるとISIが発生する

シミュレーション回路のBRパラメータを10 MHzから50 MHz，100 MHzと変化させたときのアイ・パターンの違いを**図13**に示します．50 MHzのときは，発生しているISIも小さく，使えそうなレベルです．ところが，100 MHzになると回路の帯域不足から大きなISIが発生しています．

このようにトランジション・タイム・コンバータを利用して定数を調整すれば，高速シリアル信号発生器から意図的にISIの生じた信号を作り出すことができます．

◆参考文献◆
(1) 曽布川 慎吾；ライズ・タイム・リミッタ回路，トランジスタ技術，特集 定番 エレクトロニクス回路集，1998年1月号，CQ出版社．
(2) オシロスコープの周波数応答とその立上がり時間確度への影響について，Application Note 1420, Agilent Technologies., Jan 2003.
(3) 小郷 寛；交流理論，電気学会，1991.
(4) 川田 章弘；OPアンプ活用 成功のかぎ(第2版)，CQ出版社，2009.
(5) 川上 正光；電子回路Ⅳ，共立全書128，共立出版，1959.

(初出：「トランジスタ技術」 2011年9月号)

Appendix V RC回路を基本に考えよう
トランジション・タイム・コンバータの補正係数の求め方

ここでは，第13章の表1に示した補正係数Kの求め方について解説します．

本題に入る前に下図に示すRC回路の時間応答$v_o(t)$と立ち上がり時間t_rを導出します．

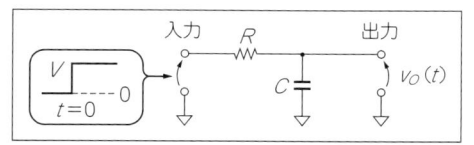

$t=0$で電圧が$0[V]$から$V[V]$に遷移時間$0[s]$で変化する信号（ステップ信号）

入力と出力の関係をラプラス変換式で示すと，

$$v_o(s) = \frac{\frac{1}{Cs}}{R + \frac{1}{Cs}} \cdot \frac{V}{s}$$

となります．ここで，V/sはステップ信号である入力電圧のラプラス変換です．上式を整理すると，

$$v_o(s) = V \cdot \frac{\frac{1}{RC}}{s\left(s + \frac{1}{RC}\right)}$$

$$= V \cdot \left(\frac{1}{s} - \frac{1}{s + \frac{1}{RC}}\right) \cdots\cdots (A)$$

となります．ラプラス変換の性質として

$$\mathcal{L}^{-1}\{af_1(s) + bf_2(s)\} \Rightarrow aF_1(t) + bF_2(t)$$

が成り立つため，

$$\mathcal{L}^{-1}v_o(s) = v_o(t) = V\left\{1 - \exp\left(-\frac{t}{RC}\right)\right\} \cdots\cdots (B)$$

が求まります．これがRC回路の時間応答を表す式です．

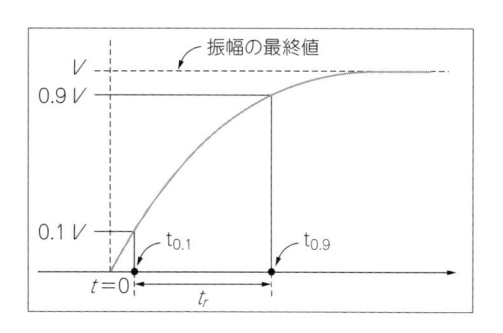

● 立ち上がり時間t_rを求める

次に立ち上がり時間t_rを式(B)を使って求めます．

立ち上がり時間t_rは，上図のように振幅がその最終値の10%となる時間から，90%に至るまでの時間と一般的に定義されています．

ここで，$v_o(t)=0.1$ Vと置くと式(B)より，

$$0.1 = 1 - \exp\left(-\frac{t_{0.1}}{RC}\right)$$

上式を整理すると，

$$\exp\left(-\frac{t_{0.1}}{RC}\right) = 1 - 0.1$$

両辺のexpを取り去ると，

$$t_{0.1} = -RC\ln(1 - 0.1)$$

同様に，

$$t_{0.9} = -RC\ln(1 - 0.9)$$

が求まります．従って，立ち上がり時間t_rは，

$$t_r = t_{0.9} - t_{0.1} = RC\{\ln(0.9) - \ln(0.1)\}$$
$$\fallingdotseq 2.197\, RC \cdots\cdots (C)$$

となります．

一般的には，$t_r \fallingdotseq 2.2\, RC$と書かれることが多いです．

ここで，いよいよ表1について考えます．

多段のRC回路の応答$V_{on}(t)$は，段数をn，入力信号の振幅を1とすると，ラプラス変換式で以下のように表わされます．

$$v_{on}(s) = \frac{1}{s}\left(\frac{\frac{1}{RC}}{s + \frac{1}{RC}}\right)^n$$

上式の逆ラプラス変換は，前頁の参考文献(5)より，$x = \frac{t}{RC}$とおいたとき，次式で示されます．

$$v_{on}(t) = 1 - \left[1 + \frac{x}{1!} + \frac{x^2}{2!} + \frac{x^3}{3!} + \cdots + \frac{x^{n-1}}{(n-1)!}\right]\exp(-x)$$
$$\cdots\cdots (D)$$

ただし，$x = \frac{t}{RC}$

この逆ラプラス変換の正当性は，Maximaなどの数式処理ソフトによっても確認できます．

表1の補正係数は，式(D)に基づき計算しています．式(D)から解析的に立ち上がり時間を求めることが困難であったため，Excel VBAのマクロを使用し二分

法を使って $v_{on}(t)$ が 0.1 となるときの x と，0.9 となるときの x を求めました．

$v_{on}(t)$ が 0.1 となるときの x を t_{10}，0.9 となるときの x を t_{90} とし，

$$t_{rn} = t_{90} - t_{10}$$

を求め，式 (C) を用いて，

$$K = \frac{t_{rn}}{t_r}$$

を算出した結果をまとめたのが第13章の表1です．

定数計算ツールを自作する人のために，私が作成したマクロを**リスト1**に示します．

※Appendix V の補足 Column の PDF が弊社のトランジスタ技術SPECIAL本号のwebページにあります．ご参照ください．

リスト1 トランジション・タイム・コンバータの立ち上がり時間補正係数の算出

```
' Copyright (C) Akihiro Kawata, 2013
' 【使い方】
' ワークシートから呼び出す場合
' セルに =CompK(A1) というように入力する．A1は段数nの値が
  入ったセルを示す
'
Function CompK(n As Integer) As Double

  Dim Break As Boolean
  Dim nn As Integer
  Dim i As Integer
  Dim K_1 As Double

  Dim Tmp As Double
  Dim Amplitude As Double
  Dim Amp10 As Double
  Dim Amp90 As Double
  Dim error As Double

  Dim tmin As Double
  Dim tmax As Double
  Dim tmid As Double
  Dim t10 As Double
  Dim t90 As Double

  ' tr=2.2RC：定数K_1=2.2を算出する
  K_1 = Application.WorksheetFunction.Ln(0.9) - Application.WorksheetFunction.Ln(0.1)
  ' 振幅の期待値を設定する
  Amp10 = 0.1
  Amp90 = 0.9
  ' 収束誤差を設定する
  error = 0.000000001

  ' n=1の場合は計算を省略する．それ以外は二分法により解を求める
  If n = 1 Then
    CompK = 1
  Else
    ' 振幅が10％となるt10を求める
    tmin = 0#
    tmax = 100#
    Break = False
    Do Until Break = True
      DoEvents
      tmid = (tmin + tmax) / 2#
      ' 階乗が含まれる項を計算しTmpに格納する
      Tmp = 1#
      nn = n
      i = 1
      Do While nn >= 2
          Tmp = Tmp + Application.WorksheetFunction.Power(tmid, i) / Application.WorksheetFunction.Fact(i)
        i = i + 1
        nn = nn - 1
      Loop
      ' 時間がtmidのときの振幅を計算する
      Amplitude = 1 - Tmp * Exp(-tmid)
      ' 二分法により解を求める
      If (Amplitude > Amp10 + error) Then
        tmax = tmid
      ElseIf (Amplitude < Amp10 - error) Then
        tmin = tmid
      Else
        t10 = tmid
        Break = True
      End If
    Loop
    ' 振幅が90％となるt90を求める
    tmin = 0#
    tmax = 100#
    Break = False
    Do Until Break = True
      DoEvents
      tmid = (tmin + tmax) / 2#
      ' 階乗が含まれる項を計算しTmpに格納する
      Tmp = 1#
      nn = n
      i = 1
      Do While nn >= 2
          Tmp = Tmp + Application.WorksheetFunction.Power(tmid, i) / Application.WorksheetFunction.Fact(i)
        i = i + 1
        nn = nn - 1
      Loop
      ' 時間がtmidのときの振幅を計算する
      Amplitude = 1 - Tmp * Exp(-tmid)
      ' 二分法により解を求める
      If (Amplitude > Amp90 + error) Then
        tmax = tmid
      ElseIf (Amplitude < Amp90 - error) Then
        tmin = tmid
      Else
        t90 = tmid
        Break = True
      End If
    Loop
    ' 補正係数 K を算出する
    CompK = (t90 - t10) / K_1
  End If

End Function
```

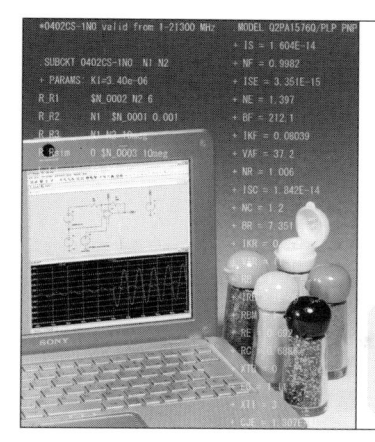

第14章 不要な雑音を除去して信号の取り出しを可能にする
76 M ～ 108 MHz 帯域通過フィルタの設計

川田 章弘

本章は，高周波用によく使われる帯域通過フィルタを設計します．シミュレーション（LTspice）で特性を確認し，実測データと比較してみます．FM放送を受信するときに使うフィルタを例題とします．

例題

● FM放送の電波を受けるアンテナのすぐ後ろにあるフィルタ

　従来のFMラジオは，アンテナから受信した高周波信号を増幅し，中間周波数（10.7 MHz）に変換して，さらに増幅してから，PLLや遅延回路によって周波数の差分を電圧信号に変換（復調）することで，オーディオ信号を取り出しています．

　最近のディジタル方式のラジオやソフトウェア・ラジオでも，アンテナと高周波増幅回路はなくなっていません．この場合，アンテナで受信した高周波信号は，高周波増幅回路を経て直交復調器によってIQ信号（sin成分とcos成分）になります．IQ信号をA-D変換したら，ディジタル演算によってオーディオ信号に復調します．アナログ方式と違って，回路特性のばらつきや温度変動の影響を受けないディジタル方式が今後も使われ続けていくと思います．

　しかし，アンテナから入力した高周波信号を扱うアナログ回路をなくすことは，電波がアナログ信号であるかぎり不可能です．アンテナから入力される高周波信号には，FM放送周波数以外の成分も含まれています．アンテナの直下にある高周波増幅回路に放送周波数以外の信号が混入すると，相互変調ひずみが発生し復調に支障をきたします．アナログ回路上の問題は依然として残ります．

　ここで設計するフィルタは，FM放送帯域外の成分を除去するために，アンテナ，高周波増幅回路の間に挿入される回路です．

設計の方法

● FMラジオ放送の周波数帯をもとに設計仕様を決める

　FMラジオの放送周波数帯は，国内では76 M ～ 90 MHzです．欧米では87.5 M ～ 108 MHzです．設計する帯域通過フィルタ（Band Pass Filter；BPF）は，国内と欧米のどちらにも対応できるように76 M ～ 108 MHzの通過帯域にします．

　パルス信号の伝送を行うわけではありませんから，帯域内のゲイン平坦性は要求されません．しかし，通過帯域内でレベルが大きく変動しすぎると，周波数によって受信レベルが変動してしまいます．許容値は1 dB程度と考え，設計条件として帯域内リプルを0.5 dBとします．回路構成は，コイルの数が少なくなるように，共振器結合型にしました．以下に，設計条件をまとめて示します．

通過帯域　　　：76 M ～ 108 MHz
帯域内リプル　：0.5 dB
フィルタ・タイプ：共振器結合型
フィルタ伝達関数：チェビシェフ（リプル0.5 dB）

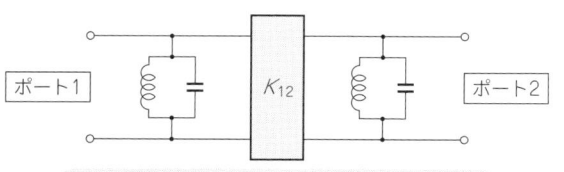

図1 共振器結合型帯域通過フィルタの基本形（2次）
二つの共振器を結合係数 K_{12} で接続して実現する

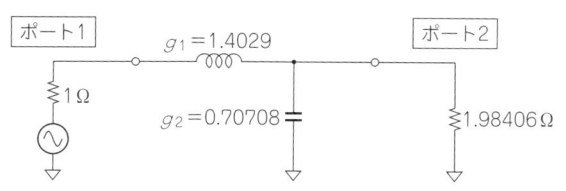

図2 通過帯域リプル0.5 dBの2次チェビシェフ正規化LPF
$g_1 = 1.4029$，$g_2 = 0.70708$，$1.98406\,\Omega$
種々の正規化LPFの素子値は参考文献の表などを参照するとよい．設計ソフトウェアを自作するときは，基本に立ち返って素子値を計算する．

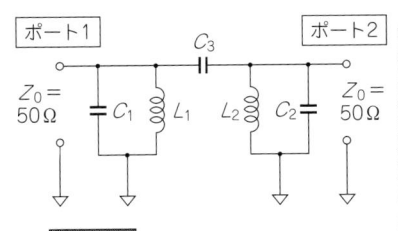

したがって，結合係数K_{12}は，

$$K_{12} = \frac{\Delta f k_{12}}{f_0}$$
$$= \frac{32 \times 10^6 \times 1.00404}{90.6 \times 10^6}$$
$$\approx 0.35463$$

ここで$L_1 = L_2 = L$を以下の式で算出する．

$$L = \frac{Z_0 \Delta f}{2\pi f_0^2 g_1}$$

Z_0は設計条件より50Ωなので，

$$L = \frac{50 \times 32 \times 10^6}{2\pi \times (90.6 \times 10^6)^2 \times 1.4029}$$
$$\approx 22\text{nH}$$

ポート2のインピーダンスZ_2も，以下のように約50Ωになる．

$$Z_2 = \frac{2\pi f_0^2 L g_2}{\Delta f} \times 1.98406$$

（正規化LPFのポート・インピーダンス）

$$= \frac{2\pi \times (90.6 \times 10^6)^2 \times 22 \times 10^{-9} \times 0.70708}{32 \times 10^6} \times 1.98406$$
$$\approx 49.7\Omega$$

共振器のCは，以下の式から求める．

$$C = \frac{1}{(2\pi f_0)^2 L}$$
$$= \frac{1}{(2\pi \times 90.6 \times 10^6)^2 \times 22 \times 10^{-9}}$$
$$\approx 140.3\text{pF}$$

ここで結合係数K_{12}をコンデンサC_3に置き換えると，

$$C_3 = K_{12} \times C$$
$$= 0.35463 \times 140.3 \times 10^{-12}$$
$$\approx 49.8\text{pF}$$

C_3の静電容量をCの値から引いて，

$$C_1 = C_2 = 140.3 \times 10^{-12} - 49.8 \times 10^{-12}$$
$$\approx 90.5\text{pF}$$

設計手順

上記の共振器結合型帯域通過フィルタを以下の条件で設計する．
- フィルタ・タイプ：2次チェビシェフ
- 入出力インピーダンス：50Ω
- 通過帯域リプル：0.5dB
- 通過帯域：76M～108MHz

幾何中心周波数f_0は，
$$f_0 = \sqrt{76 \times 10^6 \times 108 \times 10^6} \approx 90.6\text{MHz}$$

帯域幅Δfは，
$$\Delta f = |76 \times 10^6 - 108 \times 10^6| = 32\text{MHz}$$

定数k_{12}は，
$$k_{12} = \frac{1}{\sqrt{g_1 g_2}} = \frac{1}{\sqrt{1.4029 \times 0.70708}}$$
$$\approx 1.00404$$

図3 共振器結合型の帯域通過フィルタの設計法

● 正規化フィルタを元に設計する

共振器結合型の帯域通過フィルタの基本形を**図1**に示します．設計に使用する正規化LPFは**図2**の通りです．ほかのフィルタ伝達関数やリプル量にしたい場合は，参考文献(1)や(2)に載っている正規化表を参照します．フィルタの正規化表を参照するときに多くの回路設計者が使用しているのは，おそらく参考文献(2)ではないかと思いますが，残念ながら日本語に翻訳されたものはないようです．英語に抵抗がある方は，参考文献(1)が分かりやすいと思います．

設計手順を**図3**にまとめました．共振器結合型のBPFは，複同調回路とも呼ばれており，一般に狭帯域の帯域通過フィルタを作るときに使用することが多い形式です．そのため，この回路で広帯域フィルタは作れないのではないかという勘違いをすることもあります．しかし，理論式を使って設計すれば，76M～108MHzをカバーする広帯域な帯域通過フィルタを実現することも可能です．

図3の手順に基づいて設計した回路を**図4**に示します．

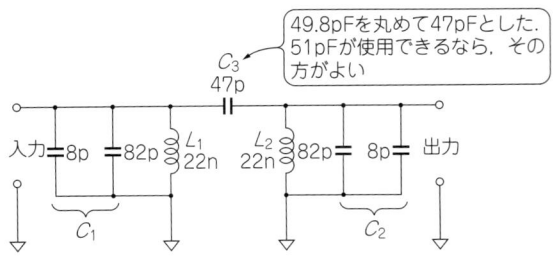

ここでは，試作実験での測定を考慮して特性インピーダンス50Ωで設計しました．測定器（ネットワーク・アナライザ）のポート・インピーダンスが50Ωだからです．

一般のFMラジオのアンテナ入力インピーダンスは75Ωですから，実用的なフィルタを作る場合は75Ωで再設計してください．再設計は，**図3**の手順で行うことができます．特性確認もLTspiceで同様に行えます．

通過特性や反射特性をシミュレーションで調べます

● Sパラメータを表示させる設定する

設計した回路の特性を確認するために，LTspiceに入力した回路を**図5**に示します．Sパラメータを表示させるSPICEコマンド（.netディレクティブ）を利用します（p.121のColumnでも説明）．

```
.net I(RL) VS
```

ただし，RL：負荷抵抗R_L，VS：入力信号源V_S

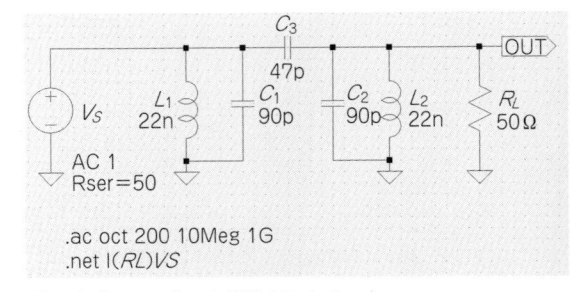

図4 設計したFMラジオ用帯域通過フィルタの回路

49.8pFを丸めて47pFとした．51pFが使用できるなら，その方がよい

図5 シミュレーション回路(J3-4-5.asc)

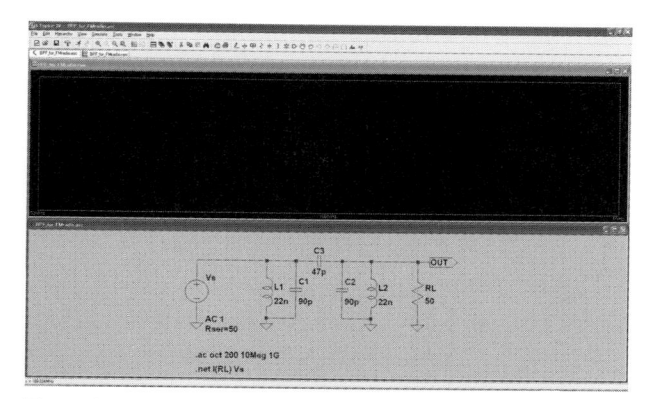

図6 シミュレーションを実行したあとに表示されるグラフ・ウィンドウ（LTspice）

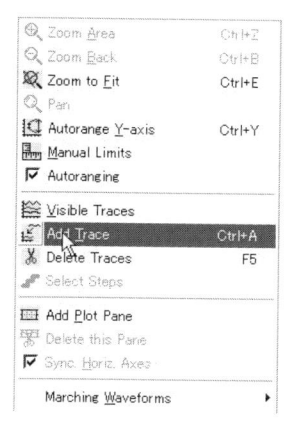

図7 グラフ・ウィンドウ上で右クリックすると現れるポップアップ・メニュー
[Add Trace]を選択する．

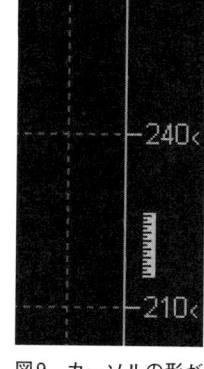

図9 カーソルの形が定規形に変化する

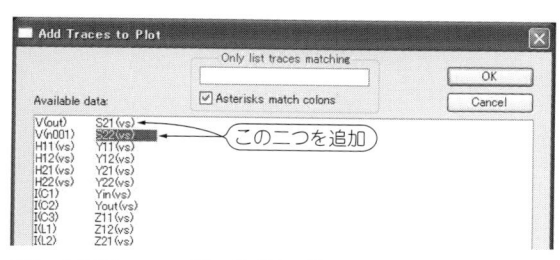

図8 Add Traces to Plotダイアログ
S11(vs)とS21(vs)を選択する．

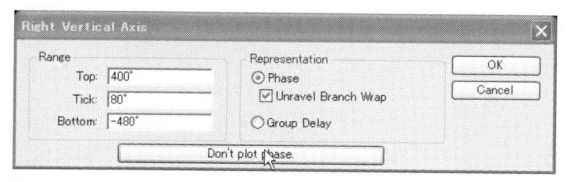

図10 Right Vertical Axisダイアログ
[Don't plot phase]ボタンをクリックする．

このように，シミュレータ側に負荷抵抗R_Lと入力信号源V_Sを与えることで，LTspiceはSパラメータの計算を行います．

シミュレーションを実行すると，図6のように何も表示されていないグラフ・ウィンドウが開きます．普段なら，回路上にマウス・カーソルをもっていき，各ノードや各部品をピックアップして，それぞれの電圧/電流特性を表示させますが，Sパラメータを表示させる場合は少し異なります．

図6のグラフ・ウィンドウを選択して，グラフ・ウィンドウ上で右クリックしてください．すると，図7のようなウィンドウが開きます．ここで[Add Trace]を選択すると，図8のウィンドウが表示されます．

.netステートメントを記述しておくと，図8のようにS(11)というようなSパラメータを選択することができます．フィルタの入力ポート（ポート1）の反射特性（$|S_{11}|$）と，ポート1からポート2への伝達特性（$|S_{21}|$）が知りたいので，S11(vs)とS21(vs)を選択して[OK]ボタンを押します．

グラフ・ウィンドウに，選択した二つの特性カーブが表示されます．鎖線で表示されているカーブは位相特性です．LTspiceは，デフォルトで振幅特性（Magnitude）と位相特性（Phase）を表示するようになっています．$|S_{11}|$などを確認する際に，位相特性が表示されているとグラフが見にくくなります．

グラフの右側の縦軸にカーソルをもっていくと，図9のようにカーソルの形が定規形に変化します．ここで左クリックすると，図10のウィンドウが表示されます．[Don't plot phase]ボタンをクリックすると，位相特性を消すことができます．

位相特性ではなく群遅延特性を表示させたいときは，このウィンドウで[Group Delay]を選択すれば，右側縦軸の表示が群遅延に切り替わり，群遅延特性を確認できます．

● シミュレーションの結果と考察

図5の回路をシミュレーションした結果は，図11のようになりました．

通過帯域内リプルは約0.5 dB，0.5 dB減衰する周波数は低域側が79 MHzで，高域側が113 MHzでした．設計値よりもずれてしまったのは，素子値を丸めた影響です．この特性でも，遮断周波数を−3 dBとして考えれば，低域側74 MHz，高域側124 MHzですから，FMラジオ用の帯域通過フィルタとして問題なく使用できます．

反射特性は，通過帯域内で約−10 dBです．ミスマッチ・エラーを考えると，−14 dBくらいの$|S_{11}|$が欲しいところですから，あまり良いとはいえません．ただし，AM/FMチューナ前段やFMラジオ受信用プリアンプの前段に用いるレベルであれば，実用的には

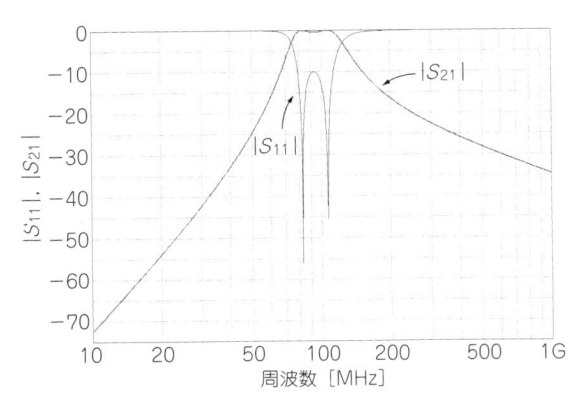

図11 図5の回路をシミュレーションした結果

図12 カーソルが人差し指マークに変わる

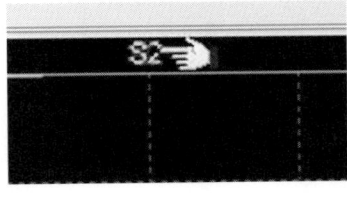

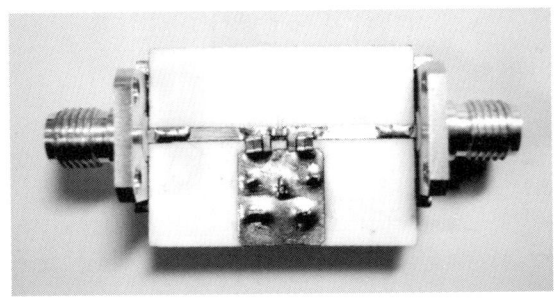

写真1 試作したFMラジオ用帯域通過フィルタの基板

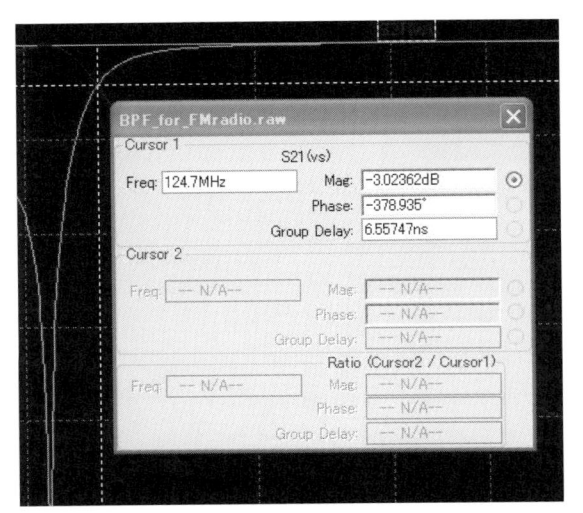

図13 カーソルによる数値の読み取り例
横軸は「Freq」(周波数)で124.7 MHz, 縦軸は「Mag」(レベル)が－3.02362 dB, 「Phase」(位相)が－378.935°「Group Delay」(群遅延)が6.55747nsである.

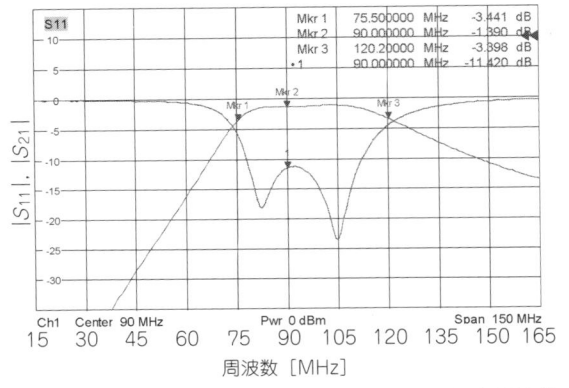

図14 周波数特性を実測した結果(5 dB/div, 中心周波数90 MHz, スパン150 MHz)
マーカ1：75.5 MHz, －3.441 dB, マーカ2：90 MHz, －1.390 dB, マーカ3：120 MHz, －3.398 dB.

問題ないでしょう.

　シミュレーション結果のグラフから値を読み取るときは, カーソルを用いると便利です. LTspiceを初めて触った人が困ってしまうのが, グラフ読み取り用カーソルの出し方ではないでしょうか? カーソルは, グラフの上側にあるS_{11}というような凡例にマウス・カーソルをもっていき, 図12のようにカーソルが人差し指マークに変わったところで, 左クリックして表示させます. カーソルによる数値の読み取り例を図13に示します.

試作して実験しました

　設計したフィルタの性能がどの程度のものか, 試作して実験してみました.
　試作した基板を写真1に示します. 使用した基板の誘電体は日立化成のMCL-LX-67Fです. たまたま生基板の切れ端がジャンク箱の中にあったので, これを使いました. 誘電体厚は0.8 mmです.

　周波数特性を取得した結果は, 図14の通りです. コンデンサや伝送線路(パターン)の損失によって, 通過帯域に約1.4 dBの挿入損失が生じています. 1～2 dBという挿入損失はフィルタとしては一般的ですので, 実用的には問題ないでしょう.

　－3 dB遮断周波数は, 低域側で75.5 MHz, 高域側で120.2 MHzでした. シミュレーションと比較すると, 通過帯域幅が狭くなっていますが, FMラジオ用の帯域通過フィルタとして実用上十分な特性です.

◆参考文献◆
(1) 森 栄二；LCフィルタの設計&製作, CQ出版社, 2001.
(2) Anatol I. Zverev；Handbook of Filter Synthesis, John Wiley & Sons,Inc., 2005.

(初出：「トランジスタ技術」 2011年10月号)

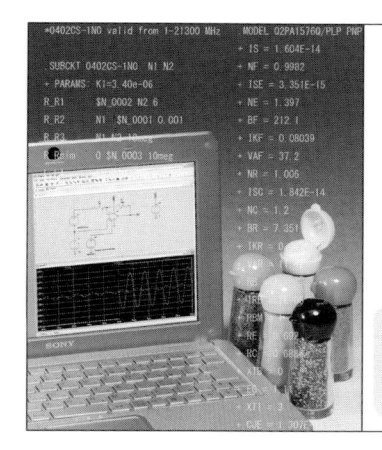

第15章 雑音源「抵抗」を使わないアクティブ・バイアス方式を試作

帯域 100 k ～ 100 MHz の低雑音プリアンプ

川田 章弘

高周波用の低雑音アンプは希望の性能を得るために，個別トランジスタで作る必要があります．LC素子を使った帯域の狭いアンプを使うことも多いのですが，本章では，なるべく広帯域のアンプを設計してみます．

低雑音と広帯域のトレードオフ

● 高周波の低雑音アンプは帯域が狭いものが普通

無線通信に使われる受信機には，入力信号を選別するための帯域通過フィルタ群（フィルタ・バンク）と低雑音アンプが組み込まれています．

低雑音アンプを実現するためには，抵抗を使わずに，LCによってインピーダンス・マッチングを行うのが基本です．抵抗を使用するということは，エネルギーを損失させることになり，信号振幅も小さくなるからです．信号振幅が小さくなると，信号対雑音比（SNR；Signal to Noise Ratio）が悪化するので好ましくありません．

ところが，LCによるインピーダンス・マッチングを行った場合，アンプの周波数帯域は狭くなります．LC回路網によるQはRC（またはLR）によるQ(0.5)よりも高いためです．周波数帯域の狭いアンプしか使えないときは，受信用低雑音アンプを帯域ごとに複数用意して，スイッチで切り替える必要があります．

● 広帯域のアンプがあればシステムがシンプルになる

広帯域で低雑音なアンプが一つあれば広い周波数帯域の信号を増幅できますから，アンプの切り替えスイッチが不要になります．さらにアンプが1回路で済みますので，回路規模や部品点数も削減できます．

低雑音性能が得やすいLCによるインピーダンス・マッチングに頼らず，入力インピーダンス50Ωを実現し，低雑音トランジスタの性能を温度安定性を含めて確保することが，ここでの設計課題です．

● 中波帯からFM放送帯をカバーする低雑音アンプを設計してみる

50Ωでインピーダンス・マッチングのとれた広帯域アンプを作るうえで，問題になることが何点かあります．特に難しい問題として，低雑音性能を広帯域で

確保することが挙げられます．もう一つの大きな問題は，広帯域のインピーダンス・マッチングです．

低雑音な高速OPアンプを使用すれば，容易に広帯域な低雑音アンプができると思うかもしれません．しかしOPアンプは，入力インピーダンスの大きいアンプですから，入力インピーダンスを50Ωにマッチングさせるためには，50Ωの入力抵抗を必要とします．抵抗によってマッチングを取った場合，そのマッチング抵抗から雑音が発生するので，ノイズ・フィギュア（NF；Noise Figure）を3dB以下にできません．さらに，OPアンプの等価入力雑音電圧源/電流源の影響もあるので，アンプ全体としてみれば無線通信の世界における低雑音性能（NF = 3 dB 以下）は得られません．

高周波で使用する50Ω入力の低雑音アンプは，以上のような事情によりディスクリート（トランジスタなどの個別素子）で実現されることがほとんどです．ディスクリート回路でアンプを構成するうえで，いくつかの問題があります．

雑音の原因となる抵抗を省きつつ動作を安定化する

● 問題点…雑音の元「エミッタ抵抗」をなくしたい

バイポーラ接合トランジスタでアンプを作る場合，

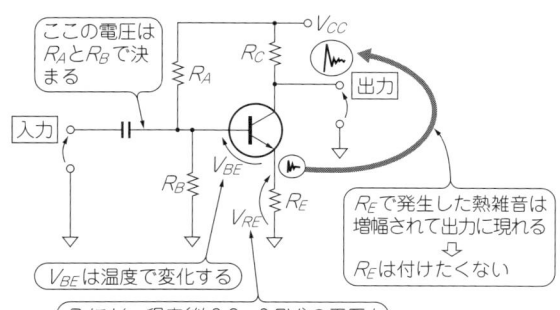

図1 バイアスを安定化させるのに必要なエミッタ抵抗は熱雑音源でもある

図1のように，トランジスタのエミッタに挿入する抵抗R_E（エミッタ抵抗）が必要になります．これは，トランジスタの動作バイアス点を温度変化に対して安定化するために必要です．そして，インピーダンス・マッチングを取るうえでも，この抵抗が必要になることがあります．

しかし，エミッタに接続された抵抗は雑音発生源で，NFを悪化させてしまいます．トランジスタ本来のNFがたとえ1～2dBであったとしても，エミッタに10Ωでも入れてしまえば，そのNFは3dB以上になってしまうでしょう．

低雑音アンプを作るときは，何としてもエミッタ抵抗を除去したいのが本音です．

● 対策…アクティブ・バイアス回路でエミッタ抵抗をなくす

エミッタ抵抗を単純に除去してしまえばどうでしょうか？最も簡単な低雑音化の方法と思えます．

しかし，それは重大な問題を生じます．温度変化に対するバイアス安定性を損ねるからです．この問題に対する解として，高周波アンプでは図2のようなアクティブ・バイアス回路が使われます．

アクティブ・バイアス回路は，カレント・ミラー回路の応用です．基準となるバイアス電圧/電流を作っておき，それをミラーする形で，バイアス電流を制御します．アンプに使用しているトランジスタのV_{BE}が変化し，コレクタ電流が変化しそうになっても，その変化ぶんを抑え込む形でカレント・ミラー回路が動作しますので，バイアス電流は一定に保たれます．

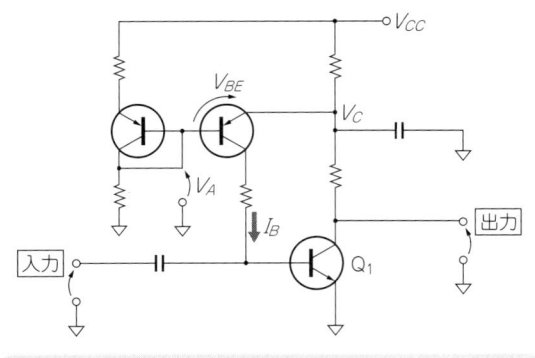

広い帯域で入力インピーダンスを50Ω一定にする

● 問題点…抵抗もLC素子も使うことができない

図2のアクティブ・バイアスを使うことで，トランジスタのエミッタ抵抗を除去できます．しかし，もう一つの問題であるインピーダンスを広帯域に50Ωにするという課題が解決できていません．

LC素子によるマッチング回路は，ノイズを増加させることなく入力インピーダンスを50Ωにできますが，これは狭帯域でしか使えません．この問題を解決するために負帰還を使用します．

● 対策…交流の負帰還をかける

▶シミュレーションの準備

回路の基本的なアイデアは，参考文献(1)に示されています．図3は，参考文献(1)から引用した図です．この回路では，交流負帰還とOPアンプを使用した積分回路による直流負帰還を併用することで，直流バイアスの安定化と広帯域な入力インピーダンス・マッチングを行っています．

このアイデアを参考に，図2のアクティブ・バイアスに交流負帰還を併用してインピーダンス・マッチングを行ってみました．

図4にシミュレーション回路を示します．トランジスタのモデルは，ルネサス エレクトロニクスから提供されているものを使いました．提供されているモデルをLTspice用にアレンジして，シンボル・ファイルQ2SC3357.asyとQ2SC3357.subファイルを作成しました．Q2SC3357.subは，

¥LTC¥LTspiceIV¥lib¥sub

に置き，Q2SC3357.asyは，

¥LTC¥LTspiceIV¥lib¥sym¥Mysub

に置きました．

コレクタ電流は，アンプ側トランジスタとバッファ

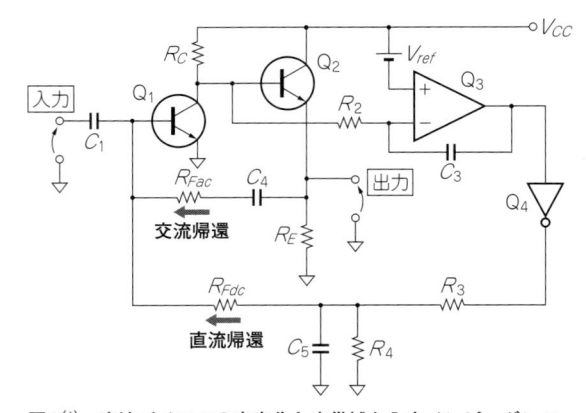

カレント・ミラー回路が構成されている．
抵抗分圧によりV_Aはほぼ一定となっている．
Q_1のV_{BE}が温度上昇などによって下がり，コレクタ電流が増えるとV_Cの電位が下がる．V_Aはほぼ一定であるとすると，図のV_{BE}が小さくなり，I_Bを下げる．
その結果I_Cも小さくなるという負帰還動作が実現できる

図2 アクティブ・バイアスを使えば雑音源「エミッタ抵抗」がなくても直流動作点を安定化できる

図3[1] 直流バイアスの安定化と広帯域な入力インピーダンス・マッチングを行った回路

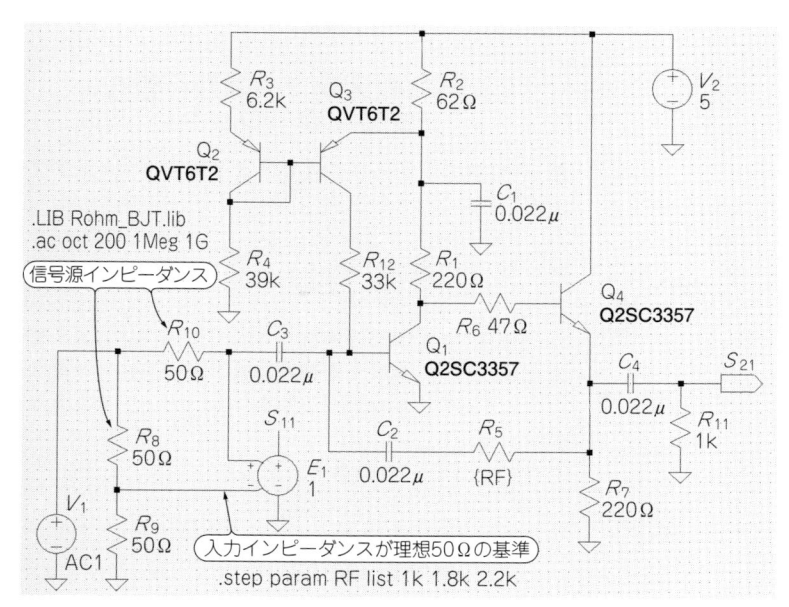

図4 図3の回路をシミュレーションで検討する（J3-5.zip内）

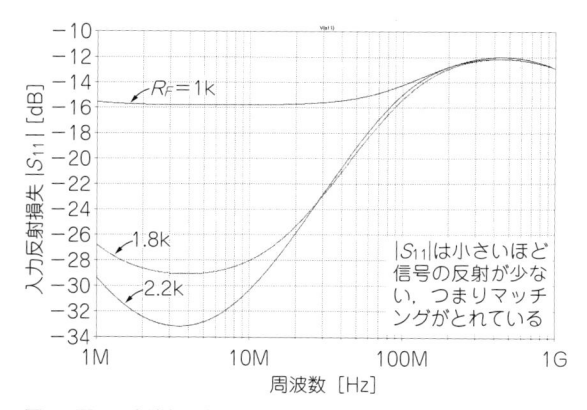

図5 図4の交流帰還抵抗R_Fを変化させたときの結果

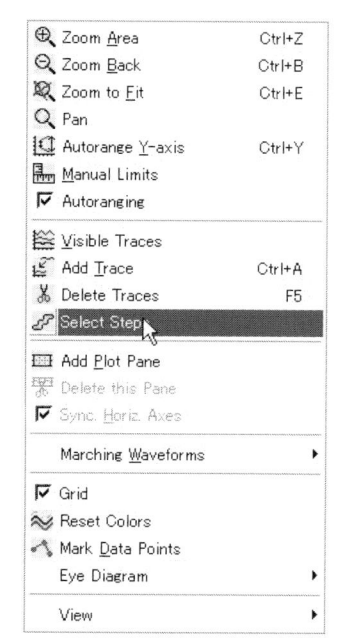

図6 図5の特性線の中から1本だけを選んで表示させる
グラフ上で右クリックすると出てくるポップアップ・メニュー．［Select Steps］を選択する．

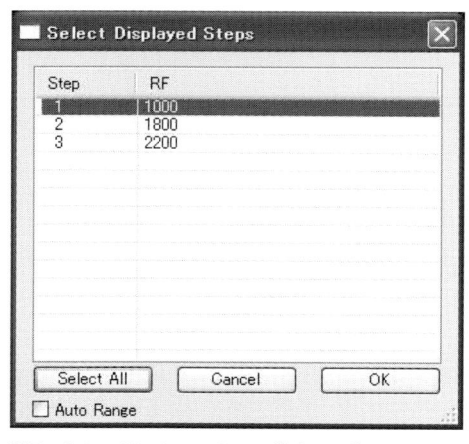

図7 Select Displayed Stepsダイアログ
表示させたいカーブを選択する．

側トランジスタともに10 mAを流すように設計しました．入力インピーダンスを表示させるために，シミュレーション回路にインピーダンス・ブリッジを作りました．シミュレーション実行後にS_{11}のノードを観測することで，$|S_{11}|$特性を表示できます．

▶インピーダンス・マッチングを調べる

インピーダンス・マッチングを行うための交流帰還抵抗R_Fを1 kΩ，1.8 kΩ，2.2 kΩと変化させたときの結果を図5に示します．シミュレーションによる変化があらかじめ予測できていない場合，一度に全カーブを表示したのでは，どのカーブがどの帰還抵抗に相当するのか簡単に判断できません．

そのようなときはグラフ上で右クリックしてください．すると，図6のようなポップアップ・メニューが表示されます．そこで［Select Steps］を選択します．図7のウィンドウが現れたら，表示させたいカーブを選択します．すると，図8のように選択したカーブのみを表示させることができます．

シミュレーションの結果から，1.8 kΩと2.2 kΩを比較し，高周波でのマッチングを考慮して1.8 kΩを選ぶことにしました．交流帰還抵抗が1.8 kΩのときの$|S_{11}|$特性と$|S_{21}|$特性を図9に示します．

トランジスタ・アンプ単体でのゲインは25 dB程度ですので，後段に高スルー・レートな電流帰還型OPアンプを追加し，全体で41 dBのゲインを得られるようにした回路が図10です．後段のOPアンプ回路のゲインは約22 dBです．前段回路のゲインが後段回路のNFよりも大きければ，回路全体のNFに与える影響

はほとんどありません．トランジスタ・アンプのゲインはOPアンプ回路のNFよりも十分に大きいため，アンプ全体でのNFはトランジスタ・アンプのNFで決まります．

▶出力にアンプを接続して確認する

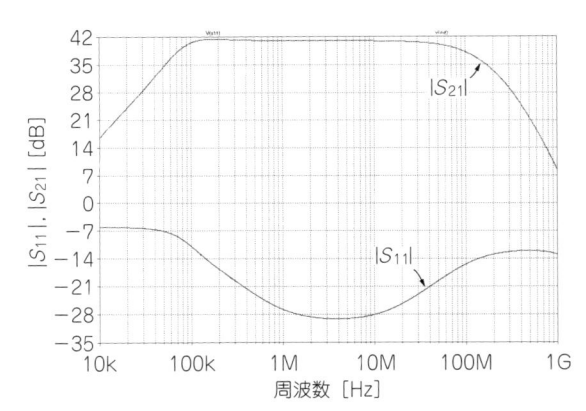

図10の回路をシミュレーションした結果を図11に示します．出力電圧は50Ωの負荷抵抗で分圧され−6 dBになるので，50Ω系で考えると全体のゲインは約41 dBです．シミュレーションの結果，OPアンプが入力インピーダンス $|S_{11}|$ に与える影響はなさそうです．

完成したアンプの雑音特性をシミュレーション

● 高周波アンプの雑音性能はノイズ・フィギュアで表す

ノイズ・フィギュア(NF)をシミュレーションで求めます．SPICE系のシミュレータで計算できるのは，一般に入力雑音電圧密度や出力雑音電圧密度ですから，この値をNF[dB]に換算しなくてはいけません．参考文献(2)によると，入力雑音電圧密度を使って簡単な計算を行えばNF[dB]を算出することができます．算出式は，以下のとおりです．

$$NF = 20 \log\left(\frac{V_{no}}{A} \frac{1}{\sqrt{4kTR_S}}\right)$$
$$= 20 \log\left(\frac{V_{ni}}{\sqrt{4kTR_S}}\right)$$

ここで，Aはゲイン，V_{ni}は入力雑音電圧です．ボルツマン定数$k = 1.38 \times 10^{-23}$，$T = 300$ K，$R_S = 50$ Ωとすると，

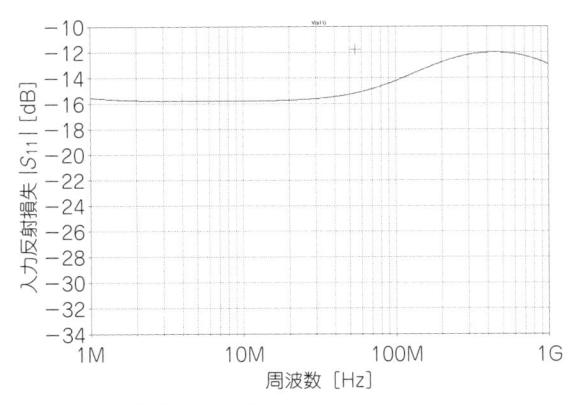

図8 図7で選択したカーブが表示される

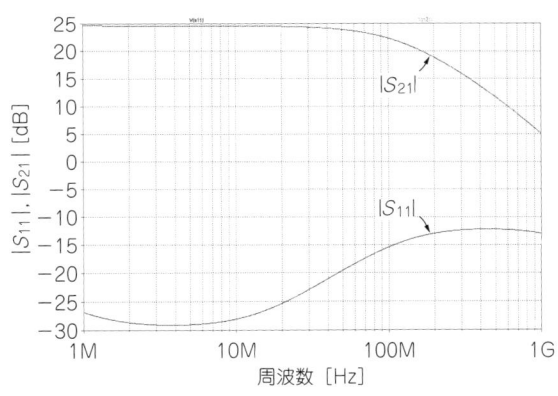

図9 図4の交流帰還抵抗が1.8 kΩのときの $|S_{11}|$ 特性と $|S_{21}|$ 特性

図11 図10の回路をシミュレーションした結果

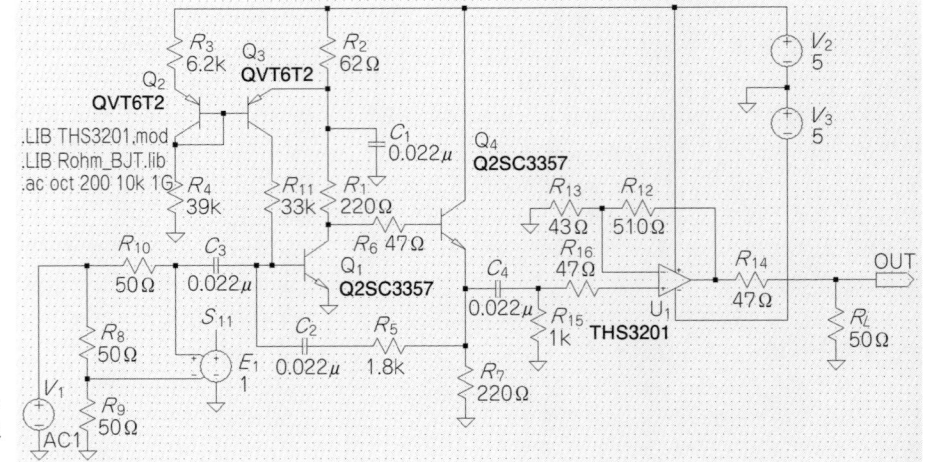

図10 後段に高スルー・レートの電流帰還型OPアンプを追加した回路（J3-5.zip内）

$$NF ≒ 20 \log \frac{V_{ni}}{0.91 \times 10^{-9}}$$

となります．

この式からわかるように，アンプのNFは，入力信号源抵抗R_S（50Ω）から発生する熱雑音と，アンプの等価入力雑音電圧の比です．シミュレーションするときは，必ず入力信号源抵抗を50Ωに設定します．入力雑音源には電圧性と電流性のものがあるため，入力信号源抵抗が異なるとNFは変わってしまいます．

NFは，物理的には入力信号源のSNRとアンプ通過後のSNRを比較したときのSNRの悪化量を示します．NFを考えるうえで気をつけることは，信号源のSNRがもともと悪ければ，雑音の大きなアンプでもNFは小さくなるということです．

アンプは，多かれ少なかれ必ず雑音を信号に付加しますから，入力信号のSNRを悪化させないことが要求されます．理想は0dBの悪化量（NF = 0dB）です．しかし，NF = 0dBは現実的に実現不可能ですので，通常は1～3dBのNFをもつアンプを低雑音アンプ（LNA；Low Noise Amplifier）と呼ぶことが多いようです．回路的な工夫によってNF = 1dB以下を実現しているアンプも存在します．このようなアンプは，超低雑音アンプと呼んでもよいでしょう．

NFを雑音のパラメータとして使うときは，NFを下げたいからといって，信号源抵抗を大きくしてはいけません．信号源抵抗が大きくなれば，そのぶん熱雑音が大きくなりますから信号源のSNRは悪化します．NFが小さくなったからといって，雑音が小さくなっているわけではありません．

● シミュレーションでNFを調べる

計算式を使ってLTspiceでNFをシミュレーションします．シミュレーション回路を図12に示します．

NFを表示するときは，シミュレーションを実行したあとでNFの算出式を入力します．何も表示されていないグラフ・ウィンドウを右クリックし，図13のダイアログが表示されたら，「Expression(s) to add」のボックスに数式を入力します．「0.91*10**-9」というのは，27℃の常温で50Ωの抵抗から生じる熱雑音[V_{RMS}]です．これを定数として用いることで，参考文献(2)に示されているような計算を行います．[OK]ボタンを押すと，図14に示すグラフが表示されます．

NFは，200kHzで約2dBです．低周波でのNFは，カップリング・コンデンサや帰還抵抗と直列に接続さ

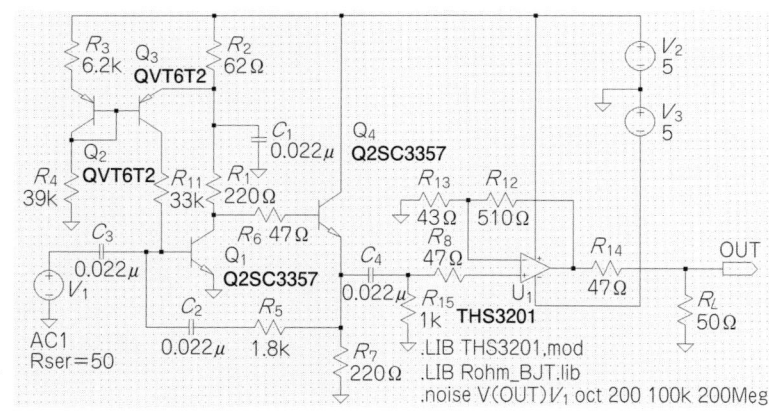

図12 図10のNFをシミュレーションする回路
（J3-5.zip内）

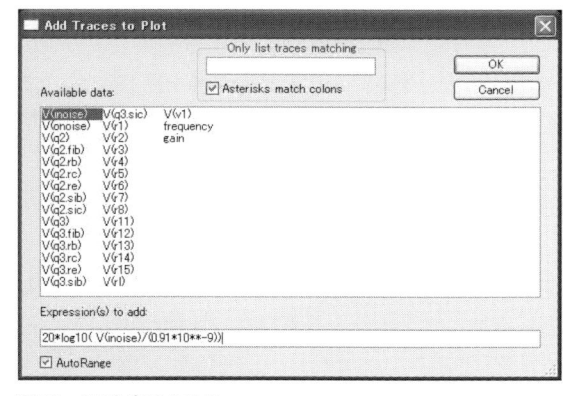

図13 NFを表示させる
Add Traces to Plotダイアログの「Expression(s) to add」のボックスに数式を入力する．

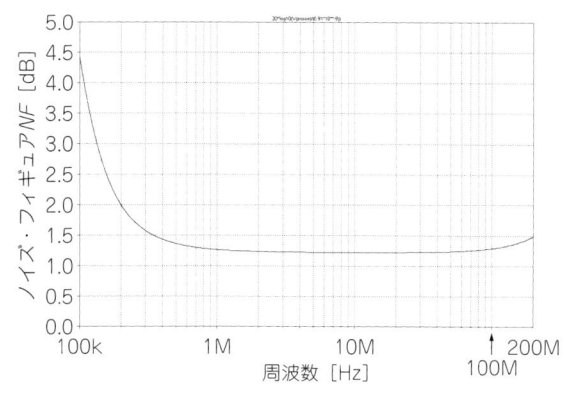

図14 図12のNF

完成したアンプの雑音特性をシミュレーション

写真1 試作した広帯域低雑音アンプの基板

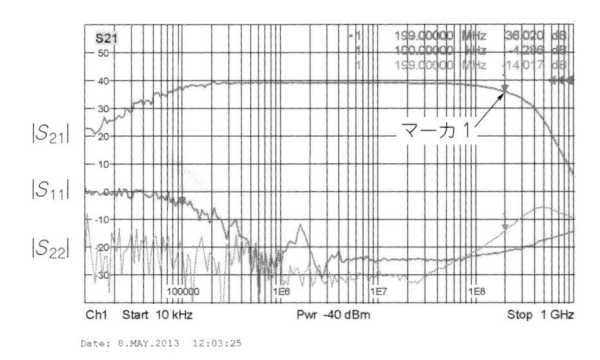

図16 Sパラメータの実測値(10 dB/div, 10 kHz ～ 1 GHz)
マーカ1：199.31151 MHz, 35.94 dB.

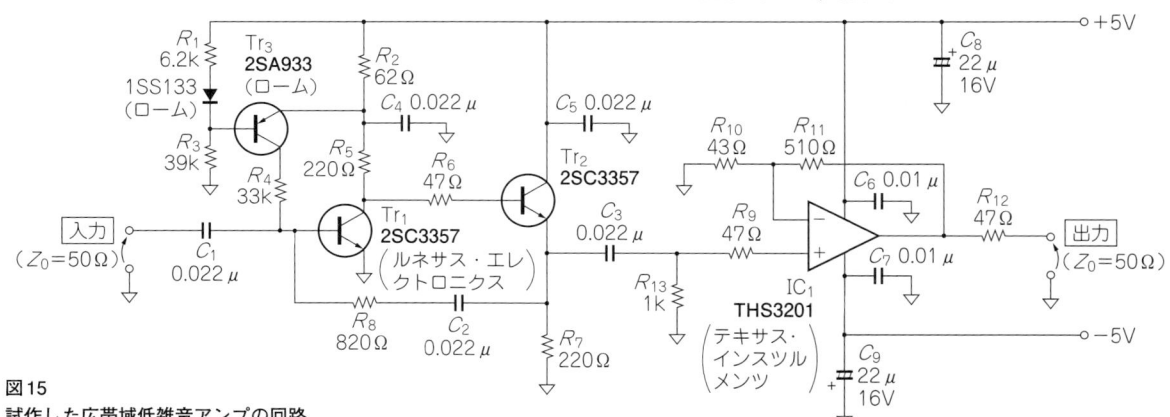

図15
試作した広帯域低雑音アンプの回路

れているコンデンサの影響によって上昇しています．1 MHzから100 MHz程度の範囲内では，1.4 dB以下ととても低雑音であることがわかります．10 MHzでのNFをカーソルにより読み取ったところ，約1.2 dBでした．

この低雑音アンプは，AM放送帯～FM放送帯用の広帯域受信用プリアンプとして使用できます．

試作して実験！

● こんな回路で実験した

図15に示す回路を実際に試作し，特性を測定してみました．試作した回路を写真1に示します．

カレント・ミラー回路は，手持ち部品の関係でダイオードとトランジスタに置き換えました．また実験の結果，交流帰還抵抗を820 Ωにしたとき$|S_{11}|$が良好になりました．交流帰還抵抗は，トランジスタ・アンプのゲインに応じて最適値が異なります．トランジスタのばらつきなども影響すると考えられますので，シミュレーションだけに頼らず，試作して定数を最適化するというカット＆トライもこの場合には必要です．

評価項目としてSパラメータと2信号3次ひずみ，およびNFを測定しました※．

Sパラメータの測定結果は図16のとおりです．低域側の特性は，使用したネットワーク・アナライザの性能限界のためトレース・ノイズが大きくなってしまい波形がばたついています．ばたついている特性カーブからおおよその傾向を読み取ると，低域側のゲインが－3 dB低下する遮断周波数は，80 kHz前後のようです．高域遮断周波数は約199 MHzでした．シミュレーションよりも高域側の遮断周波数が伸びているのは，交流負帰還がシミュレーション時よりも深くかかっているからです．10 MHzでのゲインは約39 dBでした．$|S_{11}|$特性や$|S_{22}|$特性は，300 kHz以上の周波数で，おおむね－10 dB以下であり実用上問題ありません．

2信号3次ひずみの測定結果の一例を図17に示します．1 MHzから100 MHzまで測定した結果をOIP$_3$特性としてまとめたのが図18です．2信号3次ひずみのレベルが高域(USB)側と低域(LSB)側で異なっていたため，両方のデータを示しています．

入力信号の周波数が10 MHzのときのOIP$_3$は，シミュレーションでは24.6 dBmでしたので，これと実測結果を比較すると，両者の違いは約3 dBです．シミュレーションのほうが，若干悪い値ですがオーダとしては合っています．使用するトランジスタのSPICEモデル・パラメータさえ入手できれば，高周波ディスクリート・アンプの2信号3次ひずみの検討に

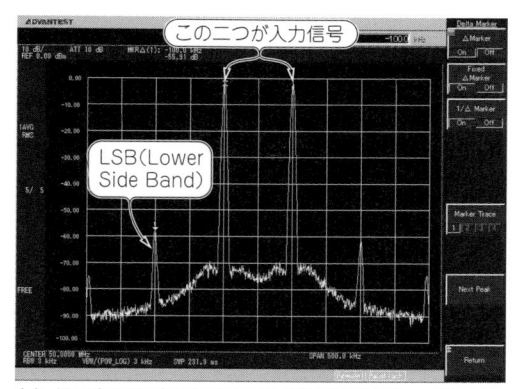

(a) 相互変調ひずみの測定結果（周波数 50 MHz，100 kHz オフセット，LSB）−56 dBc

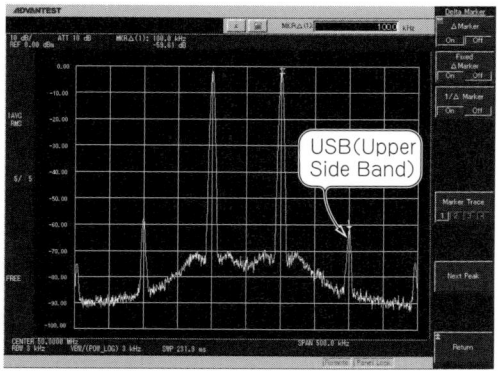

(b) 相互変調ひずみの測定結果（周波数 50 MHz，100 kHz オフセット，USB）−60 dBc

図17 図15の回路の2信号3次ひずみ（OIP_3）の周波数スペクトラム（実測）

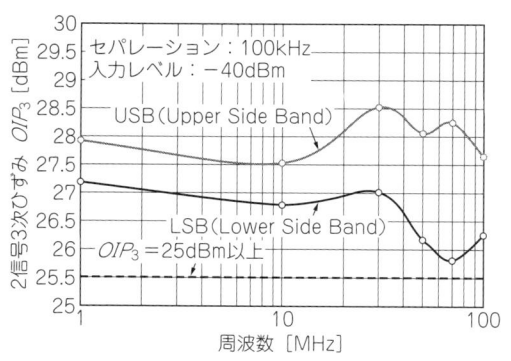

図18 図15の回路の2信号3次ひずみ（OIP_3）（実測）

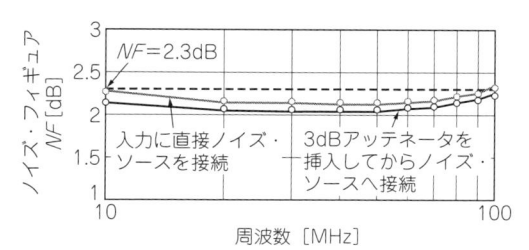

図19 図15の回路の雑音指数（実測）

LTspiceは利用可能と言えそうです．

図19にNFの測定結果を示します．測定結果は，アンプの入力に3 dBの減衰器を入れてからノイズ・ソースを接続しました．このようにすることで，アンプのリターン・ロスが6 dB改善されるため，より正確に測定できます．アッテネータありとなしとで値が大きく異なる場合は，アンプの入力インピーダンスが50 Ωから大きく外れていることを意味します．今回は，図16の測定結果からわかるように入力インピーダンスはほぼ50 Ωとみなせますから，それほどの変化はありません．

測定結果は，全周波数帯域にわたって約2 dB程度でした．シミュレーションでは1.2～1.4 dBだったため，シミュレーションよりも若干悪い結果です．シミュレーションと実測との差異は，入力カップリング・コンデンサ（0.022 μF）やコネクタなどの損失が累積して生じている可能性もあります．低雑音アンプの入力側に存在するいかなる損失成分もノイズ・フィギュアを悪化させる要因になるからです．しかし，NF=2 dBという値は，OPアンプを使った広帯域アンプよりずっと低雑音です．

＊　　　＊　　　＊

このアンプのアーキテクチャを使えば，シミュレーションどおりの広帯域・低雑音性能が得られることがわかりました．さらに低雑音化するには，トランジスタの並列接続を行うと良いでしょう．また，今後の技術課題としては2信号3次ひずみの改善が挙げられます．簡単に改善するには，よりリニアリティの高いトランジスタに変更すると良いでしょう．

※：測定設備の関係から，2信号3次ひずみとNFの測定はアイラボラトリーの市川裕一氏にご協力いただきました．お仕事の合間をぬってのご協力に感謝いたします．

※本章の補足シミュレーションの解説PDFが弊社のトランジスタ技術SPECIAL本号のweb頁にあります．ご参照ください．

◆参考・引用＊文献◆
(1)＊曽布川 慎吾；増幅器，特許第2515070号．
(2) Behzad Razavi，黒田 忠広監訳；RFマイクロエレクトロニクス，丸善，2002．

（初出：「トランジスタ技術」 2011年11月号）

CD-ROMの内容と使い方

川田 章弘

● **CD-ROMの内容**

CD-ROMを使うときには最初にREADME1st.txtをお読み下さい．

CD-ROMには，LTspiceIV Version 4.19（Windows版）と各章で使ったシミュレーション回路ファイルが含まれています．また，CD-Supplement（HTMLファイル）には，デバイス・モデルをLTspiceへ組み込む方法についても記載されていますので，ぜひ参照してください．

シミュレーション回路ファイル（.ascファイル）は，各章で行った回路シミュレーションを読者の方が再確認できるように準備されたLTspice用のサーキット・ファイルです．拡張子が.ascとなっているファイルは，そのままLTspiceに読み込んで実行できます．zip形式で圧縮されているものは，適宜，解凍ソフトを使って圧縮ファイル（zipファイル）を展開してから任意のディレクトリにコピーしてお使いください．

.ascファイルを使ってシミュレーションを実行するには，各メーカのデバイス・モデルが必要になることがあります．SPICEシミュレータ用のデバイス・モデルは，一般に各メーカの著作物です．したがって，CD-ROMへは収録していません．

シミュレーションを実行したい場合は，必要に応じて，各メーカのWebサイトへアクセスし，SPICEモデル・パラメータ，あるいはマクロ・モデルをダウンロードし，LTspiceへ組み込む必要があります．

ダウンロードを行うとき，Webブラウザは外部サイト（各メーカのサイト）へアクセスします．お使いのPCにはインターネットへのアクセス環境が必要です．また，外部サイトへアクセスしますので，その点についてはご留意ください．

● **SPICE関連用語を整理しておこう**

CD-Supplementには，いくつかの専門用語が記載されていますので，ここで簡単に解説しておきます．

【SPICEモデル・パラメータ】

SPICE系の回路シミュレータがBJTやFETの特性を計算するために必要になるのが，SPICEモデル・パラメータです．

SPICE系電子回路シミュレータには，一般的なダイオードやバイポーラ接合トランジスタ（BJT），接合型電界効果トランジスタ（JFET），MOSFET（金属酸化膜半導体電界効果トランジスタ）といった代表的な半導体素子の特性を計算するための「等価回路モデル」が実装されています．

そのため，SPICEのユーザはあまり意識することなくシミュレータを使っていることが多いようです．しかし，シミュレーションの結果を左右しているのは，あくまでも，これらの「SPICEに実装済みのモデル」です．代表的なデバイス・モデルには，バイポーラ接合トランジスタをモデリングした「ガンメル・プーン・モデル」，MOSFETをモデリングした「BSIM3」などがあります．

半導体デバイスの物理的挙動をモデリングする手法は日々進化しており，より現実に沿ったモデルが開発されるとともに，SPICEにも適用されるという流れになっています．

SPICEは，これらの半導体デバイス・モデルへ与える特性パラメータが不明な場合，既定値を用いてシミュレーションを実行します．これらの既定値は，市販されているトランジスタの特性にそぐわない値であることも珍しくありません．したがって，SPICEモデル・パラメータの入手は，回路シミュレーションを行う上で重要です．

半導体メーカにおいて，これらのSPICEパラメータは，前工程のメーカ（TSMCなど）からPDK（Process Design Kit）として提供されたり，社内のプロセス開発部門から提供されます．パラメータ抽出を行う作業をキャラクタライズと呼びます（集積回路の特性検証のことをキャラクタライズと呼ぶこともあります）．

SPICEモデル・パラメータが不適切な回路シミュレーションは，あまり意味がありません．特性を云々するようなシミュレーションを実行する場合は，そのモデルの精度が重要です．ただし，教科書的な回路のシミュレーションの場合，モデルの精度を意識する必

表1 CD-ROM収録内容

- 電子回路シミュレータLTspiceIV Version 4.19（Windows版）
  シミュレータ本体のインストーラです．
  本書解説をお読みのうえお使いください．
- CD-Spplement データ・ファイルと部品モデルについて
  HTMLファイルです．本文に内容と使い方があります．
- 本書掲載のシミュレーション回路ファイル
  各章ごとのフォルダに入っています．

要がない場合もあります．

【マクロ・モデル】

OPアンプなどの集積回路は，トランジスタ・レベルでの回路モデルが一般ユーザに提供されることはありません．その理由は，トランジスタ・レベルでの回路モデルは，ユーザの回路でシミュレーションを実行するには時間がかかり過ぎてしまうこと，および，OPアンプの内部回路や各メーカの半導体プロセス情報を開示してしまうことになるからです．

回路シミュレータをHSPICEなどに限定してしまえば，半導体プロセス情報を隠ぺいした状態でデバイス・モデルを提供することは可能ですが，PSpiceやLTspiceで実行可能な形式では，完全に半導体プロセス情報を隠ぺいすることは困難なようです．

半導体メーカ各社は，一般に，集積回路のSPICEモデルをマクロ・モデルという形式でユーザに提供しています．OPアンプのマクロ・モデル・ファイル（サーキット・ファイル）をテキスト・エディタで開いてみてください．マクロ・モデルは，初段のトランジスタ差動回路の他は，非線形電圧源や定電流源などを使って，高調波ひずみやスルーレートを模擬しています．

これらは，あくまでもOPアンプの一般的な挙動（動作）を模擬しているにすぎません．ICを特殊な回路で使う場合は，その点に十分に留意してシミュレーションを行う必要があります．言い換えるなら，特殊な使い方（例えば，毎回OPアンプの出力電圧が飽和領域に入ってしまうような使い方など）をする場合，シミュレーションはもはや役に立たないかもしれないとい

うことです．この場合は，実験により動作検証するしかありません．量産ばらつきまで考えると，大変です．半導体メーカの協力が得られない限り，特殊な使い方はユーザの責任の範囲内で行うということになります．

集積回路の挙動（behavior）を模擬するモデルという意味から，これらのマクロ・モデルは，「ビヘイビア・モデル」と呼ばれることもあります．20年前くらいまでは，ビヘイビア・モデルという呼び方のほうが一般的でした．

現在では，SPICEモデル・パラメータも何もかも区別しないで「デバイス・モデル」と呼ばれることがあります．そのため，他の技術者と会話をするときは，そのモデルが，「ビヘイビア・モデル」なのか，「SPICEモデル・パラメータ」なのか，「SPICEへ実装されているデバイス・モデル（BSIM3とか）」なのかをはっきりさせないと議論がかみ合わないこともあります．

【シンボル・ファイル】

マクロ・モデル（ビヘイビア・モデル）とスケマティック（回路図）・エディタ上のシンボル（回路図記号）を関連付けるファイルのことです．LTspiceでは，ユーザが任意に作成することも可能です．

【サブサーキット・ファイル】

大きな回路になると，複数の小回路を組み合わせて構成することが多くなります．そのとき，ある一塊りの回路をまとめたファイルをサブサーキットと呼びます．先述のマクロ・モデル（ビヘイビア・モデル）は，サブサーキット・ファイルの一種です．

索　引

【アルファベット】

AC解析 ……………………………………… 40
B^2 Spice …………………………………… 76
BPF …………………………………………… 129
CMOS OPアンプ ………………………… 108
CMRR ………………………………………… 70
D-Aコンバータ …………………………… 73
DCスイープ ………………………………… 39
DCバイアス・ポイント・シミュレーション …… 35
D級アンプ …………………………………… 9
FFT …………………………………………… 37
FM放送 ……………………………………… 129
h_{FE} ……………………………………… 13, 31
ICAP/4 ……………………………………… 76
ISI ……………………………………………… 123
*I-V*変換 …………………………………… 73
LPF …………………………………………… 78
LSB …………………………………………… 138
LT1013 ……………………………………… 89
LTspice …………………………………… 11, 76
Micro-Cap ………………………………… 76
MOSFET ……………………………………… 9
NF ……………………………………………… 133
NI Multisim ……………………………… 76
NJM324 ……………………………………… 99
NPN型 ………………………………………… 7
N型 …………………………………………… 7
OPアンプ ………………………………… 86, 99
PNP型 ………………………………………… 7
PRBS ………………………………………… 116
PSpice A/D ……………………………… 76
PSRR ………………………………………… 65
P型 …………………………………………… 7
SIMetrix …………………………………… 76
SPICE ………………………………………… 11
SPICEモデル・パラメータ ……………… 140
*S*パラメータ ………………… 115, 119, 121, 130
THS3201 …………………………………… 138
THS4271 …………………………………… 101
TINA ………………………………………… 76
TLV2252 ………………………………… 108, 110
TopSpice …………………………………… 76
USB …………………………………………… 138
*V-I*変換 …………………………………… 79
VLSC ………………………………………… 78

【あ・ア行】

アーリー電圧 ……………………………… 58
アイ・パターン ………………… 116, 119, 125
アクティブ・バイアス ………………… 134
アンダーシュート ………………………… 81
位相補償 …………………………………… 58
位相余裕 ………………………………… 60, 96
イマジナリ・グラウンド ……………… 88
インダクタンス負荷 …………………… 64
インピーダンス整合 …………………… 103
エミッタ …………………………………… 7
エミッタ接地 …………………………… 28, 33
エミッタ抵抗 …………………………… 133
エミッタ・フォロワ …………………… 29, 53
オーバーシュート ………………………… 81
オープン・ループ・ゲイン ……………… 57
オープン・ループ特性 ………………… 93
オフセット電圧 …………………………… 69

【か・カ行】

カーソル機能 ……………………………… 22
ガード・パターン ……………………… 106
回路図 ……………………………………… 12
仮想接地 …………………………………… 88
過渡解析 ………………………………… 67, 88
カレント・ミラー ……………………… 134
帰還量 ……………………………………… 57
基準電位 …………………………………… 35
群遅延特性 ……………………………… 74, 121
計算精度 …………………………………… 84
ゲイン ……………………………………… 41
ゲイン余裕 ………………………………… 60
広帯域 ……………………………………… 133
高調波 ……………………………………… 38

交流帰還	134
コレクタ	7
コレクタ接地	28, 53

【さ・サ行】

雑音	36
雑音特性	136
差動増幅回路	56
サブサーキット	61, 82, 141
実験	50, 55, 71, 104, 112, 132
シミュレーション	11
周波数	92
周波数特性	19, 39
順バイアス	31
シンボル・ファイル	141
スイッチング	8
スイッチング速度	24
スピードアップ・コンデンサ	24
スペクトラム・アナライザ	37
スルーレート	53
正弦波	91
精度	32
静特性	19
ゼロ・ツー・ピーク	45
増幅	10, 28
ゾベル・ネットワーク	64

【た・タ行】

ターンオフ時間	23
ターンオン時間	22
帯域通過フィルタ	129
タイミング設定	21
単電源	110
蓄積効果	24
直流帰還	134
直流電流増幅率	13, 31
直流動作点	35
低雑音	133
テール電流	57
電圧プローブ	20
電源	29, 38
電源ノイズ	65
電流帰還バイアス	31
電流-電圧変換回路	73
電流プローブ	20
等価回路モデル	140
動作点解析	84
トランジェント解析モード	19
トランジション・タイム・コンバータ	122, 127
トランス	85
トランスインピーダンス	73

【な・ナ行】

入力インピーダンス	34
ネットラベル	33
ノイズ・フィギュア	133

【は・ハ行】

バイアス	30
バイパス・コンデンサ	32, 43, 103
バイポーラ・トランジスタ	7
波形	19
バターワース型ロー・パス・フィルタ	115
パラメトリック・スイープ	24, 43
パルス応答	67
反転アンプ	88
ピーク・ツー・ピーク	45
ひずみ	36
非反転アンプ	106
ビヘイビア・モデル	141
負帰還	44
符号間干渉	123
部品モデル	46
ベース	7
ベース接地	29
ベッセル型ロー・パス・フィルタ	118
ヘッドホン・アンプ	56
方形波	92
飽和	68

【ま・マ行】

マクロ・モデル	141
ミラー効果	43
モデル	46

【や・ヤ行】

ユニティ・ゲイン・バッファ	107
容量性負荷	64

【ら・ラ行】

リカバリ特性	68
理想OPアンプ	94
リターン・ロス	52, 105
ループ・ゲイン	96
ロー・パス・フィルタ	78

■ 執筆担当一覧
- Introduction…川田 章弘
- 第1章, 第2章…登地 功
- 第3章, 第4章…川田 章弘
- Appendix Ⅰ…森下 勇
- Appendix Ⅱ～Ⅳ…登地 功
- 第5章～第10章…登地 功
- 第11章～第15章…川田 章弘
- Appendix Ⅴ…川田 章弘
- CD-ROMの内容と使い方…川田 章弘

LTspiceはLinear Technology社の登録商標です．本書は，Linear Technology社の許可を得てLTspiceをCD-ROMに同梱したものであり，LTspiceの著作権は同社に帰属します．LTspiceの最新情報はhttp://www.linear-tech.co.jpをご覧ください．

- **本書記載の社名，製品名について** — 本書に記載されている社名および製品名は，一般に開発メーカーの登録商標または商標です．なお，本文中では™，®，©の各表示を明記していません．
- **本書掲載記事の利用についてのご注意** — 本書掲載記事は著作権法により保護され，また産業財産権が確立されている場合があります．したがって，記事として掲載された技術情報をもとに製品化をするには，著作権者および産業財産権者の許可が必要です．また，掲載された技術情報を利用することにより発生した損害などに関して，CQ出版社および著作権者ならびに産業財産権者は責任を負いかねますのでご了承ください．
- **本書付属のCD-ROMについてのご注意** — 本書付属のCD-ROMに収録したプログラムやデータなどを利用することにより発生した損害などに関して，CQ出版社および著作権者は責任を負いかねますのでご了承ください．
- **本書に関するご質問について** — 文章，数式などの記述上の不明点についてのご質問は，必ず往復はがきか返信用封筒を同封した封書でお願いいたします．勝手ながら，電話でのお問い合わせには応じかねます．ご質問は著者に回送し直接回答していただきますので，多少時間がかかります．また，本書の記載範囲を越えるご質問には応じられませんので，ご了承ください．
- **本書の複製等について** — 本書のコピー，スキャン，デジタル化等の無断複製は著作権法上での例外を除き禁じられています．本書を代行業者等の第三者に依頼してスキャンやデジタル化することは，たとえ個人や家庭内の利用でも認められておりません．

R〈日本複製権センター委託出版物〉
本書の全部または一部を無断で複写複製（コピー）することは，著作権法上での例外を除き，禁じられています．本書からの複製を希望される場合は，日本複製権センター（TEL：03-3401-2382）にご連絡ください．

CD-ROM付き

本書に付属のCD-ROMは，図書館およびそれに準ずる施設において，館外へ貸し出すことはできません．

実験＆シミュレーション！電子回路の作り方入門

編　集	トランジスタ技術SPECIAL編集部	2013年7月1日発行
発行人	寺前 裕司	©CQ出版株式会社 2013
発行所	CQ出版株式会社	（無断転載を禁じます）
	〒170-8461　東京都豊島区巣鴨1-14-2	
電　話	編集 03-5395-2148	定価は裏表紙に表示してあります
	広告 03-5395-2131	乱丁，落丁本はお取り替えします
	販売 03-5395-2141	
振　替	00100-7-10665	編集担当者　鈴木 邦夫
		DTP・印刷・製本　三晃印刷株式会社
		Printed in Japan